U0155898

软件工程（第3版）

RUANJIAN GONGCHENG

吴洁明　主编

国家开放大学出版社·北京

图书在版编目（CIP）数据

软件工程/吴洁明主编. —3 版. —北京：国家
开放大学出版社，2023.1
ISBN 978-7-304-11723-8

Ⅰ.①软… Ⅱ.①吴… Ⅲ.①软件工程
Ⅳ.①TP311.5

中国版本图书馆 CIP 数据核字（2022）第 255245 号

版权所有，翻印必究。

软件工程（第 3 版）

RUANJIAN GONGCHENG

吴洁明　主编

出版·发行：国家开放大学出版社
电话：营销中心 010-68180820　　　　总编室 010-68182524
网址：http://www.crtvup.com.cn
地址：北京市海淀区西四环中路 45 号
邮编：100039
经销：新华书店北京发行所

策划编辑：陈艳宁　　　　　　　　　版式设计：何智杰
责任编辑：朱翔月　　　　　　　　　责任校对：冯兆鑫
责任印制：武　鹏　沙　烁

印刷：河北盛世彩捷印刷有限公司
版本：2023 年 1 月第 3 版　　　　　2023 年 1 月第 1 次印刷
开本：787mm×1092mm　1/16　　　 印张：17.75　字数：395 千字

书号：ISBN 978-7-304-11723-8
定价：41.00 元

（如有缺页或倒装，本社负责退换）
意见及建议：OUCP_KFJY@ouchn.edu.cn

当今的社会中连小学生都在讨论"软件",可见软件几乎遍布社会的各个角落。由于社会进步、科技发展,人们对软件的需求量越来越大,要求也越来越高,而软件的生产方式基本上还是手工方式。因此,"软件工程"任重而道远。我们应该从两个方面理解"软件工程":一方面是把"软件项目"或"软件产品"的开发和维护工作当作一个工程去做,也就是说,面对一项"软件工程",我们应该强调规划、设计、实施、验收和整个工程过程的规范化、文档化;另一方面是把"软件工程"作为一门学科,深入研究软件的开发和维护方法、过程和工具。

本书全面、系统地讲述了软件工程的基本概念、原理和典型方法,共分为11章。第1章软件工程概述,主要介绍软件的特点,以及由软件特点产生的软件危机,重点讲述软件工程的基本原理和研究内容、目标,以及发展历史。第2章可行性研究,主要介绍软件工程可行性研究的内容(经济可行性、技术可行性、法律可行性、社会环境可行性),并对软件工程可行性研究的方法和过程进行了比较详细的讲述。第3章和第4章通过图书馆信息管理系统案例介绍传统的结构化需求分析和结构化软件设计的方法及步骤。第5章面向对象基础,介绍面向对象和UML的基本知识。第6章面向对象分析,介绍基于UML的面向对象分析方法,并结合图书馆信息管理系统案例按步骤讲述了面向对象分析的各项活动。第7章面向对象设计,介绍基于UML的面向对象设计过程,并结合案例详细讲述了面向对象设计的方法和步骤。第8章编码,主要讲述软件的编程等与软件实现活动相关的内容,涉及一些编程规范、良好的编程习惯等内容。第9章软件测试,详细介绍软件测试的概念、测试策略和一些常用的测试方法。第10章软件维护,介绍软件维护策略的类型和软件维护过程。第11章软件工程管理,主要介绍软件过程管理和软件项目管理的一些基本概念和简单方法。

党的二十大报告指出"必须坚持科技是第一生产力、人才是第一资源、创新是第一动力",本书以党的二十大精神为指引,力求内容新颖、实践性强,使初学软件工程的读者能够很快入门,并且能够仿照书中的案例,按照操作步骤,在实践中主动应用软件工程的方法,体会软件工程带来的快乐和成就感。本书适合作为高等院校"软件工程"课程的教材或参考书,还可作为软件公司的培训教材,对具有一定实践经验的软件工程人员也有很高的参考价值。

　　本书的第 1 章至第 3 章由国家开放大学王欣老师编写，第 4 章由黑龙江开放大学滕怀江老师和浙江开放大学郑炜老师编写，第 5 章至第 11 章由北方工业大学吴洁明老师编写。吴洁明老师任主编。在此对所有为本书出版作出贡献的朋友、家人表示感谢！

　　由于时间关系和篇幅的限制，加之编者水平有限，书中一定存在疏漏和不足，希望读者提出宝贵的意见和建议，编者不胜感激。

编　者

2022 年 11 月

引　言

　　从软件工程的概念提出至今已经过去了 50 多年，其间计算机技术发生了巨大的变化。人们经过软件危机已经认识到软件工程的重要性，并且在不断地探索软件工程的新方法、新工具和新的有效的过程。

　　软件工程的本质是研究如何用工程化的方法有效地解决软件开发和管理过程中的问题。软件开发和管理过程中到底存在哪些主要问题呢？很容易想到的有软件质量难以保证、软件开发成本无法控制、软件生产不易量化、软件开发过程管理缺乏标准，等等。这些问题引起了人们对软件工程研究的兴趣，因此人们从方法、过程、工具和质量 4 个层次展开了对软件工程的研究。

　　本书将沿着以下几条线索向读者介绍软件工程的原理、方法和过程：

　　● 第一条线索是从软件的特点入手，介绍软件问题（软件危机），最后引出解决软件危机的方法，即本书的核心内容——软件工程。

　　● 第二条线索是从软件的生存期入手，介绍各个阶段软件的存在形式和评价标准，最终详细介绍软件的文档。

　　● 第三条线索是从软件要解决的问题入手，引出可行性研究、结构化分析和设计的工具和步骤，最后带领读者以图书馆信息管理系统为例进行演练。

　　● 第四条线索是从面向对象的概念入手，结合 UML 讲述面向对象分析和设计的方法、相应的工具和步骤，最后也是以图书馆信息管理系统为例进行演练。

　　● 第五条线索是详细讲述软件测试的层次、类型和策略。

　　● 最后一条线索是贯穿整个软件生命周期的软件工程管理，包括软件项目管理、软件过程管理和软件工程的标准化。

目　录

第1章 软件工程概述

学习内容

　　本章主要介绍软件工程的基本概念，为学生学习后面的内容打基础。从软件危机的现象入手，分析软件的特点，引出解决软件危机的方法——软件工程。软件工程的7条基本原理经典地概括了软件工程的本质，需要学生认真体会。同时介绍了软件工程的发展简史、目前主流的软件开发方法和软件生命周期模型、软件工程的相关标准和规范。此外，简单介绍了一些关于软件工程师的职业道德规范和职业素质培养等内容。作为一名合格的软件工程师，应该自觉遵守业内职业道德规范和行为准则。

学习目标

　　（1）掌握软件的特点、软件工程的定义。

　　（2）理解软件工程7条基本原理、软件危机的现象和软件生命周期模型。

　　（3）了解软件工程发展简史，软件工程的相关标准、规范，以及软件工程师的职业道德规范。

　　（4）紧密结合社会主义核心价值观中法治、爱国、敬业、诚信等价值观要求，具有爱国精神，强化信息产业核心技术忧患意识，遵纪守法、敬业诚信，树立高度规范意识和团结协作精神。

思政目标

　　通过本章的学习并查阅相关资料，了解我国软件行业发展的成绩和该领域的杰出人物，从软件生命周期模型、标准规范中培养工作的严谨、科学和规范性；通过对软件工程师职业道德规范的学习理解职业素养对于一位职场人员的重要性。

　　长期以来，人们希望软件产品的生产能够像工厂生产一般产品一样，实现规范化设计、流水化生产和标准化检验。经过几十年的摸索研究，今天的软件生产确实在这些方面取得了可喜的成就，软件工程已经成为软件产业健康发展的基础。

1.1　软件和软件危机

软件和软件危机

代码、程序和软件是三个不同的概念。代码是指在计算机上运行的机器指令；程序是数据结构加算法。1983 年，电气与电子工程师学会（Institute of Electrical and Electronics Engineers，IEEE）对软件的定义是：计算机程序、方法、规则和相关的文档资料以及在计算机上运行时所必需的数据。目前对软件比较公认的解释为：软件是计算机系统中与硬件相互依存的另一部分，它包括程序、相关数据及其说明文档。

1.1.1　软件的特点

要理解软件工程，首先要对软件的特点有所了解。软件的特点概述如下：

（1）软件是一种逻辑实体，具有抽象性。这个特点使它与对应的硬件产品有明显的差异。人们可以把它记录在纸、磁盘或光盘等介质上，但无法看到软件本身的形态，必须通过观察、分析、思考和判断才能了解它的功能和性能。

（2）软件一旦研究开发成功，其生产过程就变成复制过程，不像其他工程产品那样有明显的生产制造过程。由于软件复制非常容易，出现了软件产品的版权保护问题。

（3）不同的软件对硬件和环境有不同程度的依赖性，这导致了软件升级和移植的问题。计算机硬件和支撑环境不断升级，为了适应运行环境的变化，需要对软件不断维护，维护成本通常比开发成本高很多。

（4）软件生产至今尚未摆脱手工方式。随着人们对计算机的依赖程度越来越高，对软件的需求量越来越大，软件开发人员的工作压力也越来越大。软件开发的手工行为导致了一个致命的问题，就是为应用"量身定做"软件。其他工程领域有产品标准，所有生产厂家按照标准生产产品即可，客户买来就可使用。例如，不管哪个厂家生产的灯泡，只要瓦数、电压、电流、接口等指标符合要求，用户买来装上就可以使用。然而长期以来，软件给人的印象是修改几条指令很简单，因此，客户总是强调软件要满足自己的业务需求，这就导致软件产品大多数是为客户"定做"的，通用性差。近年来，组件软件的研究开发取得了重大进展——可以将单一的软件程序改为组件式程序。这样，当遇到不同的应用需求时，软件开发者就可以考虑应用已有的组件搭建一个大规模系统；当组件不能满足要求时，可以购买其他厂家生产的组件软件或自己开发部分组件。采用这种方法基本解决了软件全部从头开发的情况。

（5）软件关系到社会的各行各业，常常涉及一些行业知识，这对软件工程师提出了很高的要求。

（6）软件不仅是一种在市场上推销的工业产品，而且是与文学艺术作品相似的精神作品。与体力劳动相比，脑力劳动过程的特点是"不可见性"，因此，这大大增加了软件开发组织管理上的困难。

1.1.2　软件危机

由于软件具有上述这些特点，软件开发者长期以来一直没能发明一种高效的开发方法，从而导致软件生产效率非常低，交付期往往一拖再拖，最终交付的软件产品在质量上很难得到保障。这种现象早在 20 世纪 60 年代就被定义为"软件危机"，具体表现如下：

（1）"已完成"的软件不能满足用户的需求。

（2）开发进度不能保证，交付时间一再拖延。

（3）软件开发成本难以准确估算，开发过程控制困难造成开发成本超出预算。

（4）软件产品的质量没有保证，运算结果出错、操作死机等现象屡屡出现。

（5）软件通常没有适当的文档资料或文档与最终交付的软件产品不符，软件的可维护程度非常低。

软件的特点是导致软件危机的客观因素，而软件开发和软件维护过程中使用的不正确方法是导致软件危机的主观因素，主要表现为：忽视软件开发前期的调研和分析工作，没有统一的、规范的方法论指导，文档资料不齐全，忽视人员之间的交流，忽视测试工作，轻视软件的维护。

1.2　软件工程发展简史

1968 年在德国举行的学术会议上，北大西洋公约组织（North Atlantic Treaty Organization，NATO）正式提出了"软件工程"这一术语。软件工程作为工程学科家族中的新成员，对软件产业的形成和发展起了决定性作用，它指导人们科学地开发软件，有效地管理软件项目，对提高软件质量具有重要作用。

可以这样理解，软件工程是软件开发中的成熟技术模式与工程管理灵魂。成熟技术模式从技术的角度，提出软件开发范型、软件设计方法，帮助开发者把用户需求映射到软件设计中，再充分利用过去开发应用系统中积累的知识和经验，复用高质量的已有成果，最终正确地编写满足需求的软件。工程管理灵魂则是指根据管理科学的理论开展软件项目管理，对成本、人员、进度、质量、风险、文档等进行分析、管理和控制，结合软件产品开发的实际，保证工程化系统开发方法的顺利实施，软件项目能够按照预定的成本、进度、质量顺利完成。

在过去几十年间，软件工程相关思想经历了多次演化变迁，还在不断向前发展。

20 世纪 70 年代软件工程的概念、框架、方法和手段基本形成，其被称为第一代软件工程，即传统软件工程。结构化分析、结构化设计和结构化编程方法是这个时期的代表。C、Pascal 等结构化编程语言出现并逐渐流行。

20 世纪 80 年代出现的程序设计语言——Smalltalk 80，标志着面向对象设计进入了实际应用阶段。从 20 世纪 80 年代中期到 20 世纪 90 年代中期，软件开发的研究重点转移到面向对象分析和设计上来，软件工程从而演化到第二代，即对象工程。利用面向对象的分析与设计，能够通过提升抽象级别来构建更大的、更复杂的系统。在 C 语言的基础上，开始支持面向对象设计的 C++语言出现，并不断增加新特性并逐渐广泛应用。1994 年，Java 作为一门面向对象的编程语言出现，不仅吸收了 C++语言的各种优点，而且更好地实现了面向对象理论，具有功能强大和简单易用两个特征，迅速成为面向对象的主流编程语言之一。

20 世纪 90 年代后期，软件工程的一个重要进展就是基于组件的开发方法的出现。为了提高软件生产力，真正实现软件的工业化生产方式，达到软件产业发展所需的软件生产率和质量，同时降低开发成本、缩短开发周期，切实可行的重要途径就是重复使用以前开发活动中曾经积累或使用过的软件资源，尽可能地利用可重用组件（Component，又称部件、构件）来组装新的应用软件系统。基于组件的软件复用技术是指将应用系统中相对稳定的成分提取出来，形成可以重复使用的软件单元——组件，供软件开发者后续进行组装，以便快速形成新的应用系统。组件技术的研究和发展形成了新一代软件工程，即第三代软件工程，也有不少人称之为组件工程。典型的组件工程技术发展成果有 Java 技术平台、Microsoft 的 COM+（Component Object Mode，组件对象模型）、IBM 的 CORBA（Common Object Request Broker Architecture，公用对象请求代理体系结构）、ActiveX 控件等。尤其是近几年，框架（Framework）理念深入人心并且出现大量成熟技术和产品，基于框架的软件开发方法正在成为软件工程热点。框架可以理解为由一组抽象类及其实例之间的协作关系来表达的一整套可重用的设计。其设计的针对性很强，强调软件的设计可重用性和系统的可扩展性，可以缩短软件开发周期，提高开发质量。与传统的基于类库的组件开发技术相比，框架就像面向专业领域的某项软件应用的半成品，这个半成品包括一组组件，并规定了组件的协作关系和使用方法。用户按照框架搭好的基本环境，可以对组件进行软件重用，从而生成新的可运行的系统。

近几年来，随着全球范围 Internet 和移动互联网的快速发展与普及，一个巨型的、高效的、资源丰富的计算平台已经形成，如何在其上运行软件，使 Internet 的海量资源能够高效、可信地为所有用户服务，成为软件技术的研究热点。与传统软件平台不同，计算机软件需要适合于 Internet 开放、动态和多变环境，具有分布性、支持虚拟化多变性、节点的高度自治性、开放性、异构性、运行环境多样性等新型技术特点。这对软件工程的发展提出了新的要求。因此，软件组件行业化和中间件平台化也成为近几年软件工程技术的关注点。

软件组件行业化成为细分发展趋势，行业内的业务逐渐实现组件化，面向行业应用的组件化开发已由集成开发环境、应用运行环境、应用管理及组件库管理等一系列开发工具支撑。随着 Internet、大数据、云计算技术发展，应用软件和支撑平台的研究重点开始从操作系统等转向新型中间件平台。中间件（Middleware）是一类提供系统软件和应用软件之间连接，便于软件各部件之间沟通的软件，应用软件可以借助中间件在不同的技术架构之间共享信息与资源。中间件可以理解为某个通用功能组件，比如数据库访问中间件、消息中间件等，可以帮助应用开发人员不必考虑诸如数据库访问、网络通信应用中的不同数据库、通信、效率、容错等技术实现细节，而是专注于业务逻辑本身。中间件位于硬件、操作系统与高层应用之间，提供的服务具有标准的接口，实现对不同硬件、操作系统、协议的支持，保证开发人员不必考虑系统平台，只按照中间件规定的模式进行设计和开发。不同层次的中间件为软件复用及软件应用开发和运行提供了通用性组件支撑，其发展促进了新的组件技术不断创新。

　　总之，软件工程还在不断发展，无论是组件工程还是对象工程都在不断发展，即使是传统软件工程的一些基本概念、框架，也随着技术的进步在发生变化。总之，软件工程代与代之间并没有鸿沟，它们不仅交叉重叠，而且相互渗透。

1.3　软件工程的定义和目标

软件工程的
定义和目标

　　软件工程是一门旨在生产无故障的、及时交付的、在预算之内的和满足用户需求的软件的学科。本质上，软件工程就是采用工程的概念、原理、技术和方法来开发与维护软件，把经过时间考验并得到证明的正确的管理方法和先进软件开发技术结合起来，运用到软件开发和维护过程中，解决软件危机。

　　1993 年 IEEE 在软件工程术语汇编中定义软件工程如下。软件工程是：① 将系统化的、规范的、可度量的方法应用于软件的开发、运行和维护过程，也就是说将工程化应用于软件开发和管理之中；② 对①中所选方法的研究。

　　软件工程研究的基础理论主要有数学、计算机、经济学、工程学、管理学、心理学及其他学科。其中，数学和计算机用于构造模型、分析算法；经济学和工程学用于评估成本、制定规范和标准；管理学和心理学用于进度、资源、环境、质量、成本等的分析和管理。

　　软件工程研究的主要内容包括软件开发技术和软件开发管理两方面。软件开发技术方面主要研究软件开发方法、软件开发过程、软件开发工具和环境。软件开发管理方面主要研究软件工程管理学、软件工程经济学、软件工程心理学。

　　最近几年，人们发现软件工程的研究内容具有层次化结构，它的底层是质量保证层，中间是过程层和方法层，最上层是工具层，如图 1-1 所示。

图 1-1　软件工程层次化结构图

全面的质量管理和质量要求是推动软件工程过程不断改进的动力，正是这种改进的动力推动了更加成熟的软件开发方法不断涌现。过程层定义了一组关键过程域，目的是保证软件开发过程的规范性和可控性。方法层提供了软件开发的各种方法，包括如何进行软件需求分析和设计，如何实现设计，如何测试和维护等。工具层为软件开发方法和过程提供了自动或半自动的支撑环境。目前，市场上已经有许多不错的软件工程工具，应用效果良好。使用软件工程工具可以有效地改善软件开发过程，提高软件开发的效率，降低开发和管理成本。

软件工程强调规范化和文档化。规范化的目的是使众多的开发者遵守相同的规范，使软件生产摆脱个人生产方式，进入标准化、工程化的生产阶段。文档化是将软件的设计思想、设计过程和实现过程完整地记录下来，以便后人使用和维护，在开发过程中各类相关人员借助文档进行交流和沟通。另外，在开发过程中产生的各类文档使得软件的生产过程由不可见变为可见，便于管理者对软件生产进度和开发过程进行管理。用户在最终验收时，可以通过对开发者提交的文档进行技术审查和管理审查，确保交付软件的质量。

软件工程旨在开发满足用户需要、及时交付不超过预算和无故障的软件，其主要目标如下：

（1）实现预期的软件功能，达到较好的软件性能，满足用户的需求。

（2）增强软件过程的可见性和可控性，保证软件的质量。

（3）提高所开发软件的可维护性，降低维护费用。

（4）提高软件开发生产率，及时交付使用。

（5）合理估算开发成本，付出较低的开发费用。

1.4　软件工程的 7 条基本原理

软件工程的 7 条
基本原理

自从 1968 年 NATO 提出"软件工程"这一术语以来，研究软件工程的专家学者们陆续提出了多条关于软件工程的原理。美国著名的软件工程专家 Barry W. Boehm 综合这些专家的意见，并总结了多年开发软件的经验，于 1983 年提出了软件工程的 7 条基本原理。Boehm 认为，这 7 条原理是确保软件产品质量和开发效率的最小集合。它们相互独立、缺一不可，并具有完备性。

1.4.1　用分阶段的生命周期计划严格管理

在软件开发与维护的漫长生命周期中，需要完成许多性质各异的工作。这条基本原理意味着，应该把软件生命周期划分成若干阶段，并相应地制订出切实可行的计划，按照计划对软件的开发与维护工作进行控制。

1.4.2　坚持进行阶段评审

软件的质量保证工作不能等到编码阶段结束之后再进行。统计数据表明，软件中设计错误约占软件错误的 63%，编码错误仅占约 37%。在前期改正错误所需要的可能只是橡皮和铅笔；而在交付后改正错误需要做的工作就太多了，如查找出错的代码、重新组织程序结构和数据结构、测试、修改文档。也就是说，错误发现与改正越晚，所付出的代价越高。因此，每个阶段都应该进行严格的评审，以便尽早发现软件开发过程中的错误。所以，这是一条必须遵循的重要原则。

1.4.3　实行严格的产品控制

在软件开发过程中不应随意改变需求，因为改变一项需求往往需要付出较高的代价。但是，在软件开发过程中改变需求又是难免的，由于外部环境的变化，相应地改变需求是一种客观需要，因此不能硬性禁止改变需求的要求，而只能依靠科学的产品控制技术来顺应这种要求，其中主要的技术是实行基准配置管理。所谓基准配置，又称基线配置，是指经过阶段评审后的软件配置成分。基准配置管理的思想是：对一切有关修改软件的建议，特别是涉及基准配置的修改建议，都必须按照严格的规程进行评审和控制，获得批准以后才能实施修改。基准配置管理的目的是当需求变动时，其他各阶段的文档或代码能随之相应变动，保证软件的一致性。

1.4.4　采用现代程序设计技术

从提出软件工程的概念开始，人们一直把主要精力用于研究各种新的程序设计技术，20 世纪 60 年代末提出了结构化程序设计技术，以后又进一步发展出结构化分析与设计技术、面向对象的分析和设计技术。实践表明，采用先进的技术既可提高软件开发和维护的效率，又可提高软件的质量。

1.4.5　结果应能清楚地审查

软件是一种看不见、摸不着的逻辑产品。因此，对软件开发小组的工作进展情况难以进行评价和管理。为更好地进行管理，应根据软件开发的总目标及完成期限，明确地规定开发小组的责任和产品标准，从而使所得到的产品有明确的标准，以便于清楚地审查。

1.4.6　开发小组的人员应该少而精

这条基本原理的含义是：软件开发小组人员的素质应该好，人数不宜过多。开发小组人员的素质和数量是影响软件产品质量和开发效率的重要因素。素质高的人员的开发效率比素质低的人员的开发效率可能高几倍至几十倍，并且高素质人员所开发的软件质量高、错误少。开发小组人员过多，信息沟通会成为负担。因此，开发小组人员少而精是软件工程的一条基本原理。

1.4.7　承认不断改进软件工程实践的必要性

仅有上述6条原理并不能保证软件开发与维护的过程能赶上时代前进的步伐、跟上技术不断进步的速度。因此，Boehm提出应把承认不断改进软件工程实践的必要性作为软件工程的第7条基本原理。按照这条原理，开发者不仅要积极主动地采纳新的软件技术，而且要注意不断总结经验。例如，注意收集关于项目规模和成本的数据、项目进度和人员组织的数据、开发中出错类型统计数据等。这些数据不仅可以用来评价软件技术的效果，而且可以为今后修正软件工程模型提供依据。

1.5　软件生命周期模型

软件生命
周期模型

软件生命周期是指一个软件从提出开发要求开始到该软件报废为止的整个时期。通常将软件的生命周期划分为可行性研究、需求分析、设计、编码、测试、集成、维护阶段。

软件过程是人们开发和维护软件及相关产品（软件项目计划、设计文档、代码、测试用例及用户手册等）的活动、方法、实践和改进的集合。这个定义可能太抽象了，不妨把软件过程与运动员培养过程相比较。运动员培养过程是研究一系列训练方法，设计一些训练活动，在活动中运用这些方法，并且根据每个运动员的特点不断调整和改进训练方法和过程，最终培养出优秀的运动员。软件过程同样需要研究一系列的开发和维护方法，设计软件生命周期中的各种活动，在软件开发和维护的实践中不断改进相应的方法和过程，以取得最佳的实践效果。

软件过程应该明确定义软件过程中所执行的活动及其顺序关系，确定每一个活动的内容和步骤，定义每个角色的职责。软件工程将软件开发和维护过程概括为八大活动：问题定义、可行性研究、需求分析、总体设计、详细设计、编码、软件测试和软件维护，如图1-2所示。

问题定义	可行性研究	需求分析	总体设计	详细设计	编码	软件测试	软件维护

图 1-2 软件开发和维护过程的八大活动

（1）问题定义：问题定义活动的主要内容是确定"要解决什么问题"。如果要解决的问题都搞不清楚，显然其工作是盲目的。通过对客户的访问调查，系统分析人员简要地写出问题的背景、解决问题的意义和目标。除非特别大型的软件项目，一般这个活动放在可行性研究活动之前，作为其活动的一部分。

（2）可行性研究：这个活动是确定"要解决的问题是否有解"，即分析待开发系统的总体目标和范围，研究系统的可行性和可能的解决方案，对资源、成本及进度进行合理的估算。这个活动的主要内容包括所采用的软件生命周期模型、开发人员的组织、系统解决方案、管理的目标与级别、所用的技术与工具，以及开发的进度、预算和资源分配。

（3）需求分析：这个活动是明确"为了解决这个问题，系统必须做什么"，即通过分析、整理和提炼收集到的用户需求，建立完整的分析模型，并将其编写成软件需求规格说明书（简称需求、规格说明书）和初步的用户手册。通过评审软件需求规格说明书（Software Requirements Specification，SRS，简称需求规格说明书，也称软件需求规约），确保对用户需求达到共同的理解与认识。需求规格说明书明确描述了软件的功能，列出了软件必须满足的所有约束条件，并定义软件的输入和输出接口。

（4）总体设计：这个活动是要设计"整体系统的蓝图"，即确定解决问题的策略，设计目标系统框架结构和主要元素的布局。

（5）详细设计：根据整体结构设计具体的细节，如用户界面设计、模块实现算法、数据结构和接口等，编写设计说明书，并组织进行设计评审。设计过程将现实世界的问题模型转换成计算机世界的实现模型，设计同样需要文档化，并应当在编写程序之前评审其质量。

（6）编码：将所设计的各个模块编写成计算机可接受的程序代码及与实现相关的文档，即源程序以及合适的注释。

（7）软件测试：在设计测试用例的基础上，先测试软件的各个组成模块，然后，将各个模块集成起来，测试整个产品的功能和性能是否满足已有的规格说明。一旦生成了代码，就可以开始模块测试了，这种测试一般由程序员完成。但是，对于用户来说，软件是作为一个整体运行的，而模块的集成方法和顺序对最终的产品质量具有重大的影响。因此，除了单个模块的测试外，还需要进行集成测试、系统测试和验收测试等。

（8）软件维护：一旦产品交付运行，对产品所做的任何修改就都是维护。维护是软件过程的一个组成部分，所以应当在软件的设计和实现阶段充分考虑软件的可维护性。维护时，最常见的问题是文档不齐全，甚至没有文档。由于追赶开发进度等原因，开发人员修改程序时往往忽略对相关的规格说明文档和设计文档进行更新，从而造成源代码是维护人员可用的唯一文档。由于软件开发人员变动频繁，早期的开发人员在维护阶段开始前也许就已经离开了技术团队，这就使得维护工作变得更加困难。因此，维护常常是软件生命周期中成本最高的一个阶段。

上述这些活动按照不同的顺序构成不同的软件生命周期模型。例如，瀑布模型严格按照活动顺序执行软件过程。除了瀑布模型之外，常见的软件生命周期模型还有快速原型化模型、演化模型、螺旋模型等。近年来，主流的软件生命周期模型有敏捷开发（Agile）、Rational 统一软件开发过程（Rational Unified Process，RUP，也称统一软件过程或统一过程）、个体软件过程（Personal Software Process，PSP）和团队软件过程（Team Software Process，TSP）。软件机构并不一定要严格遵循某个软件过程，比较提倡的是不断改进软件过程，即在当前的基础上，吸取主流软件过程的精华，根据机构或项目的特点，通过修改现有的软件过程，创造出适合机构或具体项目的软件过程。

1.5.1   瀑布模型

瀑布模型是由 Winston Royce 于 1970 年首先提出的。瀑布模型规定了软件生命周期的各项活动——问题定义（可行性研究）、需求分析、软件计划、软件设计、编码、测试、运行维护、报废，如图 1-3 所示。各项活动自上而下、相互衔接，如同瀑布一样。该模型的修饰词"瀑布"非常贴切，明确表达了一个活动结束，进入下一个活动后，很难再回到上一个活动中去，也就是说工作不可逆转。当然，这个特点也为瀑布模型带来了致命的问题。

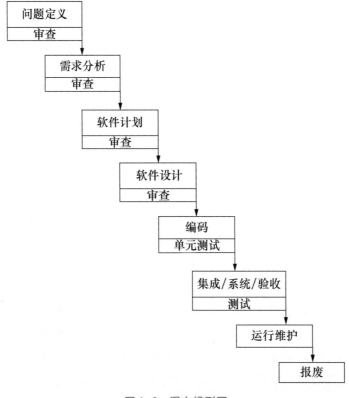

图 1-3   瀑布模型图

如图 1-3 所示，首先确定问题域，并接受用户和项目小组的审查；在审查通过后，进行需求分析，编写需求规格说明书，需求规格说明书也要经过用户和项目小组的审查；待用户在需求规格说明书上签字后，就要编写详细的开发计划；当开发的进度和费用估算等通过评估后，就开始设计工作；设计说明书被审查通过后，开始编写程序代码并进行单元测试；最后将所有的模块集成在一起，进行集成测试和系统测试，之后由用户进行验收测试，验收测试通过后交付用户使用。

瀑布模型最重要的特点是：只有当一个活动的任务完成、交付相应的文档、通过审查小组的审查后，才能开始下一个活动的工作。如果审查没有通过则要对程序进行修改，有时可能是前一活动的问题使得后一活动不能通过审查，这种情况下就要使用带反馈的瀑布模型，如图 1-4 所示。

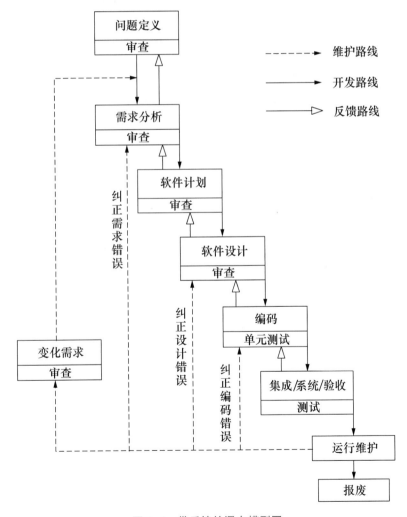

图 1-4　带反馈的瀑布模型图

带反馈的瀑布模型在每个阶段都可以修改前一个阶段存在的问题。事实上，问题发现得越早，对整体进程越有利。当系统进入运行维护阶段后，仍然可能添加或更改需求，这实际上相当于进行二次开发，要对变化的需求进行分析、设计、编码和测试。除此之外，维护还包括纠正错误的需求、错误的设计和错误的编码，因此，从运行维护阶段可以向适当的阶段反馈。

瀑布模型广为流传，它配合结构化方法和严格的软件开发管理手段，在软件工程化开发中起了重要作用。但是，通过长期的实践活动人们发现，这种模型应对需求变化的能力非常弱。在项目刚刚开始时，系统分析人员和用户对新系统的需求很难完全描述清楚。特别是用户日常的一些工作，在用户看来是习以为常的活动，常常被无意识地忽略，而系统分析人员通常不是用户业务领域的专家，又不知道这些活动。因此，一直到开发人员按照需求规格说明书开发出系统，用户才发现不符合业务需求，但为时已晚。因为，这时对系统做修改，不但造成开发成本提高、交付期延迟，而且会大幅度地降低软件的质量。

许多用户在没有看到开发好的软件之前，对自己到底需要什么样的软件没有一个完整的概念，总是在软件开发出来之后提出许多合理的、非常好的意见。可是，通常开发人员承受不起重新设计、编码、测试的工作量。遇到这种情况时，开发人员和业务人员常常搞得不愉快，严重时这种问题还给双方造成巨大的经济损失。为了避免这类问题，人们发明了快速原型化模型。

1.5.2 快速原型化模型

事实证明，一旦用户开始实际使用为他们开发的系统，便会对系统的功能、界面、操作方式等产生具体的认识，甚至会提出许多合理化建议。因此，经过长期的实践总结，人们提出了快速原型化模型。

快速原型化模型的基本思想是：在需求分析的同时，以比较小的代价快速建立一个能够反映用户主要需求的原型系统。用户在原型系统上可以进行基本操作，并且提出改进意见，系统分析人员根据用户的意见完善原型，然后用户进行评价、提出建议，如此往复，直到开发的原型系统满足用户的需求为止。基于快速原型化模型的开发过程基本上是线性的，从创建系统原型到系统运行，期间没有反馈环。由于开发人员是在原型的基础上进行系统分析和设计的，而原型已经通过了用户和开发组的审查，即在设计阶段以原型作为设计参考，所以设计的结果正确率比较高。

快速原型的本质是快速开发系统的原型，以便让用户确认什么是真正的需求。一旦用户确认了需求，原型通常被抛弃。因此，快速原型的内部构造并不重要。

1.5.3 演化模型

演化模型从一组给定的需求开始，通过构造一系列可执行的系统组件来实施开发活动，以增量方式逐步完善待开发的系统。当一个新的组件被编码和测试后，被并入软件系统结构中，然后该结构被当作一个整体进行测试。这个过程不断循环往复，一直到软件系统达到要求的功能为止。

演化模型在各个阶段并不交付一个可运行的完整产品，而是交付系统的一个子集。整个产品被分解成多个组件，开发人员可以分别实现各个组件，每个组件都可以独立运行。基本演化模型如图 1-5 所示。

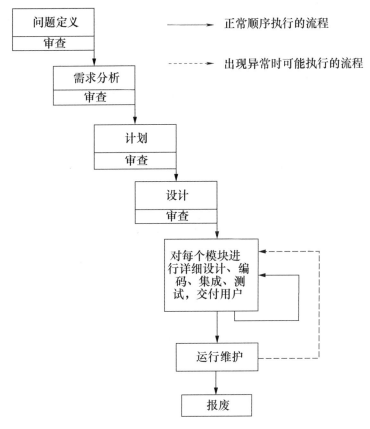

图 1-5　基本演化模型图

基本演化模型是先确定软件的问题域，然后进行需求分析、制订实施计划、对整个产品做总体设计，这些完成之后才对产品的各个组件分别编码、集成和交付。另外一种比较冒险的演化模型是一旦确定系统的问题域，就开始进行第一个组件的需求分析，完成后开始进行第二个组件的需求分析，同时第一个组件可以进行设计和编码等工作，这样不同的组件是并行开发的。因此，其优点是通过"分而治之"缩短开发时间，能很快看到部分成果，相对于瀑布模型第一个可交付版本所需成本和时间较少，增加开发人员信心。其缺点也很明显，需求必须比较确定，如果后期需求变更导致过多组件需要增量开发，会造成管理成本超支，影响进度。另外，因为系统没有一个明确的总体设计过程，所以各个组件之间的接口有可能定义不清，这种方法有可能导致所做的组件无法安装到一起，而最终造成系统开发失败。

1.5.4 螺旋模型

螺旋模型结合了前面介绍的所有模型的特点，它是由 Boehm 于 1988 年提出的。它的基本思想是通过建立原型、划分开发阶段来降低风险。

螺旋模型比较适用于产品研发规模或机构内部规模较大的复杂系统开发。这是因为螺旋模型是风险驱动的，一旦在开发过程中风险过大就停止继续开发，因此，它不适合作为合同项目的开发模型。如果作为合同项目的开发模型，则要在签订合同之前将所有的风险考虑清楚，否则，不管哪一方中途停止开发，都可能导致经济赔偿、承担法律责任。

螺旋模型一般被划分为 2～6 个框架活动，沿着顺时针布局，图 1-6 所示是一个完整的螺旋模型。

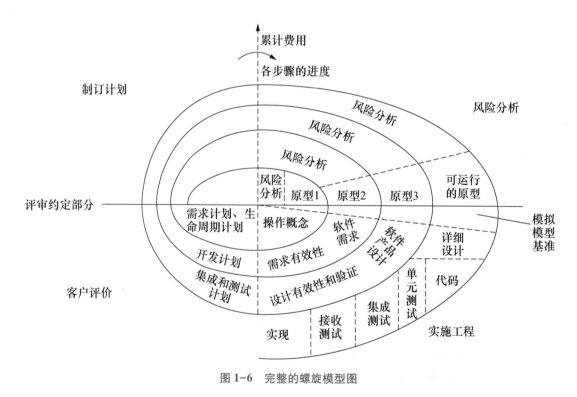

图 1-6 完整的螺旋模型图

其中活动分别是：

（1）制订计划（左上象限）——明确软件目标，确定实施方案，设定约束条件。

（2）风险分析（右上象限）——针对确定的实施方案，评价可能的风险，制定控制风险的措施。

（3）实施工程（右下象限）——实施软件开发，对于不确定的需求通过构造原型最终确定下来。

（4）客户评价（左下象限）——评估开发工作，提出修正建议。

沿螺旋线自内向外每旋转一圈便开发出一个更为完善的软件版本。首先，确定初步的目标，制定方案和限制条件；进入右上象限，进行风险分析；进入右下象限，开发原型，以帮助客户和开发人员理解需求，通过对原型进行评价，修正需求。根据用户提出的建议进入螺旋的第二层，与用户交谈，再次执行计划和实施方案，再一次分析实施的风险，如果风险过大，可以就此终止，否则再次进入实施阶段，用户评价这一轮的实施结果，并提出修改建议。进入第三层螺旋……如此循环下去，逐步延伸，最终用户获得完整的系统。

虽然螺旋模型和演化模型有些类似，都是通过不断迭代去完善需求、完善系统，但是螺旋模型有一个区别于其他模型的最显著特点——风险分析。螺旋模型的主要优势在于它是风险驱动的，每个方案在实施前都要经过风险分析。如果风险过大，则项目应该停止，或改变方案。

1.5.5　V 模型

软件工程强调的是对软件开发过程的控制和对软件产品质量的保证。V 模型将开发活动与测试活动紧密地联系在一起，在代码产生之前的每个阶段都要开展对应的测试设计。V 模型如图 1-7 所示。

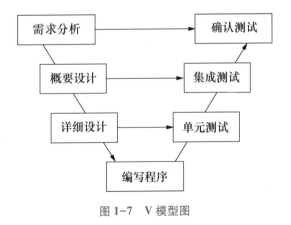

图 1-7　V 模型图

V 模型是瀑布模型的一个变种，但它更强调在软件的开发过程中考虑软件的质量。在程序代码没有产生之前是无法通过运行程序进行软件测试的，因此在需求分析阶段要设计软件验收时需要进行的确认测试的过程、策略和方法。注意：确认测试的具体执行还是在软件概要设计、详细设计、编写程序、单元测试、集成测试完成之后进行。也就是说，把单元测试、集成测试和确认测试都分解为相应的测试设计和测试执行两部分，测试设计前移到编码之前的对应阶段，测试执行放在编码之后。这样可以迫使软件设计和开发人员更早地考虑软件合格的标准。

1.5.6 RUP

RUP 是一种软件开发过程模型。RUP 是一个通用的过程框架，适用于各种不同类型的软件系统、应用领域、组织和项目规模。RUP 包含了 6 项核心的最佳实践：迭代地开发软件，管理需求，应用基于构件的构架，为软件建立可视化的模型，不断地验证软件质量，控制软件的变更。RUP 具有三个突出的特点：用例驱动的开发、以构架为中心的体系结构、迭代和增量的开发过程。

传统的瀑布模型软件开发过程是一维的，开发工作被划分为多个连续的阶段。在一个时间段内，只能做某一个阶段的工作，如在分析、设计或者编码阶段专注地完成该阶段的相应工作。RUP 是二维的，一维是从时间上以组织管理的角度描述整个软件开发生命周期——初始化、详细化、构造和提交；二维是从工作内容的角度描述处理工作流——商业建模、需求、分析和设计、实现（编码）、测试和发布，如图 1-8 所示。

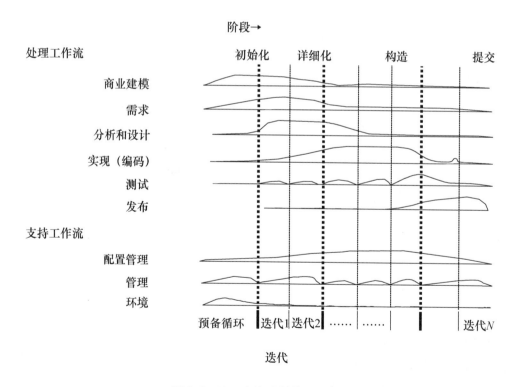

图 1-8　RUP 各个阶段的工作示例

从图 1-8 中可以看出，不同的工作流在不同的时间段内工作量不同。值得注意的是，几乎所有的工作流在所有的时间段内均有工作量，只是工作量的大小不同而已。这与瀑布模型有明显的不同。

1.5.7　极限编程

极限编程（Extreme Programming，XP）是由 Kent Beck 在 1996 年提出的适用于小团队开发的一个轻量级的、灵巧的软件开发方法。针对瀑布模型的强调文档，但是应对客户需求变化不灵活，因编程模式化、机械化难以激发工作热情等可能存在的困难，其引入一些新的软件开发观念。例如，极限编程把客户非常明确地加入开发的团队中，强调注重用户反馈与让客户加入开发，把软件开发过程重新定义为倾听（用户需求或反馈）、测试、编码、重构（设计）的迭代循环过程，确立了从测试到编码、再到重构（设计）的软件开发管理思路。通过快速迭代，小版本发布、反馈，追求简单、高效。极限编程只要迅速实现用户要求即可，是更加细化的快速模型法。此外，极限编程还加入了很多调动开发人员积极性的措施，如结队编程、40 小时工作等，目的是提高软件开发质量。

极限编程模型如图 1-9 所示。

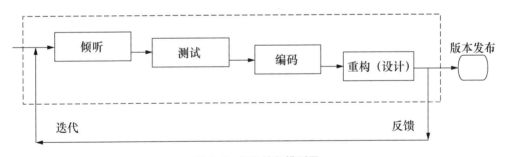

图 1-9　极限编程模型图

1.5.8　敏捷开发

敏捷开发（Agile）于 2001 年由一些软件开发专家通过敏捷软件开发宣言提出。其集成了包括极限编程在内的各类新型开发模式的共同特点，针对传统的瀑布模型的弊端提出开发软件的管理新模式，从而产生一种新的轻量级开发模式，目的是以最简单有效的方式快速达成目标，并在开发过程中提高开发效率和及时响应外界需求变化时的调整能力。

顾名思义，"敏捷"就是具备"快速、灵活、高效"的特点。敏捷开发源于极限编程，但其更强调沟通、简单、反馈和尊重每一位项目相关人员的想法。迭代、用户参与、小版本快速实现是敏捷开发的核心原则。

值得说明的是，敏捷开发虽然具备很好的项目适用性，并提供了一个软件开发的新思路，但其不是软件开发的终极选择。对于项目周期长、部门众多、开发人员数量庞杂的大型软件应用的开发，文档的管理与衔接作用还是不可替代的，机械地使用敏捷开发可能会对软件质量带来不良影响。

注意：敏捷开发方法不仅仅指 XP 这一种方法。除了 XP 外，还有水晶系列方法、SCRUM 方法、自适应软件开发（Adaptive Software Development，ASD）、特征驱动的开发（Feature Driven Development，FDD）等，有兴趣的读者可以查阅相关材料进行学习。

1.6 软件开发方法简述

软件开发
方法简述

前面已经列举了软件危机的现象，以及产生软件危机的原因。为了克服软件危机，软件工程研究人员不断探索新的软件开发方法。下面简要介绍几种软件开发方法。

1.6.1 结构化方法

1978 年，E. Yourdon 和 L. L. Constantine 提出了 Yourdon 方法，即 SA/SD 方法，也可称为结构化方法、面向功能的软件开发方法或面向数据流的软件开发方法。其中，SA 表示结构化分析方法（Structured Analysis），SD 表示结构化设计方法（Structured Design）。1979 年，Tom DeMarco 对此方法做了进一步完善。

Yourdon 方法是 20 世纪 80 年代使用最广泛的软件开发方法。它首先用结构化分析技术进行需求分析，然后用结构化设计技术进行总体设计和详细设计，最后是结构化编程。这一方法的精髓是自顶向下、逐步求精，也就是将功能逐步分解，直到人们可以理解和控制它为止。Yourdon 方法的主要问题是：以功能分解的软件不够稳定，用户的功能经常变化，导致系统的框架结构不稳定。另外，从数据流程图到软件结构图的过渡有明显的断层，导致设计回溯到需求有一定的困难。

但是无论如何，这个方法仍然应用得非常普遍，至今还有许多机构在使用 Yourdon 方法。

1.6.2 面向数据结构的软件开发方法

面向数据结构的软件开发方法有两种，一种是 Warnier 方法，于 1974 年由 J. D. Warnier 提出；另一种是 Jackson 方法，于 1975 年由 M. A. Jackson 提出。其基本思想是：从目标系统的输入/输出数据结构入手，导出程序框架结构，再补充其他细节，得到完整的程序结构。这两种方法的差别有三个：第一个差别是它们使用的图形工具不同，即分别使用 Warnier 图和 Jackson 图；第二个差别是使用的伪码不同；第三个差别是在构造程序框架时，Warnier 方法仅考虑输入数据结构，而 Jackson 方法不仅考虑输入数据结构，还考虑输出数据结构。Jackson 方法适用于对中小型软件进行详细设计，由于它无法构建软件系统的整体框架结构，所以不适合进行概要设计。

1.6.3　原型化方法

所谓原型化方法，就是使用快速原型化模型，获取一组基本需求，快速给出版本，建立一个能够反映用户主要需求的原型系统。这种软件开发方法适用于对软件需求不清晰、业务模型不确定、用户需求经常变化、软件规模不大或设计不太复杂等情况。

1.6.4　面向对象的软件开发方法

面向对象的软件开发方法（简称面向对象方法）的研究始于 1966 年。自 20 世纪 90 年代以来，关于面向对象的分析、设计、测试、度量和管理等的研究都得到长足发展。面向对象技术包括面向对象设计模式、分布式对象系统和基于网络的对象应用等。

面向对象的基本做法是用对象模拟实际问题领域中的实体，以对象间的关系刻画实体间联系。因为面向对象软件系统的结构是根据实际问题领域的模型建立起来的，而不是基于对功能的分解，所以，当系统的功能发生变化时其不会引起软件结构整体的变化，往往只需要进行一些局部的修改。

面向对象的软件开发方法的本质是主张从客观世界固有的事物出发来构造系统，提倡用人们在现实生活中常用的思维方法来认识、理解和描述客观事物，强调最终建立的系统能够映射问题域，即系统中的对象以及对象之间的关系能够如实反映问题域中固有事物及其关系。这恰恰是从分析和设计阶段入手才能根本解决的问题。

1.7　软件工程相关的技术规范、标准和最新文献的信息源

就一个软件项目来说，有许多层次不同、分工不同的人员相互配合，在项目的各个部分以及各个开发阶段之间也存在许多联系和衔接问题。要想把这些错综复杂的关系协调好，就需要一系列统一的约束和规定。为了提高软件开发的效率，保障软件产品的质量，软件工程领域公布了许多标准，包括国际标准、国家标准、行业标准、企业标准、项目规范，通常由

低级到高级使用。例如，一个项目制定了项目规范，应该首先遵循项目规范，其次遵循企业标准，没有企业标准时依次遵循行业标准、国家标准和国际标准。软件工程的标准涉及许多方面，有规范开发过程的标准，有定义产品的标准，还有管理标准和表达符号的标准，等等。

1.7.1 CMM

美国卡耐基梅隆大学软件工程研究所根据美国国防部的要求制定了软件能力成熟度模型（Capability Maturity Model for Software，SW-CMM），描述了不断改进软件过程的科学方法。它有助于软件开发组织自我分析，找出提高软件过程能力的方法。这个模型得到国际软件产业界和软件工程界的广泛关注和认可。

1.7.2 ISO9000-3

国际标准化组织（International Organization for Standardization，ISO）颁布了ISO9000-3[①]，它是软件产业贯彻ISO9000族标准的指南。ISO9000-3的中文全称是《质量管理和质量保证标准第三部分：ISO9001在软件开发、供应和维护中的使用指南》。

1.7.3 ISO/IEC 12207 标准

ISO/IEC 12207标准是ISO提出的软件生命周期过程标准，被广泛应用于美国国防部的软件开发。

1.7.4 PSP 规范

PSP规范给出了一种可用于控制、管理和改进个人软件开发工作方式的自我改善过程。它包括软件开发表格、指南和规程，这些内容为个人和小型群体的软件开发过程的优化提供了具体途径。

1.7.5 TSP 规范

TSP规范是小组软件开发过程的控制、管理和改进方法。它包括以小组为开发单位的软

---

① ISO9000族标准适用于所有工业产品，但考虑到软件产品的特殊性，专门制定了ISO9000-3。

件开发表格、指南和规程，这些内容为以小组为单位的中型和大型软件开发过程的优化提供了具体途径。

1.7.6　IEEE 软件工程系列标准

IEEE 制定的软件工程系列标准，详细规定了软件工程的用语、过程和实施细节。

1.7.7　软件配置管理系列标准

软件开发过程中的变更是不可避免的，控制变更对软件开发、软件质量的影响至关重要。为此，许多机构规定了控制变更的措施和标准，表 1-1 列出了一些著名的软件配置管理标准。

表 1-1　著名的软件配置管理标准

软件配置管理标准	内容
IEEE 828	IEEE 软件配置管理计划
IEEE 1042	IEEE 软件配置管理指南
ISO/IECTR 15846	信息技术 软件生命周期过程 配置管理
BSI BS-7738	使用结构化系统分析和设计方法的信息系统产品规范
EIA CMB4-1A	数字计算机程序配置管理定义
EIA CMB4-2	数字计算机程序的配置识别
EIA CMB4-3	计算机软件库
EIA CMB4-4	数字计算机程序的配置更改控制
EIA CMB6-1C	配置和数据管理参考
EIA CMB6-3	配置识别
EIA CMB6-4	配置控制
EIA CMB7-1	配置数据管理的电子交换
ESA（Space）PSS-05-09	软件配置指南
German Process-Model	德国软件生命周期过程模型（V 模型）

1.8 软件工程师职业道德规范

软件工程师职业
道德规范

1.8.1 《软件工程师职业道德规范》概述

目前计算机在各行各业以及人们日常生活中广泛存在。作为软件工程师，从事的事业正在影响世界的每一个角落，因此，软件工程师的职业素养和道德规范越来越受到人们的重视。1999 年，ACM/IEEE-CS 软件工程师道德规范和职业实践联合工作组制定了《软件工程师职业道德规范》（Software Engineering Code of Ethics and Professional Practice）。这个规范含有 8 组由关键词命名的行为准则，每一组准则均分三个层次阐述了软件工程师的道德和义务。

第一个层次阐述了一组道德价值，这是软件工程师和所有人就人性而言所共有的。第二个层次阐述的则是对软件工程专业人员提出的比第一个层次更具挑战性的一些义务，这是因为软件工程专业人员的工作对他人的影响非常大。第三个层次也是最深的层次，阐述了与软件工程专业实践有关的内容。这个规范并没有包罗万象，也不希望其各个部分被孤立地用来判定失职或违规。软件工程师需要结合具体的环境，按照道德规范的精神进行道德判断并采取行动。

《软件工程师职业道德规范》的总则描述了软件工程师的从业基本要求，目标是树立软件产业界整体的优良形象，具体内容如下：

（1）自觉遵守公民道德规范标准和软件行业基本公约。

（2）讲诚信，坚决反对各种弄虚作假现象，不承接自己能力尚难以胜任的任务，对已经承诺的事要保证做到，当情况变化和有特殊原因而实在难以做到时，应尽早向当事人报告说明；忠实做好各种作业记录，不隐瞒、不虚构，对提交的软件产品，在有关文档上不做夸大不实的说明。

（3）讲团结、讲合作，有良好的团队协作精神，善于沟通和交流，在业务讨论上，积极坦率地发表自己的观点和意见，对理解不清楚和有疑问的地方，绝不放过，在做同级评审和技术审核时，实事求是地反映和指出问题，对事不对人，要自觉协助项目经理做好项目管理，积极提出工作改进建议。

（4）有良好的知识产权保护观念，自觉抵制各种违反知识产权保护的行为，不购买和使用盗版的软件，不参与侵犯知识产权的活动，在自己开发的产品中不复制使用未取得使用许可的他方内容。

（5）树立正确的技能观，努力提高自己的技能，为社会和人民造福，绝不利用自己的技能去从事危害公众利益的活动，包括构造虚假信息和不良内容、制造计算机病毒、参与盗版活动、非法解密和攻击网站等，提倡健康的网络道德准则和交流活动，对利用自己的计算机知识积极参与科学普及活动和应用推广活动应大力鼓励和提倡。

（6）认真履行签订的合同和协议，有良好的工作责任心，不能以追求个人利益为目的而不顾协议、合同规定，不顾对原先已承诺的项目开发任务的影响，甚至以携带原企业的资料提高自己的身价，自觉遵守保密规定，不随意向他人泄露工作和客户的机密。

（7）面对飞速发展的技术，能自觉跟踪技术发展动态，积极参与各种技术交流、技术培训和继续教育活动，不断改进和提高自己的技能，自觉参与项目管理和软件过程改进活动。能注意对自己的软件过程活动进行监控和管理，积累工程数据，不断改进自己的软件生产率和质量，并积极参与团队软件过程管理，使各项软件产品都能达到国际和国家标准与规范。

（8）努力提高自己的技术和职业道德素质，提交的软件和文档资料在技术上能符合国际和国家的有关标准，在职业道德规范上能符合国际道德规范和标准。

1. 软件工程师行为准则 1

软件工程师行为准则 1 的关键词是"公众"。也就是说，软件工程师应当以公众的利益为目标，特别是在适当的情况下软件工程师应当做到以下几点：

（1）对工作承担完全的责任；

（2）用公益目标节制软件工程师、雇主、客户和用户的利益；

（3）批准软件，应在确信软件是安全的、符合规格说明的、经过合适测试的，不会降低生活品质、影响隐私权或处于有害环境的条件之下，一切工作以公众利益为前提；

（4）当有理由相信有关的软件和文档，可以对用户、公众或环境造成任何实际或潜在的危害时，向适当的人或当局揭露；

（5）通过合作全力解决由于软件及其安装、维护、支持或文档引起的社会严重关切的各种事项；

（6）在所有有关软件、文档、方法和工具的申述中，特别是与公众相关的申述中，力求正直，避免欺骗；

（7）认真考虑诸如残疾、资源分配、经济缺陷和其他可能影响使用软件益处的各种因素；

（8）应致力于将自己的专业技能用于公益事业和公共教育的发展。

2. 软件工程师行为准则 2

软件工程师行为准则 2 的关键词是"客户和雇主"。在保持与公众利益一致的原则下，软件工程师应注意满足客户和雇主的最高利益，特别是在适当的情况下软件工程师应当做到以下几点：

（1）在其胜任的领域提供服务，对其经验和教育方面的不足应持诚实和坦率的态度；

（2）不明知故犯使用非法或非合理渠道获得的软件；

（3）在客户或雇主知晓和同意的情况下，只在适当准许的范围内使用客户或雇主的资产；

（4）保证他们遵循的文档按要求经过授权批准；

（5）只要工作中所接触的机密文件不违背公众利益和法律，对这些文件所记载的信息须严格保密；

（6）根据其判断，如果一个项目有可能失败、费用过高、违反知识产权法规或者存在问题，应立即确认、做文档记录、搜集证据和报告客户或雇主；

（7）当他们知道软件或文档有涉及社会关切的明显问题时，应确认、做文档记录和报告雇主或客户；

（8）不接受不利于他们雇主的外部工作；

（9）不提倡与雇主或客户产生利益冲突，除非出于符合更高道德规范的考虑；在后一种情况下，应通报雇主或另一位涉及这一道德规范的适当的当事人。

3. 软件工程师行为准则3

软件工程师行为准则3的关键词是"产品"。软件工程师应当确保他们的产品和相关的改进符合最高的专业标准，特别是在适当的情况下软件工程师应当做到以下几点：

（1）努力保证高质量、可接受的成本和合理的进度，确保对于任何有意义的折中方案，雇主和客户是清楚和接受的，从用户和公众的角度是合用的；

（2）确保他们所从事或建议的项目有适当和可达到的目标；

（3）识别、确定和解决他们工作项目中有关道德、经济、文化、法律和环境的问题；

（4）通过适当地结合教育、培训和实践经验，保证他们能胜任正从事和建议开展的工作项目；

（5）确保他们在从事或建议开展的项目中使用合适的方法；

（6）只要适用，遵循最适合手头工作的专业标准，除非出于道德或技术考虑才允许偏离；

（7）努力做到充分理解所制作软件的规格说明；

（8）保证他们所制作的软件的规格说明是良好文档，满足用户需要和经过适当批准的；

（9）保证对他们从事或建议开展的项目做出现实和定量的估算，包括成本、进度、人员、质量和输出，并对估算的不确定性做出评估；

（10）确保对其制作的软件和文档资料有合适的测试、排错和评审；

（11）保证对其从事的项目有合适的说明文档，包括列入他们发现的重要问题和采取的解决办法；

（12）对于开发的软件和相关的文档，应注意尊重那些受软件影响的人的隐私；

（13）小心和只使用从正当或法律渠道获得的精确数据，并只在准许的范围内使用；

（14）注意维护容易过时或有出错情况时的数据完整性；

（15）处理各类软件维护时，应保持与新开发时一样的职业态度。

4. 软件工程师行为准则 4

软件工程师行为准则 4 的关键词是"判断"。软件工程师应当维护他们职业判断的完整性和独立性，特别是在适当的情况下软件工程师应当做到以下几点：

（1）所有技术性判断服从支持和维护人的价值的需要；

（2）只有对在本人监督下准备的，或在本人专业知识范围内并经本人同意的情况下才签署文档；

（3）对受他们评估的软件或文档，保持职业的客观性；

（4）不参与欺骗性的财务行为，如行贿、重复收费或其他不正当财务行为；

（5）对无法回避和逃避的利益冲突，应告示所有有关方面；

（6）当他们、他们的雇主或客户存有未公开和潜在的利益冲突时，拒绝以会员或顾问身份加入与软件事务相关的私人、政府或职业团体。

5. 软件工程师行为准则 5

软件工程师行为准则 5 的关键词是"管理"。软件工程的经理和其他领导人员应赞成和促进对软件开发和维护合乎道德规范的管理，特别是在适当情况下软件工程的经理和其他领导人员应当做到以下几点：

（1）对其从事的项目保证做到良好的管理，包括促进质量和降低风险的有效步骤；

（2）保证软件工程师在遵循标准之前知晓它们；

（3）保证软件工程师让雇主知道对雇主或其他人保密的口令、文件和信息的有关政策和方法；

（4）布置工作任务应先考虑其教育和经验有相应的水平，同时考虑进一步教育和成长的要求；

（5）保证对他们从事或建议开展的项目做出现实和定量的估算，包括成本、进度、人员、质量和输出，并对估算的不确定性做出评估；

（6）在雇用软件工程师时，需实事求是地介绍雇用条件；

（7）提供公正和合理的报酬；

（8）不能不公正地阻止一个人取得可以胜任的岗位；

（9）对软件工程师有贡献的软件、过程、研究、写作或其他知识产品的所有权，保证有一个公平的协议；

（10）对违反雇主政策或道德观念的指控，提供正规的听证过程；

（11）不要求软件工程师去做任何与道德规范不一致的事；

（12）不能处罚对项目表露出道德关切的人。

6. 软件工程师行为准则 6

软件工程师行为准则 6 的关键词是"专业"。在与公众利益一致的原则下，软件工程师应当保护其专业的完整性和声誉，特别是在适当的情况下软件工程师应当做到以下几点：

（1）协助发展一个适合执行道德规范的组织环境；

（2）推进软件工程的共识性；

（3）通过适当参加各种专业组织、会议和出版物编写，扩充软件工程知识；

（4）作为一名职业人员，支持其他软件工程师努力遵循《软件工程师职业道德规范》；

（5）不以牺牲职业精神、客户或雇主利益为代价，谋求自身利益；

（6）服从所有监管作业的法规，唯一可能的例外是当这种服从与公众利益有不一致时；

（7）要精确叙述自己所从事软件的特性，不仅要避免错误的断言，而且要防止那些可能造成猜测投机、空洞无物、有欺骗性、有误导性或者有疑问的断言；

（8）对所从事的软件和相关文档，负起检测、修正和报告错误的责任；

（9）保证让客户、雇主和主管人员知道软件工程师对《软件工程师职业道德规范》的承诺，以及这一承诺带来的后果和影响；

（10）避免接触与《软件工程师职业道德规范》有冲突的业务和组织；

（11）要认识违反《软件工程师职业道德规范》是与成为一名专业工程师不相称的；

（12）在出现明显违反《软件工程师职业道德规范》的情况时，应向有关当事人表达自己的关切，在没有可能影响生产或没有危险时才可例外；

（13）当与明显违反《软件工程师职业道德规范》的人无法磋商，或者会影响生产或有危险时，应向有关当局报告。

7. 软件工程师行为准则 7

软件工程师行为准则 7 的关键词是"同行"。软件工程师对同行应持平等、互助和支持的态度，特别是在适当的情况下软件工程师应当做到以下几点：

（1）鼓励同行遵守《软件工程师职业道德规范》；

（2）在专业发展方面帮助同行；

（3）充分信任和赞赏其他人的工作，避免过度吹捧；

（4）评审别人的工作，应客观和适当地进行文档记录；

（5）持良好的心态听取同行的意见、关切和抱怨；

（6）协助同行充分熟悉当前的工作实践标准，包括与保护口令、文件和保密信息有关的政策和步骤，以及一般的安全措施；

（7）不要不公正地干涉同行的职业发展，但出于对客户、雇主或公众利益的考虑，软件工程师应以善意态度质询同行的胜任能力；

（8）在有超越本人胜任能力的情况下，应主动寻求其他熟悉这一领域的专业人员的指导和帮助。

8. 软件工程师行为准则 8

软件工程师行为准则 8 的关键词是"自身"。软件工程师应当参与终身职业实践的学习，并改善合乎道德的职业实践方法，特别是软件工程师应不断尽力做到以下几点：

（1）深化他们的开发知识，包括软件的分析、设计、开发、维护和测试、相关文档的制作，以及开发过程的管理；

（2）提高他们在合理的成本和时限范围内，开发安全、可靠和高质量软件的能力；

（3）提高他们编写正确的、有技术含量的和良好的文档的能力；

（4）提高他们对所开发软件和相关文档资料，以及应用环境的了解；

（5）提高他们对与所开发软件和文档有关的标准和法律的熟悉程度；

（6）提高他们对《软件工程师职业道德规范》及其解释和如何应用于本身工作的了解；

（7）不因为难以接受他人的偏见不公正地对待他人；

（8）不影响他人在执行《软件工程师职业道德规范》时所采取的任何行动；

（9）要认识到违反《软件工程师职业道德规范》是与成为一名专业软件工程师不相称的。

1.8.2　软件工程师的职业素质

所谓职业化，简单地说就是能胜任工作，让人放心。"能胜任工作"是指具备相应的专业技能、知识和经验；"让人放心"意味着很多方面，包括遵守行业成文的或未成文的规则和规范，积极有效地和同事沟通，确保自己的工作产品是大家所期望的，尽可能地向客户提供最专业的服务和产品。自律、沟通和技能是职业化软件工程师的必备条件。

（1）自律。软件区别于其他传统产品，主要表现为：只有在软件安装运行后，人们才能看见它的界面；软件的开发进度也是肉眼看不见的，很难准确判断开发任务是完成了80%还是30%；软件的质量更是不可见的，只有通过非常认真、全面的测试和考核，才能了解代码的质量。因此，自律对软件工程师来说非常重要。

（2）沟通。软件的规模越来越大，而且处在不断的变化过程中。因此，软件工程需要软件工程师进行大量书面的、口头的沟通。大到产品的整体功能和性能要求，小到程序的结构，甚至一个函数、一个变量的含义都需要沟通。沟通有标准化的、可视化的工具语言，如统一建模语言（Unified Modeling Language，UML）。软件工程强调文档的重要性，就是以文档作为沟通的工具。软件工程师与客户沟通明确用户需求，工程师之间沟通明确设计方案，市场人员和工程师沟通确定产品特征。软件工程的实践表明，缺乏主动沟通，往往导致整个团队的技术方案出现偏差，使整个项目的进度受到影响。

（3）技能。软件工程师常常强调自己掌握的编码技术，却往往忽视用户需求和软件开发的规范。作为职业化软件工程师，需求分析、软件设计、软件构造、软件测试、软件维护、配置管理、软件项目管理、软件过程改进、软件工具和方法以及软件质量保证等都是更为重要的技能。

1.8.3　职业化软件工程师要注意的十大问题

《软件工程师职业道德规范》的内容是比较概要的、框架式的描述，为了更具体地说明职业化软件工程师的形象，这里列出软件工程师十大与"职业化"相悖的行为。

行为一：对外交付半成品。

非职业的软件工程师满足于把工作做成半成品，等着让别人来纠正他们的错误。例如，开发者提交没有经过测试的代码，这种代码往往在集成和系统测试阶段会被发现存在大量的问题，修复这些问题需要付出很大的代价，这个代价比开发者自己发现并修复要大得多，给组织造成巨大损失，影响整个团队的工作效率。

行为二：不遵守标准和规范。

职业化的重要特征是遵守行业标准，不能肆意按照自己的想象来发挥。自从人们认识软件危机以来，便开始总结软件开发的失败教训和成功经验，并把其总结成最佳实践方式，进而形成标准，并充分利用这些最佳实践方式和标准来指导软件过程。任何闭门造车、想当然的行为都是不被提倡的，注定要走弯路。

行为三：不积极帮助他人。

有些技术人员生怕将技术成果共享会影响自己在组织内的地位，不愿与同事沟通和交流自己的经验，甚至故意设置障碍不让别人学会。在软件开发组织中，帮助别人能为组织降低成本、缩短开发周期、提高产品质量，是解决软件危机的有效途径。

行为四：版权意识不敏感。

软件工程师既是软件的制造者，也是软件的使用者。如果自身不尊重版权，就会对其他人产生极大的负面的示范作用，也是对自己劳动成果的不尊重。由于软件开发者往往具有破译其他产品许可证的能力，大量的软件工程师盗版使用了其他公司的产品，并以此炫耀自己的能力。

不尊重版权的另外一些表现是：不认真阅读开放源代码的使用限制条款就随意对其利用；随便找到一个开发包，不问来龙去脉就将其嵌入自己的系统中；错误地认为他在组织内所完成的工作成果都是自己的，在离职后转让给他人。

行为五：对待计划不严肃。

软件工程强调计划性，计划的内容包括设备资源、进度、人力资源安排，任务分配等。在项目的进行中要跟踪计划执行情况，记录计划执行过程中的偏差，对任何变更都要经过评审和批准才能付诸行动。

行为六：公事私事相混淆。

公私分明是职业化的重要特征之一。利用公司设备做自己的事情，上班时间浏览与工作无关的网站，这些都是非职业化的行为和习惯。反之亦然，用私人的设备处理公务，用免费邮箱发送和接收公司邮件，带个人计算机来办公室处理公司的业务，带自己的移动硬盘到办公室使用，这些都可能给组织的安全造成危害，产生麻烦。因为，私人设备上往往没有部署组织的安全策略。例如，病毒可以通过个人计算机和 U 盘被带入内部网络；个人的免费邮箱没有按照组织的安全规定保护，可能造成公司的商业机密通过免费邮箱外泄；来历不明的软件可能侵犯他人的著作权，还有可能含有病毒。

行为七：不注意知识更新。

软件行业新技术、新方法不断出现，作为一个职业化的软件工程师必须不断学习，保持行业竞争力。但是，许多软件工程师想走捷径，对技术浅尝辄止，不愿意钻研技术，只愿意做管理工作，这些都是和职业化的软件工程师不相称的。

行为八：不主动与人沟通。

软件不可见的特性决定了其需要软件工程师进行大量书面的、口头的沟通，沟通的目的是使相关的人员了解项目的进展、遇到的问题、应用的技术、采用的方法等。

行为九：不遵守职业规则。

一些工程师不能很好地遵守软件行业的职业规则，例如离职时带走公司的源代码和文档，急于到新单位工作而不专心交接。此外，故意隐藏自己的经验和教育方面的不足，明知故犯地使用从非法渠道获得的软件，未经授权占用客户或雇主的资产，另做其他的兼职工作，这些表现在软件行业中都属于违反执业规则的行为。

行为十：不够诚实和正直。

软件开发有许多潜在的工作量很难用精确的数字衡量，这就需要软件工程师为人正直、诚实。实际工作中，有些工程师虚报工作量，一天能完成的任务故意拖延两天，为自己争取过分宽松的工作环境。

职业化软件工程师要注意十大问题：① 高质量地完成任务；② 遵守行业标准，不能肆意按照自己的想象来发挥；③ 积极帮助他人；④ 版权意识敏感；⑤ 严格遵守计划；⑥ 公私分明；⑦ 注意知识更新；⑧ 善于沟通；⑨ 遵守职业规范；⑩ 诚实和正直。

本章要点

● 软件危机的主要表现是"已完成"的软件不满足用户的需求；开发进度不能保证；软件开发成本难以准确估算；软件产品的质量没有保证；软件通常没有适当的文档资料或文档与最终交付的软件产品不符，软件的可维护程度非常低。

● 软件工程是采用工程的概念、原理、技术和方法来开发与维护软件，把经过时间考验并得到证明的正确的管理方法和先进软件开发技术结合起来，运用到软件开发和维护过程中，解决软件危机。

● 软件工程研究的主要内容包括软件开发技术和软件开发管理两方面。软件开发技术方面主要研究软件开发方法、软件开发过程、软件开发工具和环境。软件开发管理方面主要研究软件工程管理学、软件工程经济学、软件工程心理学。

- 软件工程的 7 条基本原理是：① 用分阶段的生命周期计划严格管理；② 坚持进行阶段评审；③ 实行严格的产品控制；④ 采用现代程序设计技术；⑤ 结果应能清楚地审查；⑥ 开发小组的人员应该少而精；⑦ 承认不断改进软件工程实践的必要性。

- 软件生命周期是指一个软件从提出开发要求开始到该软件报废为止的整个时期。通常将软件的生命周期划分为可行性研究、需求分析、设计、编码、测试、集成、维护阶段。

- 到目前为止，常见的软件生命周期模型有瀑布模型、快速原型化模型、演化模型、螺旋模型等。模型的选择基于软件的特点和应用领域。

- 主流的软件开发方法有结构化方法、面向数据结构的软件开发方法、原型化方法和面向对象的软件开发方法。

- 为了提高软件开发的效率，保障软件产品的质量，软件工程领域公布了许多国际标准、国家标准、行业标准、企业标准、项目规范。软件工程的标准关系到许多方面，有规范开发过程的标准，有定义产品的标准，还有管理标准和表达符号的标准等。

- 1999 年，ACM/IEEE-CS 软件工程师道德规范和职业实践联合工作组制定了《软件工程师职业道德规范》，含有 8 组由关键词命名的行为准则，每一组准则均分三个层次阐述了软件工程师的道德和义务。软件工程师需要结合具体的环境，按照道德规范的精神进行道德判断并采取行动。

- 职业化软件工程师要注意十大问题：① 高质量地完成任务；② 遵守行业标准，不能肆意按照自己的想象来发挥；③ 积极帮助他人；④ 版权意识敏感；⑤ 严格遵守计划；⑥ 公私分明；⑦ 注意知识更新；⑧ 善于沟通；⑨ 遵守职业规范；⑩ 诚实和正直。

思政小课堂

思政小课堂 1

练习题

一、选择题

1. 软件与程序的区别是（　　）。

    A. 程序价格便宜，软件价格昂贵

    B. 程序是用户自己编写的，而软件是由厂家提供的

    C. 程序是用高级语言编写的, 而软件是由机器语言编写的

    D. 软件是程序以及开发、使用和维护所需要的所有文档的总称, 而程序是软件的一部分

2. 开发软件所需高成本和产品的低质量之间有尖锐的矛盾, 这种现象称作 (　　)。

    A. 软件工程　　　　B. 软件周期　　　　C. 软件危机　　　　D. 软件产生

3. 瀑布模型本质上是一种 (　　) 模型。

    A. 线性顺序　　　　B. 顺序迭代　　　　C. 线性迭代　　　　D. 早期产品

4. 瀑布模型存在的问题是 (　　)。

    A. 用户容易参与开发　　　　　　　B. 缺乏灵活性

    C. 用户与开发者易沟通　　　　　　D. 适用于可变需求

5. 用户要看到软件产品的模样, 最早也要到 (　　) 以后。

    A. 程序代码编写完成　　　　　　　B. 单元测试完成

    C. 用户需求基本确定　　　　　　　D. 验收

6. 原型化方法是用户和设计者之间执行的一种交互构成, 适用于 (　　) 系统。

    A. 需求不确定性高的　　　　　　　B. 需求确定的

    C. 管理信息　　　　　　　　　　　D. 实时

7. 原型化方法是一种 (　　) 型的设计过程。

    A. 自外向内　　　　　　　　　　　B. 自顶向下

    C. 自内向外　　　　　　　　　　　D. 自底向上

8. 下列有关软件工程的标准, 属于国际标准的是 (　　)。

    A. GB　　　　　　B. DIN　　　　　C. ISO　　　　　D. IEEE

9. 结构化方法是一种基于 (　　) 的方法。

    A. 数据结构　　　B. 程序结构　　　C. 算法　　　　　D. 数据流

二、简答题

1. 什么是软件危机? 软件危机表现在哪些方面?

2. 试述产生软件危机的主要原因。

3. 什么是软件工程? 软件工程的目标是什么?

4. 软件工程为什么要强调规范化和文档化?

5. 软件工程的层次是如何划分的?

6. 什么是软件生命周期模型?

7. 软件工程发展至今经历了哪几个阶段? 各个阶段的特征是什么?

8. 试指出瀑布模型中下列任务的顺序: 验收测试、项目计划、单元测试、需求评审、成本估计、概要设计、详细设计、系统测试、设计评审、编码、制作需求规格说明书。

9. 请比较瀑布模型和螺旋模型的特点。

10. 什么叫职业化？职业化软件工程师的必备条件是什么？

11. 职业化软件工程师要注意的十大问题中，让你感触较为深刻的是哪些问题？

12. 一名软件开发人员辞职离开原公司，去了竞争对手的公司，请问他这样做有什么问题？是否触犯了相关的法律法规？

第 2 章　可行性研究

学习内容

本章主要讲述软件项目可行性研究的目的和可行性研究的步骤。为了帮助学生进行软件项目的可行性研究，本章介绍了可行性研究的要素，并且详细介绍了软件项目成本效益分析的主要内容和方法；最后给出了一个软件项目可行性研究报告的文档模板，供学生在实践中参考。

学习目标

(1) 掌握可行性研究的目的。

(2) 理解可行性研究的步骤。

(3) 了解成本效益分析的主要方法和可行性研究的要素。

思政目标

通过本章的学习，认识到可行性研究对于工程项目成功实施的重要性，特别是针对法律可行性进行分析，认识到知法守法的重要性，绝不能运用高科技犯罪，树立法律意识、工程伦理意识。

在开发一个软件之前首先应该评价一下开发这个软件的可行性。可行性研究的目的是在最短的时间内用最少的花费确定软件开发是否可行。可行性研究和后面将要介绍的需求分析之间的关系是：可行性研究是要决定"做还是不做"；需求分析是要决定"做什么，不做什么"。可行性研究的四大要素是：经济可行性、技术可行性、法律可行性、社会环境可行性。可行性研究需要的时间长短取决于软件系统的规模，一般来说，可行性研究的成本只占预期总成本的 5% ～ 10%。

2.1　可行性研究的步骤

可行性研究的步骤

可行性研究的目的不是解决问题，而是确定问题是否值得解决。可行性研究实质上是一次大大压缩简化了的系统分析和设计过程，也就是在较高层次上以较抽象的方式进行的系统分析和设计过程。

在进行可行性研究时，首先要进一步分析和澄清问题的定义。在问题定义阶段，初步确定系统的规模和目标，如果正确就加以肯定，如果错误就及时改正，如果对目标系统有任何约束和限制，必须把它们一一列出来。

在澄清了问题的定义之后，系统分析员应该导出系统的逻辑模型，然后从系统的逻辑模型出发，探索若干可供选择的主要解法，对每种解法都应该仔细研究其可行性。一般来说，对每种解法应该考虑技术可行性、经济可行性，必要时还应该从法律、社会环境等更广泛的方面研究每种解法的可行性。如果问题没有可行解，分析员应该建议停止这个系统的开发，避免时间、资源的浪费；如果可解，分析员应该推荐一个较好的解决方案，并且为这个系统的进一步开发提供一个初步的计划。

可行性研究的具体步骤如下：

（1）复查系统的规模和目标。分析员访问关键人员，仔细阅读和分析有关的材料，以便对问题定义阶段书写的关于规模和目标的报告进一步复查确认，改正含糊或不确切的叙述，清晰地描述对目标系统的一切约束和限制。这个步骤的工作实质是确保分析员正在解决的问题确实是要求他解决的问题。

（2）研究目前正在使用的系统。分析员分析已有系统的特点，发现技术、经济等方面的不足，研究改进方案。应该仔细阅读、分析现有系统的文档和使用手册，也要实地考察现有系统。应该注意了解这个系统可以做什么、为什么这样做，还要了解使用这个系统的代价。在这一步，常见的错误做法是花费过多的时间分析现有系统。这个步骤的目的是了解现有系统能做什么，而不是了解它怎样做。因此，不要花费太多的时间去了解和描绘现有系统的实现细节。绝大多数系统都和其他系统有联系，所以应该注意了解并记录现有系统和其他系统之间的接口情况，这是设计新系统的重要约束条件。

（3）导出新系统的高层逻辑模型。通过前一步的工作，分析员对目标系统应该具有的基本功能和所受的约束条件有一定的了解，使用数据流程图描述数据在系统中流动和处理的情况，概括表达出对新系统的设想。通常为了把新系统描绘得更清晰、准确，还应该有一个初步的数据字典，定义系统中使用的数据。数据流程图和数据字典共同定义了新系统的逻辑模型，以后可以从这个逻辑模型出发设计新系统。

（4）进一步定义问题。新系统的逻辑模型实质上表达了分析员对新系统必须做什么的看法。用户是否也有同样的看法呢？分析员应该和用户一起复查问题定义、工程规模和目标，这次复查应该把数据流程图和数据字典作为讨论的基础。如果分析员对问题有误解或者用户曾经遗漏了某些要求，那么现在是发现和改正这些错误的时候了。

注意：可行性研究的前 4 个步骤实质上构成了一个循环，实践中须不断重复这个循环，一直到提出的逻辑模型完全符合系统目标为止。

（5）导出和评价供选择的解法。分析员从系统逻辑模型和技术角度出发，提出解决问题的不同方案。当从技术角度提出了一些可行的物理系统之后，应该出于技术可行性的考虑初步排除一些不现实的系统。例如，要求系统的响应时间不超过几秒，显然应该排除批处理的方案。此后，分析员应该根据使用部门处理事务的原则和习惯，去掉那些可操作性不佳的方案。

（6）推荐行动方针。分析员根据可行性研究的结果决定是否继续进行这项开发工程。如果分析员认为值得继续这项开发工程，就应该选择一种最好的解法，并且说明选择这个解决方案的理由。通常，使用部门的负责人主要根据经济上的可行性决定是否开发这项工程，因此分析员对于所推荐的方案必须进行仔细的成本效益分析。

（7）草拟开发计划。分析员应该为所推荐的方案草拟一份开发计划，除了制定工程进度之外，还应该考虑对各类开发人员（分析员、程序员、测试员等）和各种资源（计算机硬件、软件工具等）的需求情况，并指明什么时候、多长时间、职责是什么等问题。此外，分析员还应该估计软件系统生命周期每个阶段的成本。

（8）书写文档提交审查。分析员须将上述可行性研究的各个步骤的工作结果写成清晰的文档，请用户、客户组织的负责人及评审组专家审查，由他们决定是否继续这项工作，以及是否接受分析员推荐的方案。

2.2　可行性研究的要素

可行性研究的目的是在最短的时间内用最少的花费确定软件开发是否可行。注意：由于时间短，可行性研究很可能会以偏概全，失去价值。软件工程项目中可行性研究的内容主要集中在经济、技术、法律和社会环境 4 方面。

可行性研究的要素

2.2.1　经济可行性

在经济可行性方面，分析开发成本和可能取得的收益，确定软件项目是否值得投资开发，主要包括成本-收益分析和短期-长远利益分析。

1. 成本-收益分析

所谓成本-收益分析，就是分析投入的成本和产出的效益，如果成本高于收益则表明亏损了。软件成本不是指存放软件光盘的成本，而是指与开发活动相关的成本。成本-收益分析时要考虑的成本如下：

（1）办公室房租。

（2）办公用品和办公设施，如桌、椅、书柜、照明电器、空调、电话机等。

（3）硬件设备折旧，如计算机折旧、打印机折旧、网络设备折旧等。

（4）通信费用，如电话、传真等通信费用。

（5）办公消耗，如水电费、打印复印费、资料费等。

（6）市场交际费用。

（7）软件开发人员与行政人员的工资。

（8）购买系统软件的费用，如操作系统、数据库、软件开发工具等。

（9）做产品宣传和市场调查的费用。如果用 Internet 做宣传，则要考虑网站运行费用。

（10）公司人员培训费用。

（11）公司的各项管理费，如员工四险一金、税费、残保金等，可能会有很大的开销。

2. 短期-长远利益分析

短期利益容易把握，风险较低。长远利益难以把握，风险较高。短期利益是公司生存必须考虑的，长远利益是公司发展需要考虑的。因此，需要综合多方面的因素衡量软件项目的短期利益和长远利益。这方面典型的例子是瀛海威信息通信有限责任公司，它在 Internet 网络领域是先驱者，早期的投入极大，但是由于过多地考虑了长远利益，导致经营策略出现问题而逐渐衰落。很多情况下，公司需要在一段时间内拼财力，但还要比耐性，只有综合分析短期利益和长远利益才能够存活下来。

2.2.2　技术可行性

在技术可行性方面，对软件的功能、性能和限制条件进行分析，确定在现有的资源条件下软件是否能够实现。这里的资源条件包括硬件、软件，现有技术人员的技术水平和已有的工作基础。技术可行性研究至少要考虑以下几方面因素：

（1）用什么技术能够保证在给定的时间内实现需求说明中的功能。如果在项目开发过程中遇到难以克服的技术问题，轻则拖延进度，重则断送项目。

（2）用什么技术保障软件的质量。有些高风险的应用对软件的正确性与精确性要求极高。例如，民航领域应用的飞行器碰撞监测系统要求非常高的精确性，不能出现任何差错。这类软件项目的可行性研究要非常认真地评价技术实现是否能够达到要求。

（3）技术影响软件的生产率。如果软件开发速度太慢，软件公司将失去机会和竞争力。在计划软件开发时间时，不能漏掉用于测试和维护的时间。软件维护是一个漫长的阶段，它能把前期获得的利润慢慢地消耗掉。如果软件的质量不好，将会导致维护的代价很高。也就是说，企图通过偷工减料而提高生产率是得不偿失的事。

2.2.3　法律可行性

计算机为社会进步和提高人类生活质量做出了很大的贡献，但是也为人们带来了许多烦恼，甚至让人们付出了高昂的代价。例如，黑客攻击导致银行账户失窃，病毒入侵导致系统瘫痪，个人隐私被公之于众，等等。因此，无论是国际上还是我国国内都制定了许多相应的法律法规，并且随着计算机技术的发展和应用这些法律法规不断地完善。下面是作为软件工程师必须要了解的几部与计算机技术相关的法律法规。

（1）《中华人民共和国计算机信息系统安全保护条例》：主要规定了任何组织或者个人不得利用计算机信息系统从事危害国家利益、集体利益和公民合法利益的活动，不得危害计算机信息系统的安全。要求计算机信息系统建设和应用、安全等级的划分、机房建设、互联网接入以及计算机信息媒体进出境等具体事项均按照国家有关的法律法规执行。对计算机病毒给予权威性的定义："计算机病毒，是指编制或者在计算机程序中插入的破坏计算机功能或者毁坏数据，影响计算机使用，并能自我复制的一组计算机指令或者程序代码。"

（2）《计算机信息网络国际联网安全保护管理办法》：规定任何单位和个人不得利用国际联网危害国家安全、泄露国家秘密，不得侵犯国家的、社会的、集体的利益和公民的合法权益，不得从事违法犯罪活动。不得利用国际联网制作、传播有损国家利益、民族利益的，扰乱社会秩序的，宣传封建迷信、淫秽、赌博、暴力的，教唆犯罪的，捏造事实诽谤他人的非法信息。

（3）《计算机病毒防治管理办法》：规定任何单位和个人不得制作和传播计算机病毒，不得向社会发布虚假的计算机病毒疫情。还对计算机信息系统的使用单位在计算机病毒防治工作中应当履行的职责和义务进行了详细说明。

（4）《计算机软件保护条例》：规定软件著作权人享有发表权、署名权、修改权、复制权、发行权、出租权、信息网络传播权、翻译权及应当由软件著作权人享有的其他权利。软件著作权属于软件开发者，软件著作权自软件开发完成之日起产生。对于侵犯软件著作权的行为，要根据情况承担停止侵害、消除影响、赔礼道歉、赔偿损失等民事责任；同时损害社会公共利益的，由著作权行政管理部门责令停止侵权行为，没收违法所得，没收、销毁侵权复制品，可以并处罚款；情节严重的，著作权行政管理部门可以没收主要用于制作侵权复制品的材料、工具、设备等；触犯刑律的，依法追究刑事责任。

2.2.4　社会环境可行性

在社会环境可行性方面，可行性研究至少涉及两种因素：市场与政策。

市场分为未成熟的市场、成熟的市场和将要消亡的市场。

（1）涉足未成熟的市场要冒很大的风险。所以，要尽可能准确地估计：潜在的市场有多大？自己能占多少份额？多长时间能占领市场？

（2）挤进成熟的市场虽然风险不高，但利润也不高。如果供大于求，即软件开发公司多、项目少，那么在竞标时可能会出现恶意杀价的情形。

（3）将要消亡的市场别进入。尽管很多程序员怀念 DOS（磁盘操作系统）时代编程那种淋漓尽致的感觉，可毕竟应用需求太少了。

政策对软件企业的生存与发展的影响非常大。目前，国家为了发展软件行业，出台了许多优惠政策，下面列举几项：

（1）增值税一般纳税人销售其自行开发生产的软件产品，按 13% 的法定税率征收增值税后，对其增值税实际税负超过 13% 的部分实行即征即退政策。

（2）对我国境内新办软件生产企业，经认定后，自开始获利年度起，第一年和第二年免征收企业所得税，第三年至第五年减半征收企业所得税。

（3）软件生产企业的工资和培训费用，可按实际发生额在计算应纳税所得额时扣除。

2.3　成本效益分析

成本效益分析

成本效益分析的目的是从经济角度分析开发系统是否有价值。成本效益分析首先估算开发成本，然后将其与可能获得的效益进行比较。其中，有形的效益可以用货币的时间价值、投资回收期、纯收入等指标进行度量，无形的效益主要是从社会影响力和对社会的贡献等方面考虑。

软件的效益和生命周期的长度有关，通常软件的寿命（生存期）按 5 年计算。

2.3.1　货币的时间价值

在计算成本效益时要注意投资是现行的，效益是将来获得的，所以应该考虑货币的时间价值。通常用利率形式表示货币的时间价值。假设年利率为 i，如果现在存入 P 元，则 n 年后可以得到的钱数为

$$F=P(1+i)^n$$

F 是 P 元在 n 年后的价值。反之，如果 n 年后收入 F 元，那么这些钱的现在价值（现在值）是

$$P=\frac{F}{(1+i)^n}$$

例如，开发一个库存管理系统，使它能管理公司每日的仓库信息，估计投资 5 万元，系统建成后能及时订货，消除零件短缺等问题，估计因此每年可以节省 2 万元，5 年共可以节省 10 万元。但是，不能简单地把逐年节省总计的 10 万元和现在的 5 万元相比较，因为后者

是现在的投资，前者是若干年后节省的钱。

假定年利率为 5%，利用上面计算货币现在价值的公式，算出建成库存管理系统后每年预计节省的钱的现在值，见表 2-1。

表 2-1　每年预计节省的钱的现在价值

时间/年	将来值/元	现在值/元	累积的现在值/元
1	20 000	19 048	19 048
2	20 000	18 141	37 189
3	20 000	17 277	54 466
4	20 000	16 454	70 920
5	20 000	15 670	86 590

2.3.2　投资回收期

通常用投资回收期衡量工程的价值。所谓投资回收期，就是使累积的经济效益等于收回最初投资所需要的时间。显然，投资回收期越短就能越快获得利润，这项工程也就越值得投资。

$$投资回收期 = TN - 1 + \left| \frac{投资值 - TZ}{出现正值年份的净现金流量} \right|$$

式中：TN——累积的现在值大于投资值的年；

　　　TZ——累积的现在值大于投资值的现金值。

接上例，其投资回收期为：

$$投资回收期 = 3 - 1 + \left| \frac{50\,000 - 54\,466}{17\,277} \right| \approx 2.258（年）$$

投资回收期仅仅是一项经济指标，为了衡量一项开发工程的价值，还应该综合考虑其他经济指标。

2.3.3　纯收入

衡量工程价值的一项经济指标是工程的纯收入，也就是在整个生命周期之内系统的累积经济效益（折合成现在值）与投资之差。这相当于比较投资开发一个软件系统和把钱存在银行中（或贷款给其他企业）这两种方案的优劣。如果纯收入为零，则工程的预期效益和在银行存款一样，但是开发一个系统要冒风险，因此从经济观点看这项工程可能是不值得投资的。如果纯收入小于零，那么这项工程显然不值得投资。

上例中的纯收入预计是：86 590 - 50 000 = 36 590（元）。

2.3.4　投资回收率

把资金存入银行或贷给其他企业能够获得利息，通常用年利率衡量利息的多少。类似地，也可以用此法计算投资回收率，用它衡量投资效益的大小，并且可以把它和年利率进行比较。在衡量工程的经济效益时，投资回收率是最重要的参考数据。

已知现在的投资额，并且已经估算出将来每年可以获得的经济效益，那么，给定软件的使用寿命之后，怎样计算投资回收率呢？设想把数量等于投资额的资金存入银行，每年年底从银行取回的钱等于系统每年预期可以获得的效益，在时间等于系统的使用寿命时，正好把在银行中的存款全部取光，那么，年利率等于多少呢？这个假想的年利率就等于投资回收率。根据上述条件不难列出下面的公式：

$$P = \frac{F_1}{(1+J)} + \frac{F_2}{(1+J)^2} + \frac{F_3}{(1+J)^3} + \cdots + \frac{F_n}{(1+J)^n}$$

式中：P——现在的投资额；

　　　F_i——第 i 年年底的效益（$i=1,\ 2,\ 3,\ \cdots,\ n$）；

　　　n——系统的使用寿命；

　　　J——投资回收率。

解出这个高阶代数方程式即可求出投资回收率（假设系统的使用寿命 $n=5$）。

2.4　可行性研究报告的模板

可行性研究
报告的模板

可行性研究报告

第1章　概述

简述项目提出的背景、技术开发状况、现有产业规模；项目产品的主要用途、性能；投资必要性和预期经济效益；本企业实施该项目的优势。

第2章　技术可行性研究

1. 项目的技术路线、工艺的合理性和成熟性、关键技术的先进性和效果论述。

2. 产品技术性能水平与国内外同类产品的比较。

3. 项目承担单位在实施本项目中的优势。

第3章　项目成熟程度

1. 成果的技术鉴定文件或产品性能检测报告、产品鉴定证书，产品质量的稳定性，以及在价格、性能等方面被用户认可的情况等。

2. 核心技术的知识产权情况。

3. 对引进技术的消化、吸收、创新和后续开发等能力。

第 4 章　市场需求情况和风险分析

1. 国内市场需求规模和产品的发展前景，在国内市场的竞争优势和市场占有率。

2. 国际市场状况及该产品未来增长趋势，在国际市场的竞争能力，产品替代进口或出口的可能性。

3. 风险因素分析及对策。

第 5 章　投资估算及资金筹措

1. 项目投资估算。

2. 资金筹措方案。

3. 投资使用计划。

第 6 章　经济效益和社会效益分析

1. 未来 5 年生产成本、销售收入估算。

2. 财务分析：以动态分析为主，提供财务内部收益率、贷款偿还期、投资回收期、投资利润率和利税率、财务净现值等指标。

3. 不确定性分析：主要进行盈亏平衡分析和敏感性分析，对项目的抗风险能力做出判断。

4. 财务分析结论。

5. 社会效益分析。

第 7 章　综合实力和产业基础

1. 企业员工构成（包括分工构成和学历构成），企业高层管理人员或项目负责人的教育背景、科技意识、市场开拓能力和经营管理水平。

2. 企业从事研究开发的人员力量、资金投入，以及企业内部管理体系等情况。

3. 企业从事该产品生产的条件、产业基础（项目实施所需的基础设施及原材料的来源、供应渠道等）。

第 8 章　项目实施进度计划

略。

第 9 章　其他

必要的证明材料，如进网许可证、社会公共安全产品生产许可证，以及项目立项证明、高新技术企业认定、产品质量认证、产品订货意向、合同等补充材料。

第 10 章　结论

略。

本章要点

● 可行性研究的目的是在最短的时间内用最少的花费确定软件开发是否可行。

● 可行性研究的四大要素是：经济可行性、技术可行性、法律可行性、社会环境可行性。

● 可行性研究实质上是一次大大压缩简化了的系统分析和设计过程，首先要分析和澄清问题的定义，然后导出系统的逻辑模型，探索若干可供选择的解法，对每种解法都仔细研究其可行性，最后推荐一个较好的解决方案和一个初步的计划。

● 成本效益分析的目的是从经济角度分析开发系统是否有价值。成本效益分析首先估算开发成本，然后将其与可能获得的效益进行比较。其中，有形的效益可以用货币的时间价值、投资回收期、纯收入等指标进行度量，无形的效益主要是从社会影响力和对社会的贡献等方面考虑。

思政小课堂

思政小课堂 2

练习题

一、选择题

1. 软件可行性研究实质上是要进行一次大大（   ）系统分析和设计过程。

    A. 压缩简化了的　　　　B. 详细的　　　　　C. 彻底的　　　　　D. 深入的

2. 可行性研究实质上是要在较高层次上以较抽象的方式进行的（   ）过程。

    A. 详细软件设计　　　　B. 测试设计

    C. 系统分析和设计　　　D. 深入的需求分析

3. 可行性研究的目的是（   ）。

    A. 分析开发系统的必要性　　　　　　　　B. 确定系统建设的方案

    C. 分析系统风险　　　　　　　　　　　　D. 确定软件开发是否可行

4. 假设年利率为 i，现存入 P 元，不计复利，n 年后可得钱数为（   ）。

    A. $P \times (1+in)$　　　　B. $P \times (i+1) \times n$　　　C. $P \times (1+i)^n$　　D. $P \times (i+n)$

5. 可行性研究在（   ）之前。

    A. 系统开发　　　　　　B. 测试　　　　　　C. 试运行　　　　　D. 集成测试

6. 经济可行性研究的范围包括（　　）。

　　A. 开发过程　　　　　　B. 管理制度　　　　C. 效益分析　　　　D. 开发工具

7. 可行性研究需要的时间长短取决于系统的规模，一般来说，可行性研究的成本只占预期总成本的（　　）。

　　A. 5%~10%　　　　　　B. 10%~20%　　　C. 8%~15%　　　D. 20%~50%

8. 我国正式颁布实施的（　　）对计算机病毒的定义具有法律性、权威性。

　　A.《计算机软件保护条例》

　　B.《中华人民共和国计算机信息系统安全保护条例》

　　C.《中华人民共和国著作权法》

　　D.《计算机病毒防治管理办法》

二、简答题

1. 在软件开发的早期阶段，为什么要进行可行性研究？应该从哪些方面研究目标系统的可行性？

2. 请仔细分析，开发一个软件产品和开发一个软件项目的可行性研究报告的侧重点各是什么？

3. 调研一些软件公司，了解软件企业的成本组成，分析一下如何控制软件企业的成本。

4. 请查询相关的法律，如果开发病毒并传播造成了社会危害，根据危害程度会给予怎样的法律处罚？

5. 可行性研究需要了解系统需求，对需求了解得越详细，可行性研究就越准确。那么，如何把握可行性研究的度？

6. 请说明软件系统可行性研究的过程。

7. 可行性研究报告的主要内容是什么？

8. 学校准备投资 80 万元人民币开发一个基于游戏策略的软件实训平台，使软件专业的学生能够在这个平台上通过扮演不同的项目角色进行软件项目开发和管理的模拟训练。请根据你的理解为这个软件项目写一个可行性研究报告的大纲。

第 3 章　结构化需求分析

学习内容

　　本章是全书的重点之一，详细讲述了需求分析的概念，重点介绍了结构化分析方法常用的基本图形工具和表格模板：系统流程图、数据流程图、数据字典、IPO 图、实体-关系图。为了便于学生的实际应用，本章给出了一个结构化软件需求规格说明书的模板，供学生参考。为了使学生能够掌握结构化分析方法，本章最后结合图书馆信息管理系统的案例详细介绍了结构化分析方法的具体步骤。

学习目标

　　（1）掌握需求分析的基本概念。
　　（2）掌握结构化分析的方法和步骤，能够独立完成小型系统的结构化分析。
　　（3）掌握数据流程图、数据字典、实体-关系图的应用。
　　（4）理解系统流程图的作用。
　　（5）理解软件需求规格说明书的基本内容。

思政目标

　　通过本章的学习，建立结构化逻辑思维，充分认识需求分析的重要性，树立大国工匠精神，学习发扬敬业、精益、专注、创新精神。

　　结构化分析方法（Structured Analysis，SA）是 E. Yourdon，L. Constantine 和 T. DeMarco 等在 20 世纪 70 年代末提出的，多年来被广泛应用。结构化分析方法采用抽象模型的概念，按照软件内部数据传递、变换的关系，自顶向下逐层分解，直至找到满足功能要求的所有可实现的软件元素为止。结构化分析方法提供了一系列图形符号、表格模板和实现方法，按照规范的操作步骤能够建立系统的物理模型和逻辑模型，辅助分析人员进行需求分析。

3.1　需求分析概述

需求分析概述

开发一个产品或一个项目首先要了解它应具备的特点，如谁将使用，怎么使用。与传统行业的生产比较，软件的需求具有模糊性、不确定性、多变性和主观性等特点。因此，软件需求是整个软件生命周期中最难把握，又是最关键的活动。20 世纪 80 年代中期，软件工程的子领域——需求工程形成。需求工程是指应用有效的技术和方法进行需求分析，确定客户需求，帮助分析人员理解问题，定义目标系统的外部特征的一门学科。需求工程中的主要活动有 5 个：需求获取、需求分析、需求规格说明、需求验证和需求变更管理。

3.1.1　软件需求的定义和分类

1. 软件需求的定义

软件需求是指用户对软件的功能和性能的要求，就是用户希望软件能做的事情、实现的功能和达到的性能。

2. 软件需求的分类

软件需求可分解为 4 个层次：业务需求、用户需求、功能需求和非功能需求。

（1）业务需求反映的是组织机构或用户对软件高层次的目标要求。这项需求是由用户高层领导机构决定的，确定软件的目标、规模和范围。业务需求一般在进行需求分析之前就应该确定，需求分析阶段要以此为参照制订需求调研计划，确定用户核心需求和软件功能需求。业务需求通常比较简洁，用 3～5 页纸就可以描述清楚，也可以将它直接作为需求规格说明书中的一部分。

（2）用户需求是用户使用该软件要完成的任务。要确定这部分需求，应该充分调研具体的业务部门，详细了解最终用户的工作过程、所涉及的信息、当前系统的工作情况、与其他系统的接口等。用户需求是最重要的需求，也是出现问题最多的部分。

（3）功能需求定义了软件开发人员必须实现的软件功能。用户从他们完成任务的角度对软件提出了用户需求，这些需求通常是凌乱的、非系统化的、有冗余的，开发人员不能据此编写程序。因此，软件分析人员要充分理解用户需求，将用户需求整理成软件功能需求。开发人员根据功能需求进行软件设计和编码。

（4）非功能需求是对功能需求的补充，可以分为两类。一类是针对用户的，对用户来说其可能是很重要的属性，包括有效性、高效性、灵活性、完整性、可操作性、可靠性、健壮性、可用性等；另一类是针对开发者的，对开发者来说其是很重要的质量属性，包括可维护性、可移植性、可重用性、可测试性等。

下面举例说明业务需求、用户需求和功能需求的不同。一个字词拼写检查程序，其业务需求可能是：能够有效地检查和纠正文档中的字词拼写错误。其用户需求可能是这样描述的：找出文档中的拼写错误，并且对每个错误提供一个更正建议表，更正建议表中列出可以替换的字词。其功能需求的描述是：软件提供一个打开的文档对话框；对打开的文档进行字词检查，发现拼写错误并以高亮度提示出错的字词；对错误字词显示更正建议对话框，其中列出可选的字词，以及替换范围选择。字词拼写检查程序要求允许用户误操作，设计回退功能，便于用户取消前面的误操作。

3.1.2　需求分析的作用

在实际的软件开发中，用户的需求至上。用户是应用领域的专家，但不一定是软件专家，所以开发人员必须具有很强的责任心，为用户讲解软件的功能和性能，其中有两点特别重要，用户和开发方都应该清楚：

（1）软件开发与其他产品的开发过程一样是分阶段的，每个阶段都有阶段产品。只有每个阶段的产品都符合要求，才可能最终生产出满足用户需要的产品。许多用户不了解软件开发的阶段性，认为只有最后生成的程序代码才是软件产品，因此在整个开发过程中他们始终处于被动的等待状态。最终程序代码生成后，若发现某些功能不满足实际需求，再提出修改意见，开发方通常不愿意修改。即使修改，往往也会给软件产品的质量带来影响。作为用户，保护自己的一个好方法就是：在合同中明确提出开发方必须分阶段交付软件产品。

（2）分阶段审查产品时产品的合格标准是什么？用户一般不知道阶段产品该如何验收，面对需求分析和设计的各种图形符号，用户不知道该如何下手。开发方要用多种形式来描述阶段产品，目的是让用户了解软件能够做什么、怎么做。用户在阶段审查时，首先检查所提交文档的目录，查看内容是否全面，审查过程中如果有困难可以参考《计算机软件工程国家标准汇编》，其对每个文档的内容要求都写得很明确。需要注意的是，这个标准汇编是针对大多数软件项目编写的，涵盖了可能出现的各种情况，因此在实际使用时应该进行适当的调整。检查完文档的目录后，再检查具体的内容，用户有权利要求开发方对阶段产品进行详细解释，以便更好地理解。

下面列出了在软件开发过程中需要提交的几个关键性阶段产品的主要内容和提交时间。

（1）软件范围和目标说明书。在实际项目中，这个文档通常是以用户为主确定的。当用户认为有困难时，可以委托行业咨询公司协助完成。这个文档用于规划项目的范围、确定规模和软件要达到的目标，是战略性的，因此用户一定要自己把关。这个文档的提交时间是在项目正式启动之前。

（2）软件调研报告。这个文档由开发方提供，主要内容是开发方对用户现有系统的客观描述。现有系统是指目前使用的计算机系统、人工处理过程或其他自动化处理系统。它反映当前用户业务的工作流程、设备情况、原始数据内容、输出数据格式和内容，同时还要记录用户对新系统的期望和建议，最后要附上与所调研的业务相关的原始资料，如各种单据、报表、操作规范、工作流程描述和岗位职责等。这个文档强调客观实际，不应掺杂软件分析人员的主观臆想。这个文档提交的时间是在调研结束之后、需求分析之前。

（3）软件开发计划书。这个文档由开发方提供。在项目调研之后，基本上已经能够确定待开发软件的规模和工作量了。这时，开发方应该提交一份比较详细的开发计划，以便用户配合工作。这个文档的内容包括：每个阶段的时间安排、负责人、参加人员、需要的其他资源；每个阶段提交的产品（文档）的形式和内容说明；每个阶段的审查时间、参加人员；阶段审查的合格标准。这个文档的提交时间是需求分析阶段的后期，一般与软件需求规格说明书同时提交。

（4）软件需求规格说明书。这个文档由开发方提供，是软件开发的重要阶段产品，用户必须给予高度重视。软件需求规格说明书的主要内容包括：使用自然语言和一些图形符号描述用户需求和软件要实现的功能，详细描述数据关系和数据存储，开发人员经过分析整理出的软件处理流程、与外部系统（角色）的接口，以及软件安全性、可靠性、可扩充性、可移植性等非功能性需求描述。这个文档的提交时间是需求分析阶段结束之前。

（5）软件设计规格说明书。这个文档由开发方提供。软件设计包括总体设计和详细设计。总体设计反映软件的结构框架，不涉及具体的内部控制流程；详细设计反映具体的实现步骤和内部控制流程。这个文档主要用于约束开发人员，而用户了解一些内部结构有助于今后的维护工作。这个文档的提交时间是在设计阶段结束之前。

（6）软件模块开发卷宗。这个文档由开发方提供，主要包含源程序清单和单元测试记录。如果用户自己不进行软件维护，这份文档对用户来讲意义不大。但是，如果用户要接手这个软件产品，并且还要进行维护，这份文档是非常必要的。这份文档的提交时间有一些讲究，如果用户对程序完全陌生，建议在整个系统验收测试结束后要求开发方提交。因为在软件验收交付之前，开发者可能不断地修改源程序，这样用户拿到的文档可能与最终产品不符。如果用户比较精通程序设计方面的知识，可以在验收测试之前拿到这份文档，以便对照该文档补充验收测试的测试用例，特别是对控制流程复杂的模块补充一些测试用例。

（7）软件测试计划书。这个文档包括验收测试计划和集成测试计划两部分，验收测试计划由用户提供，集成测试计划由开发方提供。测试计划书包括测试时间、测试需要的环境、计划测试的条目、测试用例等内容。这份文档应该在测试之前提交。

（8）软件测试报告。这个文档包括验收测试报告和集成测试报告两部分，验收测试报告由用户提供，集成测试报告由开发方提供。该文档包括测试的时间、地点、环境、约束条件、测试条目、测试用例、预期结果、实际结果、评价等内容。这份文档在测试之后提交。

（9）软件用户手册。这份文档由开发方提供，包括软件范围和目标、应用环境、主要功能、约束条件、操作方法、注意事项等内容。初步的用户手册应该在需求分析阶段结束时给用户，最终的用户手册在验收测试前提交。注意：用户验收测试包括对文档的验收。

（10）软件开发月报。为了使用户了解软件开发的情况，开发方有义务向用户提交软件开发月报。通过这个文档，用户可以及时发现软件开发中的问题，随时与开发方沟通。

3.1.3　需求获取——需求调研的流程

（1）制订需求调研计划。根据项目的规模和范围，确定要调研的部门、调研时间和调研的形式。为了保证调研的质量，在调研开始前要安排对用户进行软件工程培训，使用户了解软件开发的各个阶段，以及每个阶段用户的职责；对开发人员要进行用户业务培训，使开发人员了解用户业务的专业术语和基本业务流程。

（2）准备调研提纲。针对项目的具体情况设计调研问题清单、调研表格和调研的规范。调研时通常多个小组分别工作。按照工程化的思想，所有的工作应该有一致的规范要求。

（3）访谈用户。听取用户对现有系统的改进建议，收集相关业务部门的操作规范、岗位职责、各种图表和业务往来单据等原始资料，深入了解用户的实际业务流程和相关数据，现有的环境、设备。在调研过程中，应尽可能细致地了解用户部门的业务处理流程，建议采用流程图快速记录用户的叙述，然后用自然语言将理解的内容向用户复述，由用户确认理解是否正确。访谈时要注意收集用户部门的原始资料，有些资料乍看之下似乎与项目关系不大，但实际上可以从中发现一些重要的需求内容。在大多数情况下用户不是计算机专家，在他们介绍工作流程时，常常将一些日常必做的环节忽略，调研人员要特别细心地注意每一个细小的环节。每次访谈结束后，调研人员要立刻整理调研表格，根据调研时画出的流程图写出文字说明。发现模糊的需求，调研人员要记录下来，再次访谈用户。这种往复通常有3～5次。项目经理每天都要召集开发小组开会，将调研结果汇总，这样可以及时发现问题，以便改进工作过程。

（4）编写调研报告。调研报告的主要内容有项目范围和目标、用户的业务描述和信息流程、业务数据说明、系统使用对象说明、输入输出要求、现有设备和软件产品、用户对原系统的意见和对新系统的建议、用户提出的性能指标等。

注意：调研时获得的表格、规范、说明文件等原始资料对软件的分析和设计非常重要，一定要纳入文档管理，以免遗失。

3.1.4　需求分析

需求分析是对需求的抽象描述，为最终用户所看到的系统建立一个概念模型。需求分析的任务就是借助于当前系统的逻辑模型导出目标系统的逻辑模型，解决目标系统"做什么"的问题，即用当前流行的需求建模工具描述用户的需求，为客户、用户、开发方等不同参与方提供一个可视化的、易于沟通的桥梁。需求是与技术无关的，因此在需求分析阶段暂不考虑技术问题，技术实现细节在设计阶段考虑。分析用户需求应该执行下列活动：

（1）用图形符号描述系统的整体结构，包括系统的边界与接口；

（2）向用户提供可视化的原型界面，更加感性地评价需求；

（3）用模型描述系统的功能项、数据项、外部项和实体之间的关系。

需求分析的基本策略是采用头脑风暴、专家评审、焦点会议组等方式进行具体的流程细化、数据项的确认，必要时可以提供原型系统和明确的业务流程报告、数据项表，开发方应能清晰地向用户描述系统的业务流设计目标。用户方可以通过审查业务流程报告、数据项表以及操作开发方提供的原型系统确认需求的准确性，并对可接受的报告、文档签字确认。

3.1.5　需求规格说明

软件工程同其他工程项目一样也是分阶段的，每个阶段有相应的软件产品。其中，需求分析阶段的产品是软件需求规格说明书，它是用户和开发者对将要开发的产品达成的一致协议。建立了需求规格说明文档，才能描述要开发的产品，并将其作为项目演化的指导。软件需求规格说明书以一种开发人员应用的技术形式陈述软件产品的基本特征、性质以及期望等，准确地陈述了要交付给用户的是什么。

3.1.6　需求验证

需求验证的目标是确保需求规格说明准确、完整。需求规格说明书作为系统设计和最终验证的依据，一定要保证它的正确性。需求验证确保需求具备正确性、一致性、完整性、可行性、必要性、可验证性、可跟踪性等良好特征。需求规格说明书提交后，开发人员需要与客户对需求分析的结果进行验证，以需求规格说明书为输入，通过图形符号在图纸上执行、模拟等途径，分析需求规格的正确性和可行性。

需求验证的内容如下：

（1）需求的正确性。每项需求都必须准确地反映用户要完成的任务。需求调研时，系统分析员记录每项需求的来源和相关的详细信息，并根据调研的结果使用自然语言、流程图或例图等多种方式描述需求。在需求评审时，用户和开发人员从不同的角度检查需求的正确性；另外，系统分析员应该检查每项需求是否超出了业务需求所定义的软件范围。

（2）需求的一致性。一致性是指业务需求、用户需求和功能需求之间无矛盾。另外，不同的人员对需求的理解应该是一致的。一般情况下，描述需求使用自然语言，因此很容易引起需求理解的二义性，使用简洁明了的语言描述需求对大家理解需求是有益的。也可以使用多种不同的方式从多个角度描述同一需求，这将有利于发现需求二义性。避免二义性的另一个有效方法是对需求文档的正规检查，包括编写测试用例、开发原型。

（3）需求的完整性。针对完整性，验证是否所有可能的状态、状态变化、转入、产品和约束都在需求中描述，不能遗漏任何必要的需求信息。遗漏的需求往往很难被查出。为了避免遗漏需求，建议特别关注需求获取的方法，系统分析员应该注重用户的需求而不是系统的功能。

（4）需求的可行性。每一项需求都必须是在已知系统和环境的权能和限制范围内可以实施的。为避免不可行的需求，在获取需求过程中技术人员负责检查技术的可行性。

（5）需求的必要性。每一项需求都是用户需要的，开发人员不要自作主张添加需求。检查需求必要性的方法是将每项需求回溯至用户的某项任务上。

（6）需求的可验证性。每一项需求都应该是可验证的。系统分析员在需求分析时就要考虑每项需求的可验证性问题，再为需求设计测试用例或其他的验证方法。如果需求不可验证，则要认真检查需求的有效性和真实性，一份前后矛盾、有二义性的需求是无法验证的。

（7）需求的可跟踪性。针对这一特征，验证需求是否是可跟踪的。需求的可跟踪性是指应能在每项软件需求与它的来源和设计元素、源代码、测试用例之间建立起链接。

（8）检查需求的优先级。为每一项需求按照重要程度分配一个优先级，这有助于项目管理者解决冲突、安排阶段性交付，在必要时做出功能取舍，以最少的费用实现软件产品的最大功能。在开发产品时，可以先实现优先级高的核心需求，将低优先级的需求放在日后的版本中。

3.1.7 需求变更管理

需求变更是指在软件需求规格说明书已经通过验证后，在设计、编码等阶段又要添加新的需求或进行较大的需求变动。在实际项目中，变更需求是经常发生的事情，但是不断变更需求会使项目陷入混乱，拖延进度，导致产品质量低劣。软件工程研究的主要问题之一就是如何降低需求变更的影响，控制需求变更的过程，减小由需求变更带来的风险。如果对变更失去控制，就可能导致软件开发失败。下面给出两个需求变更失控的实例。

实例1：一个5人开发小组，1人负责数据库开发，4人负责应用程序开发。因为某项需求的变化，数据库开发人员修改了数据库表的内容，但是没有及时将变更通知到应用程序开发人员，导致4个人编写了一周的程序全部无效并要重写。

实例2：测试人员在进行产品测试时发现了大量的问题，经过调查发现是开发人员使用了变更后的需求规格说明书，而变更没有通知到测试人员，导致测试人员的测试用例和测试结果都无法使用。

需求变更管理是组织、控制和文档化需求的系统方法。需求开发的结果经检验批准就定义了开发工作的需求基线，这条基线在客户和开发人员之间构筑了一个需求约定。需求变更管理包括在项目进展过程中维持需求规格一致性和精确性的活动。这个活动需要完成下面几个任务：

（1）开发组织要制定一个管理流程来控制需求变更过程，所有需求变更都需遵循此流程。

（2）进行变更影响分析，评估需求变更对项目进度、资源、工作量和项目范围以及其他需求的影响。

（3）跟踪变更可能影响的所有其他需求、设计文档、源代码和测试用例，这些相关部分可能也需要修改。

（4）为需求文档确定一条基线，这是需求在某个特定时刻的快照，之后的需求变更就遵循变更控制过程。

（5）维护变更的历史记录，记录变更日期、内容、原因、负责人、版本号等信息。

（6）跟踪每项需求的状态，包括"确定""已实现""暂缓""新增""变更"等。

（7）根据需求基线的数量和每周或每月的需求变更数量，分析需求的稳定性。

3.2　结构化分析的主要工具

结构化分析
的主要工具

结构化需求分析简称结构化分析。结构化分析方法是面向数据流的方法，因此，此方法研究的核心是数据的组成、数据流向和对数据的加工处理。常用的结构化分析工具有系统流程图、数据流程图、数据字典、IPO 图、实体-关系图等。

3.2.1　系统流程图

系统流程图是描述一个系统物理模型的图形工具，即使用一些图形符号以黑盒子的形式描绘系统的每个部件，如设备、文件、数据库、程序、通信和人工过程等。通常可以在需求调研阶段使用它来描绘用户当前系统的物理模型，需求分析时在物理模型的基础上获得系统的逻辑模型，在设计阶段根据系统的逻辑模型设计出新系统的物理模型。

建立模型是为了更好地理解要建立的实体。当这种实体是一个物理实体，如一座建筑物、一架飞机时，人们用某种表示形式建立模型，但通常要缩小比例。当构造软件实体的模型时，必须采用另一种形式，这种形式必须能够模拟软件变换的信息。

系统流程图常用符号见表 3-1。

表 3-1　系统流程图常用符号说明

名称	符号	说明
数据符号	（平行四边形）	表示数据，但不限制媒体
内存储器	（矩形框）	表示数据，媒体为内存储器

续表

名称	符号	说明
顺序存取		表示只能顺序访问的数据
直接存取		表示直接访问的数据
文件		表示可以阅读的文件，媒体为打印输出、缩微胶卷等
人工输入		表示以人工方式录入的数据，但设备任意，如键盘、开关装置、按钮、条形码输入器等
显示		表示显示的数据，设备任意，如视频屏幕、联机指示器等
处理		表示各种处理功能，如执行一个或一组确定的操作，从而使信息发生变化
既定处理		表示一个已经命名的处理，如子程序或模块
人工操作		表示由人工执行的操作
准备		表示变量或信息设置，如设置开关、修改变址寄存器、程序初始化等
判断		表示条件判断处理。该符号只有一个入口，但可以有若干可选择的出口，对条件求值后，有且仅有一个出口被激活
平行方式		表示同步处理两个或两个以上的并行操作
循环界限		分别表示循环的开始和结束。初始量、增量和终止量条件按其测试操作位置分别出现在开始符号或结束符号内

续表

名称	符号	说明
信息流	———————	表示数据流或控制流。为了增强可读性，也可以在线上加箭头
通信连接		表示通过远程通信线路进行数据传输
虚线	— — — — —	表示符号间的选择关系；也可以用来标出被注解的区域
连接符	○	表示转向流程图的别处，或从流程图的别处转入。转入和转出是成对出现的，并且对应的连接符号应该一致
端接符	⬭	表示转向流程图的外部或从外部环境转入。经常表示流程图的开始和结束
注解符		标识相应元素的注释
省略符	———- - -———	表示省略图中一个或一组符号

注意，系统流程图和程序流程图有所区别，系统流程图反映系统物理结构的概貌，主要描绘信息在系统各个物理部件之间的流动情况，每个部件都是一个未打开的黑盒子；程序流程图则反映系统中具体模块或算法的处理过程，也可以理解为对打开的黑盒子中内容的描述。

在实际项目中，系统流程图有两个作用：一是用来描述系统的组成元素，二是用来描述信息在各个元素之间的流动情况。例如，可以在需求分析阶段用系统流程图展示当前系统的物理结构，将现有系统的设备、接口、通信等情况一一描绘出来。在设计阶段，将新系统的设备、接口、通信以及软件元素也描绘在系统流程图中，即可由此生成系统的软硬件初始配置清单，然后根据系统的运行环境要求和具体性能要求、投入成本等综合因素对软硬件设备进行具体选型。

例如，国家游泳中心——"水立方"在建设之前必须由设计者提供一个物理模型和各种设计图纸，说明该场馆的各种功能和结构，建筑专家们再对这些设计进行综合评估，确认其功能完善、结构合理、设计先进。在开发一个软件系统时也是如此，通常需要设计一个物理模型和各种逻辑模型，从不同的角度反映整个系统的结构、功能布局和主要的信息加工处理过程。建筑设计的物理模型可以有休息室、比赛大厅、观众席等，那么软件系统的物理模型怎么表示呢？软件系统的物理模型应该反映软件元素在各个硬件元素上的分布，以及各个软硬件元素之间的信息通信。其中，软件元素包括文件、数据库、模块等，硬件元素包括客户机、服务器、网络设备、通信设备、信息采集设备等。

绘制系统流程图的步骤如下：

（1）找出可能的系统硬件元素，如果是人工系统则找出各个相关的业务部门或组织。

（2）寻找各个硬件元素上分布的软件元素，如果是人工系统则寻找各个部门或组织的职责（任务）。

（3）找出各个元素之间的通信或连接方式。

（4）仔细研究各个元素，对于比较复杂的软件元素需要描述主要处理步骤（不要过于详细）和信息流，如果是人工系统需要对处理复杂的过程进行简要描述，对于硬件元素需要说明规格和型号。

图3-1所示是某图书馆信息管理系统的系统流程图。

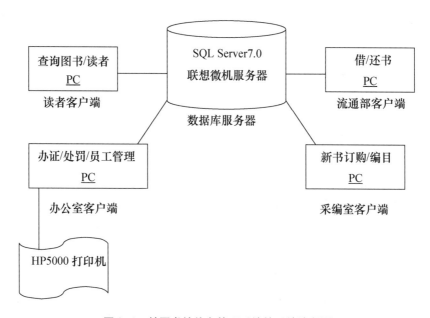

图3-1   某图书馆信息管理系统的系统流程图

图3-1比较清晰地说明了现有的图书馆信息管理系统的物理模型，图中的每个矩形框是一个系统元素，框内标注了该元素上部署的软件功能以及硬件的机型。假设借/还书这个软件元素结构比较复杂，通过图3-1无法理解它，为了更详细地解释系统流程图的应用，这时就需要画出这个软件元素更加详细的处理结构（如图3-2所示）。就好像大楼的设计一样，如果物理模型中标注了一个卧室的空间，即使模型中没有放卧具，人们也知道它的用途和大致结构；但是如果设计了一个综合数字化办公室，那么设计者就要给出更加详细的设计信息，展示综合数字化办公室的具体内容和结构。

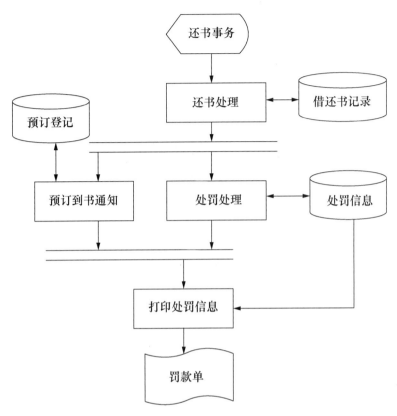

图 3-2 借/还书部分的系统流程图示例

3.2.2 数据流程图

数据流程图（Data flow Diagram，DFD）是描绘系统逻辑模型的图形工具，只描绘信息在系统中的流动和处理情况，不反映系统中的物理部件。数据流程图使用 4 个标准符号，具体如下：

（1）数据的源点或终点 ┌────────┐ 数据源点/终点 └────────┘ 。有时，数据的源点和终点可能相同，为了保持图形清晰，最好重复画一个相同的符号，将它们分别表示。源点和终点的名称直接写在图形符号里。

（2）数据处理 ┌────────┐ IPO××× / 处理名 └────────┘ 。处理是数据流程图的核心，一个处理可以表示一个程序、一个模块、多个程序，也可以表示人工处理过程。为了表示清晰，便于管理，对每个处理应该给予一个编号，这个编号与处理说明中的编号是对应的，非常便于查找。每个处理的名称写在图形符号中，使得数据流程图易于理解。

（3）数据流 $\xrightarrow{\text{数据流编号/名称}}$ 。数据流是在处理与数据存储之间、处理与数据源点/终点之间、处理与处理之间流动的信息。对数据流程图中的每个数据流都需要给予一个编号或名称。

（4）数据存储 | 数据存储编号 | 数据存储名称 | 。数据存储是保存数据的地方，它可以是一个文件、一张数据库表，也可以是文件或数据库表的一部分。

例如，读者在互联网上向图书馆预订图书的数据流程图如图 3-3 所示。

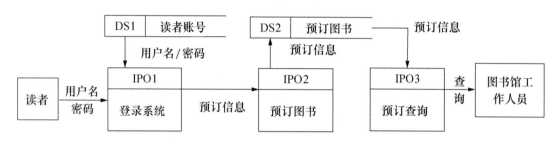

图 3-3　读者预订图书的数据流程图

读者首先登录图书馆信息管理系统的网站，输入用户名和密码，得到系统确认后，输入预订图书信息；系统将读者的预订信息保存到数据存储 DS2 中；图书馆的工作人员可以输入查询命令，查询读者的预订信息。

注意：数据流程图用于描绘信息在系统中的流动和处理，而不能反映控制流。许多人画数据流程图时总是想加入分支判断或循环，这类控制性的流程属于程序流程图描绘的内容，不要放入数据流程图中。

数据流程图是结构化分析的核心工具，应用非常普遍。一个实际系统中，可能需要画多个数据流程图。为了反映系统的全貌，需要绘制一张顶层数据流程图，其中的每个处理都可以细化为一张或多张子数据流程图。对子数据流程图要注意编号，例如，顶层数据流程图 L0 只有一个处理，编号是 S，对它细化的子数据流程图中有三个处理，编号是 1，2，3，对 1 细化的子数据流程图中又有三个处理，编号是 1.1，1.2，1.3，依此类推，如图 3-4 所示。另外，分解前后的输入数据流和输出数据流必须是相同的。数据流程图分解到什么程度呢？一般来说，每个处理都相对完整地处理一件事情，如果继续分解就要考虑这个处理的具体实现了。到此就不要再进行细化了。

画数据流程图时有以下几点注意事项：

（1）数据流程图上所有图形符号只限于前述 4 种基本图形元素，并且缺一不可，每个元素都必须有名字和编号。如果数据流能够反映信息的含义，为了画面的清晰可以忽略数据

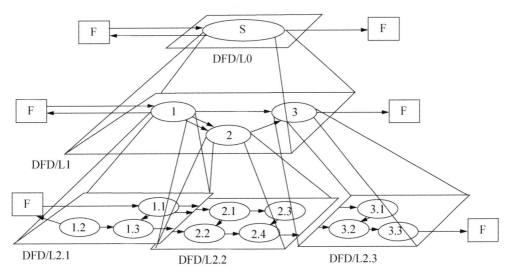

图 3-4　数据流程图的层次

流的编号和名称。加工框的编号表明该加工所处层次及与上下层之间的关系。

（2）数据流程图中的数据流必须封闭在外部实体之间。每个加工至少有一个输入数据流和一个输出数据流。一个数据流子图必须与它上一层的一个加工相对应，两者的输入数据流和输出数据流必须一致。开始画数据流程图时可以忽略琐碎的细节，集中精力于主要数据流，通过不断细化添加必要的细节。

数据流程图对于结构化方法来说是一个非常重要的文档，具有"纲"的地位。在需求分析阶段使用数据流程图描述用户需求，随着对用户业务的逐步深入了解，将数据流程图逐步细化，以获得用户的确认。

3.2.3　数据字典

数据流程图描述了系统的逻辑结构，但是其中的 4 个基本图形元素（数据源点/终点、数据流、数据存储和数据处理）的含义在数据流程图中无法得到详细说明，因此数据流程图需要与其他工具配合使用。数据字典就是这样的工具之一。

在结构化分析时定义的数据字典，主要用来描述数据流程图中的数据流、数据存储、数据处理和数据源点/终点。数据字典中所有的定义必须是严密的、精确的、无二义性的。数据字典把数据的最小组成单位看成数据元素或基本数据项，若干数据元素可以组成一个数据结构，也称为组合数据项。

1. 数据流的定义

数据流是数据结构在系统内的传播路径，下面给出一个数据流词条的主要内容。

名称：给数据流起一个有意义的名称。

编号：与数据流程图中的编号相对应。

说明：简要介绍它的作用。

数据流来源：来自哪里。

数据流去向：流向哪里。

数据流组成：数据结构。

数据流量：可以是每天、每月或每年的数据流通量。

2. 数据元素的定义

数据元素是数据处理中最小的、不可再分解的单位，它直接反映事物某个属性。下面给出其描述格式。

名称：给数据元素起一个有意义的名称，便于交流和记忆。

简称：数据元素的简称可以作为数据元素在程序中的名称。

类型：数据元素的类型，如字符型、数字型、布尔型等。

长度：数据元素的长度，如身份证号的长度为 18 位。

取值范围：数据元素的取值范围，如职工年龄的取值范围定义为 18～60 岁，表示为"18".."60"。

初始值：数据元素的初始值。

相关的数据元素及数据结构：如果数据元素有相关的数据元素或数据结构，在此说明。

3. 数据存储的定义

数据文件或数据库是保存数据的载体。下面给出其描述格式。

名称：给数据存储起一个有意义的名称。

编号：数据存储在数据流程图中的编号。

简述：简单描述数据存储的作用。

数据存储的组成：数据结构。

存储方式：文件/数据库表。

访问频率：数据存储的访问频率，用于数据设计时考虑优化。

4. 数据处理的定义

数据处理的描述比较复杂，对它的具体描述一般使用专门的工具，如 IPO 图、结构化英语、判定表等。在数据字典中，一般只列出数据加工处理的名称和编号。例如借书处理，编号：IPO1001。据此，分析和设计人员就能够通过找编号 IPO1001 获得详细的描述。

5. 数据源点/终点的定义

数据源点/终点可以是一个组织、一个部门或一个外部系统。下面给出其描述格式。

名称：数据源点/终点的名称。

简要说明：简单描述数据源点/终点在系统中的作用和地位，以及对系统的影响和要求。

有关的数据流：与数据源点/终点有关的输入和输出数据流。

为了规范数据字典说明的内容和格式，在结构化方法中给出了一些标准符号，见表 3-2。

表 3-2 数据字典中使用的标准符号

符号	说明	例子
=	定义符	标识符=字母字符+字母数据串
+	用于连接两个数据分量	见上例
[ ]	选择项	教师的职称=［讲师｜副教授｜教授］
{}	重复项	级别=1{A}5，级别是 A，AA，…，AAAAA
( )	可选项	曾用名=（姓名），曾用名可有可无
..	联结符	工龄="18".."60"

下面以读者信息为例，说明数据字典的定义方法，详见图 3-5 和图 3-6。

```
名称：读者信息
别名：无
描述：记录读者的基本信息
定义：读者信息= 姓名 + 单位 + 读者类型 + 职称 + 电话
位置：数据库的读者信息表
```

图 3-5 读者信息举例 1

```
名称：读者类型
别名：无
描述：描述读者的身份
定义：类型 =[本科生 |硕士研究生|博士研究生|教师|教辅人员]
特点：初值 =本科生
```

图 3-6 读者信息举例 2

上述说明格式是一种比较通用的说明方法。对于数据流或数据存储可以使用更实用的说明格式（详见表 3-3），便于数据库实现。

表 3-3　数据流/数据存储字典表

编号：　　　　　　　　　　　　名称： 使用频率：　　　　　　　　　　来源/去向： 使用权限：　　　　　　　　　　保存时间：							
名称	简称	键值	类型	长度	值域	初值	备注
备注：							

对表 3-3 中数据流或数据存储的说明如下。

（1）编号：与数据流程图中的数据流或数据存储的编号相对应。建议数据库表名或文件名也使用这个编号，便于维护和管理。

（2）名称：为数据流或数据存储起一个有意义的名字。

（3）使用频率：为设计人员做系统设计时进行参考而提供的指标。设计人员根据数据的使用频率设计相应的数据存储和数据访问方式，以最大限度地满足用户要求。

（4）来源/去向：表明该信息来自何处/送到哪里。

（5）使用权限：说明该信息的操作权限要求，操作是指读、写、修改、删除。

（6）保存时间：描述该数据要求保存的时间。

对表 3-3 中数据项的说明如下。

（1）名称：表示数据项的名称，使用文字描述，应反映数据项的含义。

（2）简称：给开发人员使用的，通常是在程序或数据库中使用的名字，以免开发人员随意为数据项命名，不易管理。

（3）键值：填写该数据项是否是关键字，主关键字用 P 表示，外部关键字用 F 表示。如果是外部关键字，还需要在备注栏中说明相关的数据流或数据存储。一个数据流或数据存储可以有多个关键字。

（4）类型：表明该数据项的类型，通常使用 C 表示字符型，I 表示整型，N 表示数字型，F 表示浮点型，B 表示布尔型，D 表示日期型，T 表示时间型。除此之外，开发小组可以根据项目特点自己定义需要的其他数据类型。

（5）长度：用数字描述该数据项的长度，通常用 N.M 表示，整数位的长度为 N，小数位的长度为 M。

（6）值域：描述该数据项的取值范围。

（7）初值：表明该数据的初始值。

（8）备注：填写对该数据项需要特别说明的内容。在创建数据库表时，通常将这个栏目的内容放在解释栏中。

图书基本信息的数据存储描述详见表 3-4。

表 3-4　图书基本信息的数据存储描述

编号：DS102				名称：图书信息			
使用频率：每天访问 100 次				来源/去向：采编部创建，流通部使用			
使用权限：采编部"写"/其他部门"读"				保存时间：永久			

名称	简称	键值	类型	长度	值域	初值	备注
图书编号	BookID	P	字符	100			
书名	BookNM		字符	100			
类型	Subject		字符	100			可选择
作者	Author		字符	100			
图书 ISBN	ISBN		字符	100			
出版社	Press		字符	20			
出版日期	Press_data		日期	8			
全部册数	Status		数字				
关键字	Keywords		字符	100			
在库数量	Count		数字				借还程序可修改

3.2.4　IPO 图

IPO 是输入（Input）、加工（Processing）、输出（Output）的简称。IPO 图是对每个模块进行结构化设计的工具。

数据流程图中的处理本应该放在数据字典中进行定义，但是由于处理与数据是有一定区别的两类事物，它们各自有独立的描述格式，因此在实际项目中通常将处理说明用另外的格式描述。项目中常用的处理说明模板详见表 3-5。

表 3-5　项目中常用的处理说明模板

系统名称：＿＿＿＿＿＿＿＿		作者：＿＿＿＿＿＿	
处理编号：＿＿＿＿＿＿＿＿		日期：＿＿＿＿＿＿	
输入参数说明：		输出参数说明：	
处理说明：			
局部数据元素：		备注：	

3.2.5　实体-关系图

需求分析中的一项重要任务是弄清系统将要处理的数据和数据之间的关系，也称为数据建模。其研究的主要内容包括：要处理的主要数据对象是什么？每个数据对象的组成如何？这些对象当前位于何处？每个对象与其他对象有哪些关系？对象和变换它们的处理之间有哪些关系？

为回答这些问题，在结构化需求分析方法中使用实体-关系图（Entity-Relationship Diagram，E-R 图），即建立数据模型。实体-关系图最初是由 Peter Chen 为关系数据库系统的设计而提出的，并被他人予以扩展。它给出了一组基本的构件：数据对象（实体）、属性、关系和各种类型指示符，主要用于表示数据对象及其关系。通常，用矩形框表示实体，用连接相关实体的菱形框表示关系，用椭圆形表示属性，用实线把实体或关系与其属性连接起来。

（1）数据对象：对软件必须理解的复合信息的表示。所谓复合信息，是指具有一系列不同性质或属性的事物，因此仅有单个值的事物（姓名等）不是数据对象。

数据对象可能是：
- 一个外部实体，例如具有生产或消费信息的任何事物；
- 一个事物，例如一份报告；
- 一次行为，例如一个电话呼叫；
- 一个事件，例如一次警报；
- 一个角色，例如教师；
- 一个组织，例如学校教务处；
- 一个地点，例如图书馆；
- 一个结构，例如一个目录。

数据对象描述包含了数据对象及其所有属性，如图 3-7 所示。

图 3-7　图书对象描述

数据对象之间是有关系的。例如，教师"教"课程，学生"学"课程，"教"与"学"的关系表示为教师与课程之间或学生与课程之间的一种特定的连接。

注意：数据对象只封装了数据，并没有对作用于数据上的操作进行描述，这是数据对象与面向对象方法学中的"类"和"对象"的显著区别。

（2）属性：定义了数据对象的性质。一个数据对象的若干属性中，必须有一个或多个属性能够用于区分其他数据对象，通常称这种属性为"关键字"。实际应用时，应该根据具体的应用环境来确定数据对象的属性。例如，为了开发"机动车辆管理信息系统"，汽车对象的属性应该定义为：制造商、品牌、型号、发动机号码、颜色、车主姓名、住址、驾驶证号码、生产日期、购买日期等。但是为了开发"汽车设计 CAD 系统"，用上述这些属性描述汽车就不合适了，应该将其中车主姓名、住址、驾驶证号码、生产日期和购买日期等属性删去，而将描述汽车性能技术指标的大量属性增添进来。

（3）关系：数据对象可以以多种不同的方式互相连接。例如，"丈夫""妻子""孩子"这几个数据对象之间的关系可以表示为：一个丈夫只能有一个妻子，而一对父母可以有多个孩子。这些数据对象之间相互连接的方式称为关系，假设 A 和 B 都是数据对象，其关系可分为以下三类：

● 一对一（1∶1）。A 的一次出现可以并且只能关联到 B 的一次出现，B 的一次出现只能关联到 A 的一次出现。例如，一个丈夫只能有一个妻子，一个妻子也只能有一个丈夫。

● 一对多（1∶N）。A 的一次出现可以关联到 B 的一次或多次出现，但 B 的一次出现只能关联到 A 的一次出现。例如，教师与课程之间存在一对多的联系，即每位教师可以教多门课程，每门课程只能由一位教师来教，如图 3-8 所示。

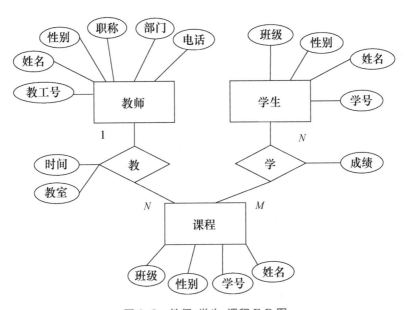

图 3-8　教师-学生-课程 E-R 图

● 多对多（M∶N）。A 的一次出现可以关联到 B 的一次或多次出现，同时 B 的一次出现也可以关联到 A 的一次或多次出现。例如，图 3-8 表示的学生与课程之间的联系是多对多的，即一个学生可以学多门课程，每门课程也可以由多个学生来学。

关系也可能有属性。例如，学生学习某门课程所取得的成绩既不是学生的属性也不是课程的属性，也就是说"成绩"既依赖特定的某个学生，又依赖特定的某门课程，所以它是学生与课程之间的联系"学"的属性，如图 3-8 所示。

E-R 图是以迭代的方式构造的，具体方法如下：

（1）在需求获取的过程中，列出业务过程涉及的"事物"，并将这些"事物"演化为一组输入和输出的数据对象，以及生产和消费信息的外部实体。

（2）一次考虑一个对象，检查这个对象和其他对象之间是否存在关系，反复迭代直至定义了所有的对象-关系对。

（3）定义每个实体的属性。

（4）规范化并复审 E-R 图。

3.3　结构化分析方法的实现步骤

结构化分析
方法的实现
步骤

前面介绍了结构化分析方法常用的工具，这些工具从不同的角度描述和分析了系统的需求。本节利用上述工具，讲述如何完成结构化需求分析的任务。

1. 信息分析

根据用户的需求画出初始的数据流程图，写出数据字典和初始的加工处理说明（IPO 图），实体-关系用 E-R 图描述。因为对初始的数据流程图要不停地进行修改，随着需求分析的深入，数据流程图的修改量会越来越大，所以开始时的说明不要涉及太多细节，以免造成不必要的返工。

2. 回溯

以初始的数据流程图为基础，从数据流程图的输出端开始回溯。首先，系统的输出信息是什么？将输出的信息在数据字典中说明。然后，为了获得这个输出信息，要进行哪些加工处理，输入信息是什么？也就是说，对这个输入信息进行加工处理，便可以获得需要的输出信息。这个输入可能是用户的原始输入，也可能是其他加工处理的输出。如果是其他加工处理的输出，则继续向前回溯，找它的处理和处理的输入。这样不断地回溯，一直到沿数据流程图回溯到原始输入端为止。在回溯过程中，将所有的输入输出数据流和数据存储都放到数据字典中定义，完善初始的数据字典。每个处理的详细说明放在加工处理说明表中。

3. 补充

在对数据流程图进行回溯的过程中有可能发现丢失的处理和数据，所以应将数据流程图补充完善。对于模糊不清的问题，要通过进一步的调研进行确认。

4. 确定非功能需求

对软件性能指标、接口定义、设计和实现的约束条件等逐一进行分析。用户对软件的质量属性可能会提出很多要求，有时实现全部质量属性是不现实的，因此开发人员和用户要根据软件的特点有侧重地实现某些质量属性。接口包括硬件接口、软件接口、用户接口、通信接口等。有时，设计和实现的约束条件会给开发人员造成较大的压力，所以要讨论这些约束条件的合理性和必要性。

5. 复查

系统分析员将补充修改过的数据流程图、数据字典、数据实体-关系图和处理说明讲给用户听。复查的具体方法是以数据流程图为核心，辅以数据字典和处理说明，将整个软件的功能要求、数据要求、运行要求和扩展要求讲解给用户和系统的其他相关人员；大家一起跟着系统分析员的思路检查数据是否正确，数据的来源是否合理，软件的功能是否完备，每条功能是否都回溯到用户的需求上，有没有丢失需求，等等。

6. 分析数据流程图，画出功能结构图

通过分析数据流程图，整理出系统的功能结构图，可以用方框图画出系统的功能结构。注意：在需求分析阶段的功能结构图不要过于强调细节。

7. 修正开发计划

由于这时的需求已经非常细致了，根据细化的需求即可修正开发计划。

8. 编写需求文档

编写需求规格说明书和初始的用户手册，测试人员开始编写功能测试用的测试数据。

3.4　编写需求规格说明书

软件需求规格说明书是需求分析阶段的产品，它精确地阐述一个软件系统提供的功能、性能和必要的限制条件。软件需求规格说明书是系统测试、系统设计、编码和用户培训的基础。

1. 编写软件需求规格说明书的目标

编写软件需求规格说明书的目标如下所述：

（1）为开发者和客户之间建立共同协议创立一个基础。对要实现的软件功能做全面的描述，有助于客户判断软件产品是否符合他们的要求。

（2）提高开发效率。在软件设计之前，通过编写 SRS 周密地对软件进行全面的思考，能够极大地减少后期的返工。对 SRS 要进行仔细的审查，还可以尽早发现遗漏的需求和对需求错误的理解。

（3）为需求审查和用户验收提供了标准。SRS 是需求分析阶段的产品，在需求分析阶段结束之前由审查小组对它进行审查，审查通过的 SRS 才能进入设计阶段。SRS 是用户严守的主要文件，通常用户根据合同和 SRS 对软件产品进行验收测试。

（4）SRS 是编制软件开发计划的依据。项目经理根据 SRS 中的任务来规划软件开发的进度，计算开发成本，确定开发人员分工；对关键功能进行风险控制，制订质量保障计划。但是，SRS 不包括各种开发计划。

（5）SRS 是进行软件产品成本核算的基础，可以作为定价的依据。但是，SRS 本身不包括成本计算。

2. 软件需求规格说明书的基本内容

编写软件需求规格说明书的基本要求有两点：一是必须描述软件具备的功能和性能；二是必须用确定的、无二义性的、完整的语句来描述功能和性能。

在软件需求规格说明书中必须描述的基本内容如下。

（1）软件功能：描述软件要做什么，注意不要写怎么做。

（2）软件性能：描述软件功能执行过程中的速度、可使用性、响应时间、各种软件功能的恢复时间、吞吐能力、精度、频率等。

（3）设计限制：软件的表现效果、实现语言、数据库完整性、资源限制、操作环境等方面强加于软件实现过程的限制。

（4）质量属性：有效性、高效性、灵活性、安全性、互操作性、可靠性、健壮性、易用性、可维护性、可移植性、可重用性、可测试性等。

（5）外部接口：与人、硬件、其他软件的相互关系。

（6）在编写软件需求规格说明书时对不确定的因素设置一个待确定标记（To Be Determined，TBD），用这种方法跟踪需求中需要进一步确定的部分。

注意：为了使需求便于跟踪和管理，在需求规格说明书中对每条需求都应该进行编号，并且编号是固定、唯一的。例如，要在 ED-1 和 ED-2 之间插入一条需求时，可以编号 ED-1.1，其他的编号不变。

下面给出一个软件需求规格说明书的模板。

软件需求规格说明书

1. 引言——给出对本文档的概述。

1.1　目的——编写本文档的目的。

1.2　文档约定——描述本文档的排版约定，解释各种符号的意义。

1.3　各类读者的阅读建议——对本文档各类读者的阅读建议。

1.4　软件的范围——描述软件的范围和目标。

1.5　参考文献——编写本文档所参考的资料清单。

2. 综合描述——描述软件的运行环境，用户和其他已知的限制、假设和依赖。

2.1　软件前景——描述软件产品的背景和前景。

2.2　软件的功能和优先级——概要描述软件的主要功能，详细功能描述在后面的章节中。在此给出一个功能列表或者功能方块图，对于理解软件的功能是有益处的。

2.3　用户类和特征——描述使用软件产品的不同用户类和相关特征。

2.4　运行环境——描述软件产品的运行环境，包括硬件平台、操作系统及其他软件组件。如果本软件是一个较大系统的一部分，则在此简单描述那个大系统的组成和功能，特别要说明它的接口。

2.5　设计和实现上的限制——概要说明针对开发人员开发系统的各种限制，包括软硬件限制、与其他应用软件的接口、并行操作、审查功能、控制功能、开发语言、通信协议、应用的临界点、安全和保密等多方面的限制。但是，此处不说明限制的理由。

2.6　假设和依赖——描述影响软件开发的假设条件，说明软件运行对外部因素的依赖情况。

3. 功能需求——描述软件要达到的目标，实现功能所采用的方法和技术，以及主要功能等。

3.1　功能需求引言——给出对功能需求的描述。

3.2　功能说明——描述实现功能需要的输入信息，对输入信息进行的有效性检查，操作的步骤，出现异常的响应，对输出数据的检查等。

4. 数据要求——描述与功能有关的数据定义和数据关系。

4.1　数据实体-关系——可以用 E-R 图描述数据实体之间的关系。

4.2　数据项或数据结构——对数据流程图中的数据流和数据存储或其他有关的数据项进行详细的说明。

4.3　数据库——描述对数据库的要求。

5. 性能需求——说明产品的性能指标，包括产品响应时间、容量要求、用户数要求。例如，支持的终端用户数，系统允许并发操作的用户数，系统可处理的最大文件数和记录数，欲处理的事务和任务数量，在正常情况下和峰值情况下的事务处理能力。

6. 外部接口——所有与外部接口有关的需求都应该在这部分说明。

6.1　用户界面——描述软件用户界面的标准和风格，不包括详细的界面布局设计。

6.2　硬件接口——说明系统运行环境中各硬件的接口。

6.3　软件接口——描述软件与其他外部组件的连接，包括数据库、软件库、中间件等。

6.4　通信接口——描述软件与通信有关的需求，如信息格式、通信安全、速率、通信协议等。

7. 设计约束——说明对设计的约束及其原因。

7.1　硬件限制——说明硬件配置的特点。

7.2   软件限制——指定软件运行环境，描述与其他软件的接口。

7.3   其他约束——说明约束和原因，包括用户要求的报表风格，要求遵守的数据命名规范等。

8. 软件质量属性——描述软件要求的质量特性。

9.   其他需求——描述所有在本文档其他部分未能体现的需求。

9.1   产品操作需求——说明用户要求的常规操作和特殊操作。

9.2   场合适应性需求——指出在特定场合和操作方式下的特殊需求。

附录1   词汇表——定义所有必要的术语，以便读者可以正确理解本文档的内容。

附录2   待定问题列表——列出本文档中所有待定问题的清单。

3.5   结构化分析案例

结构化分析
案例

为了更好地理解结构化分析方法，本节以图书馆信息管理系统为例介绍结构化分析方法的具体步骤。

3.5.1   需求描述

读者来图书馆借书，可能先查询馆中的图书信息。查询时，可以按书名、作者、图书编号或关键字等查询。如果查到则记下书号，交给流通部工作人员，等候办理借书手续。如果该书已经被全部借出，可做预订登记，等待有书时通知。如果图书馆没有该书的记录，可进行缺书登记。

办理借书手续时，首先要出示图书证。若没有图书证则须去图书馆办公室申办。如果借书数量超出规定，则不能继续借阅。借书时，流通部工作人员须登记图书证编号、图书编号、借出时间和应还书时间等信息。

当读者还书时，流通部工作人员先根据图书证编号找到读者的借书信息，查看是否超期。如果已经超期，则处罚。如果图书有破损、丢失，则进行破损处罚。完成处罚处理后，登记还书信息，做还书处理，同时查看是否有预订登记，如果有则发出到书通知。

图书采购人员采购图书时，要注意合理采购。如果有缺书登记，则随时进行采购。采购到货后，编目人员进行验收、编目、上架并录入图书信息，然后发出到书通知。

如果图书丢失或旧书淘汰，则将该书从书库中清除，即图书注销。

以上是图书管理系统的基本需求。在与图书馆工作人员反复交流的过程中，他们提出了下列建议：

（1）当读者借阅的图书临近到期时，希望能够以短信息或电子邮件的方式提前提示读者。

（2）读者希望能够实现网上查询和预订图书。

（3）应用系统的各种参数设置最好是灵活的，由系统管理人员根据需要设定，如借阅量的上限、还书提醒的时间、预订图书的保持时间等参数。

用户给出的上述需求是比较简单的需求，没有像前面介绍的那样给出业务需求、用户需求。遇到这种情况就要进一步与用户沟通，了解系统的目标、规模、范围，不能自己想当然地确定。

本例中，用户给出的系统目标是实现读者借还书的信息化，并且利用 Internet 实现读者与图书馆之间的互动和图书馆的人性化管理，提高图书的利用率。

这个系统的规模较小，只涉及图书、读者、借还书的管理，相关的部门有采编部、流通部、办公室等。

3.5.2　描绘数据流程图

结构化分析方法主要是面向数据流的，而初学者面对错综复杂的数据流往往不知从何下手。一般情况下，先找出与系统相关的所有数据源点和数据终点，接着找出每个数据源提供的数据流或数据项，以及每个数据终点接收的数据流；然后，把整个系统作为一个黑盒子，经过功能分解逐步打开黑盒子，再向其中添加处理、数据存储和数据流。

本例中的数据源点/终点有读者、采编部、办公室、流通部。办公室为读者分配读者编号，定义处罚规则和借还书规则；采编部提供新书信息；流通部实现借还书操作，产生借还书信息。初始的数据流程图如图 3-9 所示。

编号：DFD000　　　　名称：图书馆信息管理系统 0 层数据流程图

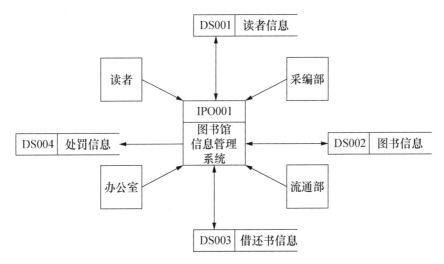

图 3-9　图书馆信息管理系统 0 层数据流程图

下面对图书馆信息管理系统这个"黑盒子"进行逐步分解，细化数据流程图。读者使用该系统可进行图书信息查询、读者信息查询、网上预订图书，所以应该增加查询功能和预订图书功能；采编部的人员使用本系统可完成图书编目、新书信息发布功能，为此应该增加图书编目和新书信息发布处理功能；流通部的人员使用本系统可完成读者借还书的活动，因此应该为他们设置借书、还书处理功能；办公室的人员负责读者信息管理、处罚信息管理和系统的参数制定，所以应为他们添加读者信息管理、处罚信息管理、系统参数维护三个处理功能。添加了这些处理后的数据流程图如图 3-10 所示。

编号：DFD001   名称：图书馆信息管理系统 1 层数据流程图

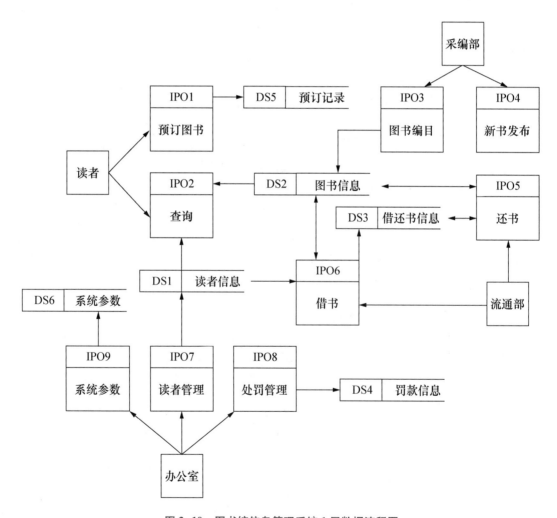

图 3-10   图书馆信息管理系统 1 层数据流程图

从上面细化的数据流程图可以发现两个问题：一个是图形元素的编号问题，为了在进行细化过程中使图形元素保持原有的编号，在对图形元素进行编号时应该有规划，以保证在细化过程中便于插入新的图形元素；另一个问题是对于一个较大型的应用系统，数据流程图往往会很复杂，因此可以将一个数据流程图分解为多幅数据流程图，保持图面的简洁。

1 层数据流程图是比较高层的数据流程图，通常会舍掉一些细节。所以图 3-10 所示数据流程图中有些内容没有考虑，如图书催还、预订到书通知、取消预订、登录操作等。为了尽量使数据流程图考虑周全，可以先从每个数据源出发，检查对于一个数据源来说功能是否完善了；然后分析每个处理，查看它们描述得是否清楚，具体如下：

首先，从读者出发，发现读者除了可以通过互联网查询信息和预订图书外，还可以做缺书登记，并且这些工作都应该先进行系统登录，然后才能操作。

其次，查看编目人员，确定编目人员进行图书信息管理，其中应该包括图书注销。

再次，查看采购人员，确定采购人员须根据缺书登记采购图书。

最后，由于办公室做系统维护不够专业，因此应该增加一个数据源点，专门管理系统参数设置和权限分配。

图 3-11～图 3-13 从不同的数据源出发，细化了图书馆信息管理系统的数据流程图。

编号：DFD002　　　名称：还书数据流程图

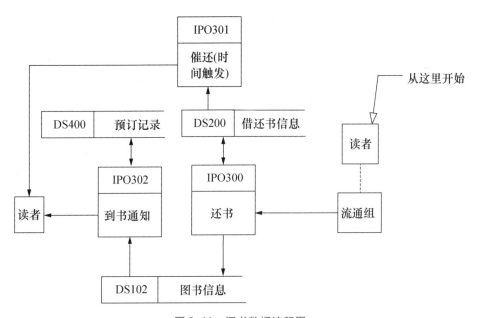

图 3-11　还书数据流程图

注意：

（1）画数据流程图时要使用统一的符号。数据流程图中只有 4 种基本符号，每种符号应该统一。除数据流以外，每个符号上应该有规范的编号和简称。数据流上除非有必要，一般情况下为了保持图面的清晰不标注编号和简称。

编号：DFD003　　　　名称：借书数据流程图

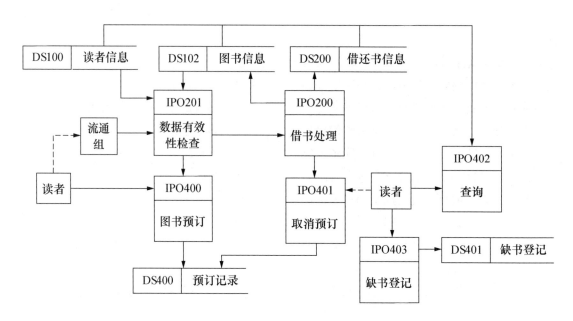

图 3-12　借书数据流程图

（2）编码问题在实际的分析和设计中非常重要。因为分析和设计是一个不断迭代的过程，其中不免要增加或减少某些元素，如果编码不规范，最终可能造成混乱。通常的编码是按照大的功能集合或子系统划分的，有时在分析时还不能确定子系统，但是可以根据用户的需求大致划分功能集合。在图书馆信息管理系统中，可以暂时划分借书、还书、图书预订、处罚、采购、登录、系统维护和其他操作。所以，采用三位编码×××，第一位是功能号，后面两位是顺序号。例如，IPO201 代表借书时进行的数据有效性检查，2 代表借书处理；01是借书处理中的第一个操作。

（3）许多新手在画数据流程图时总是考虑一些判断条件，而数据流程图的表示方式中没有判断的符号，因此感觉无从下手。为什么会出现这样的情况呢？原因是考虑得过于详细了。这些判断应该是在某个处理内部的，而不是在处理之间的。

（4）如果画在一幅图上的图形元素过多，数据流程图看起来就会很复杂。可以分别画几幅数据流程图，但是应注意相应的元素编号要一致。

（5）数据流程图可以由简到繁逐步细化，具体细化的程度可以根据系统的规模、开发人员对系统的了解程度等因素考虑。上面的例子中，还书的数据流程图相对比较粗略，借书的数据流程图比较细致，如果在需求分析阶段给出的数据流程图不够细致，在设计阶段就会有较多的细化工作，读者可以在第 4 章看到对还书数据流程图的细化工作。

根据数据流程图和对需求的了解，应该给出一张需求表，包括需求的编号、简述、使用者、优先级和验证方式等信息（见表 3-6）。

编号：DFD004　　　　名称：采编部和办公室数据流程图

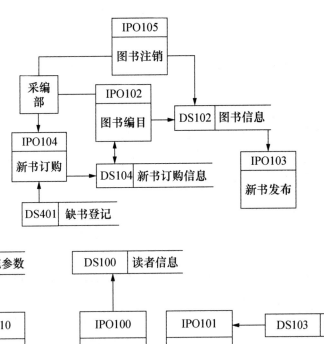

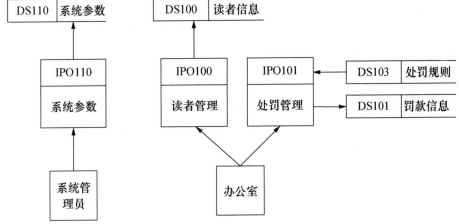

图 3-13　采编部和办公室数据流程图

表 3-6　图书馆信息管理系统的需求表

编号	简述	使用者	优先级	验证方式
IPO100	读者管理	办公室	2	正确的和完善的读者数据，正确但不完善的读者数据，无效的读者数据，同名的读者数据
IPO101	处罚管理	办公室	1	根据处罚规则设计测试用例，包括有效数据、无效数据，以及处罚条件边界的数据
IPO102	图书编目	采编部	1	正确的和完善的图书数据，正确但不完善的图书数据，无效的图书数据，相同的图书数据
IPO103	新书发布	采编部	2	新书量超过一屏显示的情况，新书信息是否完善，只读界面是否不能修改

续表

编号	简述	使用者	优先级	验证方式
IPO104	新书订购	采编部	2	订购已有的图书是否有提示，正确的和完善的订购数据，正确但不完善的订购数据，无效的订购数据，重复的订购数据
IPO105	图书注销	采编部	1	注销 1 本书，注销同一个 ISBN 号的所有书，注销无效书号的书，取消误操作
IPO106	处罚规则管理	办公室	2	这些规则如是描述性的，必须保证正确性
IPO110	系统参数	系统管理员	1	在 XML 文件中定义各种参数的值，在 DTD 文件中定义参数的模型，在 XLS 文件中定义参数的显示格式
IPO200	借书处理	流通部	1	正确的和完善的借书数据，正确但不完善的借书数据，无效的借书数据，重复的借书数据，超量借书，有超期情况下的借书，续借
IPO201	数据有效性检查	流通部	1	检查读者的有效性，检查图书是否在馆
IPO300	还书	流通部	1	还 1 本书，还多本书，还过期书，还书有预订，还无效图书（没有借书记录）
IPO301	催还	流通部	3	在参数文件中设置不同的催还提前日期，根据设置的时间系统自动发出催还信息
IPO302	到书通知	流通部	1	还书自动触发 1 条/多条预订记录相关的到书通知
IPO400	图书预订	读者/流通部	2	正确的和完善的预订数据，正确但不完善的预订数据，无效的预订数据，相同的预订数据
IPO401	取消预订	读者	2	取消已经预订的图书，取消没有预订的图书，反复取消同一条预订记录
IPO402	查询	读者	1	分别对图书/读者/借还书信息的有效数据、无效数据、各种组合条件进行查询，显示查询结果（结果是 0 条、1 页、多页的情况）
IPO403	缺书登记	读者	2	正确的和完善的缺书数据，正确但不完善的缺书数据，无效的缺书数据，相同的缺书数据

3.5.3　定义数据字典

在定义数据字典时，首先应该定义一个系统级的字典，其中必须包括数据流程图中的处理、数据存储，如果系统复杂还应该包括数据流的定义。图书馆信息管理系统的数据字典见表 3-7。

表 3-7　图书馆信息管理系统的数据字典

元素编号	名称	类型	说明
IPO100	读者管理	处理	添加、取消、修改、保存读者的信息
IPO101	处罚管理	处理	根据处罚文件定义的处罚规则对延期、丢失和破损图书给予罚款处理，登记罚款信息
IPO102	图书编目	处理	添加、修改、取消、保存图书的信息
IPO103	新书发布	处理	对新到馆图书在网上发布图书信息
IPO104	新书订购	处理	根据读者的缺书登记、人工输入的新书订购信息产生新书订购表
IPO105	图书注销	处理	对图书信息库中的注销图书添加"注销"标记，这类图书不能外借
IPO106	处罚规则管理	处理	用 XML 文件描述的处罚规则，必须保证正确性
IPO110	系统参数	处理	在 XML 文件中定义各种参数的值，在 DTD 文件中定义参数的模型，在 XLS 文件中定义参数的显示格式
IPO200	借书处理	处理	按读者编号、图书编号进行借书处理
IPO201	数据有效性检查	处理	检查读者编号、图书编号的有效性
IPO300	还书	处理	根据书号做还书处理，破损、超期、丢失的不能直接还，还书有预订的转预订到书通知处理
IPO301	催还	处理	用户设置催还信息
IPO302	到书通知	处理	由还书功能自动调用发出到书通知邮件
IPO400	图书预订	处理	读者在网上预订，流通部在柜台帮读者预订
IPO401	取消预订	处理	读者在网上取消预订，流通部在柜台帮读者取消预订
IPO402	查询	处理	读者查询读者本人的基本信息、借还书记录信息、图书信息
IPO403	缺书登记	处理	读者在网上做缺书登记，系统要核查图书信息，确认是否缺书
DS100	读者信息	数据存储	读者信息录入、修改、删除、保存
DS101	罚款信息	数据存储	记录罚款的情况，由办公室人员录入，确认后不能修改
DS102	图书信息	数据存储	存储延期、丢失、破损的处罚信息
DS103	处罚规则	数据存储	记录处罚的规则，这是一个 XML 文件
DS104	新书订购信息	数据存储	新书的订购信息，由采编人员录入、修改、删除、保存
DS110	系统参数	数据存储	存储系统各种参数，使系统更加灵活
DS200	借还书信息	数据存储	存储借还书信息，系统自动处理，不能人工修改
DS400	预订记录	数据存储	记录预订借书信息，可以通过取消预订处理修改预订信息
DS401	缺书登记	数据存储	读者录入缺书信息，提交后不能修改

定义了系统级的数据字典，接着就要针对其中的每一条定义进行具体说明。下面给出在本例中数据存储的说明格式和内容（详见表3-8）。

注意：此处只是需求分析阶段对系统的理解，还没有进入设计阶段，所以不要考虑数据库如何实现、程序如何实现等具体过程。

表 3-8　数据存储的说明格式和内容举例

编号：DS102 　　　　　　　　　　　　　　　　　　　　　　　　　名称：图书信息

名称	简称	键值	类型	长度	值域	初值	备注
图书编号	BookID	P	字符	100			
书名	BookNM		字符	100			
类型	Subject		字符	100			可选择
作者	Author		字符	100			
图书 ISBN	ISBN		字符	100			
出版社	Press		字符	20			
出版日期	Press_data		日期	8			
总的册数	Total		数字				
关键字	Keywords		字符	100			
当前在库数量	Count		数字				

注意：这些表格中有些项目在需求分析阶段可能是空白的，将在设计过程中逐步完善并填入，现在不必追究其具体内容。

3.5.4　处理说明

对每个处理能够用 IPO 图进行详细说明，如借书处理的说明（详见表3-9）。

表 3-9　借书处理的说明举例

编号：IPO200 　　　　　　　　　　　　　　　　　　　　　　　　　名称：借书处理

输入参数	处理说明	输出参数
读者编号+ 图书编号	（1）输入读者编号和图书编号； （2）创建借书记录，修改图书在库量； （3）如果此书曾经被预订，则取消图书预订记录	（1）修改 DS102 的在库图书量； （2）插入借书记录到 DS200； （3）修改 DS400 预订记录状态
备注：		

3.5.5　描述数据实体及关系

通常用 E-R 图描述系统中涉及的数据实体及其之间的关系，如图 3-14 所示。

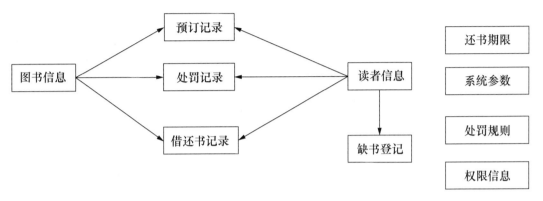

图 3-14　图书馆信息管理系统的初始 E-R 图

本章要点

● 结构化分析方法采用抽象模型的概念，按照软件内部数据传递、变换的关系，自顶向下逐层分解，直至找到满足功能要求的所有可实现的软件元素为止。

● 需求工程是指应用有效的技术和方法进行需求分析，确定客户需求，帮助分析人员理解问题，定义目标系统的外部特征的一门学科。需求工程中的主要活动有需求获取、需求分析、需求规格说明、需求验证和需求变更管理。

● 软件需求是指用户对软件的功能和性能的要求，就是用户希望软件能做的事情、实现的功能和达到的性能。

● 软件需求可分解为 4 个层次：业务需求、用户需求、功能需求和非功能需求。

● 需求调研的流程：根据项目的规模和范围制订需求调研计划、准备调研提纲、访谈用户、编写调研报告。

● 调研报告的主要内容有项目范围和目标、用户的业务描述和信息流程、业务数据说明、系统使用对象说明、输入输出要求、现有设备和软件产品、用户对原系统的意见和对新系统的建议、用户提出的性能指标等。

● 系统流程图是描述一个系统物理模型的图形工具，即使用一些图形符号以黑盒子的形式描绘系统的每个部件，如设备、文件、数据库、程序、通信和人工过程等。

● 数据流程图是描绘系统逻辑模型的图形工具，只描绘信息在系统中的流动和处理情况，不反映系统中的物理部件。数据流程图使用 4 个标准符号。

● 数据字典主要用来描述数据流程图中的数据流、数据存储、数据处理和数据源点

/终点。数据字典中所有的定义必须是严密的、精确的、无二义性的。

● 结构化分析方法的实现步骤：根据用户的需求画出初始的数据流程图，写出数据字典和初始的加工处理说明（IPO图），实体-关系用E-R图描述。以初始数据流程图为基础进行回溯，完善初始的数据流程图。对软件性能指标、接口定义、设计和实现的约束条件等逐一进行分析。以数据流程图为核心，辅以数据字典和处理说明，将整个软件的功能要求、数据要求、运行要求和扩展要求逐一确认。画出系统的功能结构图。修正开发计划。编写需求规格说明书和初始的用户手册。

● 需求规格说明书的基本内容：软件功能、软件性能、设计限制、质量属性、外部接口、待确定部分。

思政小课堂

思政小课堂3

练习题

一、选择题

1. 结构化分析是面向（　　）进行需求分析的方法。

　　A. 过程　　　　　　B. 对象　　　　　　C. 用户　　　　　　D. 数据流

2. 软件需求具有（　　）、不确定性、多变性、主观性。

　　A. 模糊性　　　　　B. 二义性　　　　　C. 可变性　　　　　D. 客观性

3. 软件需求分析产生的重要文档，一个是需求规格说明书，另一个可能是（　　）。

　　A. 软件维护说明书　　　　　　　　　B. 概要设计说明书

　　C. 可行性报告　　　　　　　　　　　D. 初步用户手册

4. 效率是一个性能要求，因此应当在（　　）阶段规定。

　　A. 可行性研究　　　B. 需求分析　　　　C. 概要设计　　　　D. 详细设计

5. 需求规格说明书的目标不包括（　　）。

　　A. 为需求审查和用户验收提供标准

　　B. 为开发者和客户之间建立共同协议创立基础

　　C. 软件可行性研究的依据

　　D. 是编制软件开发计划的依据

6. 数据字典是用来定义（　　）中的各个成分的具体含义的。

A. 程序流程图　　　B. 功能结构图　　　C. 系统结构图　　　D. 数据流程图

7. 数据流程图是（　　）方法中用于表示系统逻辑模型的一种图形工具。

　　A. SA　　　　　　B. SD　　　　　　C. SP　　　　　　D. SC

8. DFD 中的每个加工至少有（　　）。

　　A. 一个输入流或一个输出流　　　　B. 一个输入流和一个输出流

　　C. 一个输入流　　　　　　　　　　D. 一个输出流

9. 需求分析的任务是解决目标系统（　　）的问题。

　　A. 做什么　　　　　　　　　　　　B. 要给该软件提供哪些信息

　　C. 要求软件工作效率怎样　　　　　D. 要让该软件具有何种结构

10. 需求分析阶段的关键任务是确定（　　）。

　　A. 软件开发方法　　　　　　　　　B. 软件开发工具

　　C. 软件开发费　　　　　　　　　　D. 软件系统的功能

二、简答题

1. 画数据流程图应注意哪些事项？

2. 什么是需求分析？需求分析阶段的基本任务是什么？

3. 什么是结构化分析方法？该方法使用什么描述工具？

4. 结构化分析方法通过哪些步骤来实现？

5. 什么是数据流程图？其作用是什么？其中的基本符号各具有什么含义？

6. 什么是数据字典？其作用是什么？它有哪些条目？

7. 描述加工逻辑有哪些工具？

8. 简述 SA 方法的优缺点。

三、应用题

1. 某旅馆的电话服务如下：可以拨分机号和外线号码。分机号是从 7201 至 7299。拨外线号码时先拨 9，然后拨市话号码或长途电话号码。长途电话号码由区号和市话号码组成。区号是 100 到 300 中任意的数字串。市话号码是以局号和分局号组成的。局号可以是 455、466、888、552 中任意一个号码。分局号是任意长度为 4 的数字串。

请写出在数据字典中，电话号码的数据条目的定义（组成）。

2. 下面是顾客订购飞机票的需求描述，试画出分层的数据流程图。

顾客将订票单交给预订系统：

（1）如果是不合法的订票单，则输出无效订票信息；

（2）将合法订票单的预付款登录到一个记账文件中；

（3）系统有航班目录文件，根据填写的旅行时间和目的地为顾客安排航班；

（4）在获得正确航班信息并确认已交了部分预付款时发出取票单，并记录到取票单文件中。

顾客在指定日期内用取票单换取机票：

（1）系统根据取票单文件对取票单进行有效性检查，对无效取票单则输出无效取票信息；

（2）持有有效取票单的顾客在补交了剩余款后将获得机票；

（3）记账文件将被更新，机票以及顾客信息将被登录到机票文件中。

订单中有订票日期、旅行日期、时间要求（上午、下午、晚上）、出发地、目的地、顾客姓名、身份证号、联系电话等信息。

3. 一个大城市的公共管理部门决定开发一个"计算机化的"坑洼跟踪和修理系统。当报告有坑洼时，它们被赋予一个标识号，并依据街道地址、大小（1到10）、地点（路中或路边等）、区域（由街道地址确定）和修理优先级（由坑洼的大小确定）储存起来。工单数据被关联到每个坑洼，其中包括地点和大小，修理队标识号，修理队的人数，被分配的装备，修理所用的时间，坑洼状况（正在工作、已被修理、临时修理、未修理），使用填料的数量和修理的开销（使用的时间，修理人数，使用的材料、装备）。最后，产生一个关于坑洼的文件，其中包括报告者的姓名、地址、电话号码等信息。

请使用结构化分析方法为该系统建模。

4. 一个简化的图书馆信息管理系统有以下功能。

（1）借书：输入读者图书证编号，系统检查图书证是否有效；查阅借书文件，检查该读者所借图书是否超过10本，若超过10本，显示信息"已经超出借书数量"，拒借；若未超过10本，则可办理借书（检查库存、修改库存信息并将读者借书信息登入借书记录）。

（2）还书：输入图书编号和图书证编号，从借书记录中读出与读者有关的记录，查阅所借日期，如果超过3个月，做罚款处理；否则，修改库存信息与借书记录。

（3）查询：可通过借书记录、库存信息查询读者情况、图书借阅情况及库存情况，打印各种统计表。

请就以上系统功能画出分层的 DFD 图，并建立重要条目的数据字典。

5. 一个简化的银行计算机储蓄系统有以下功能。

（1）将储户填写的存款单或取款单输入系统，对于存款，系统记录存款人姓名、住址、存款类型、存款日期、存款金额、利率等信息，并打印出存款单给储户。

（2）对于取款，系统核对储户的信息和密码，计算利率，并取款给储户。

请用 DFD 图描绘该功能的需求，并建立相应的数据字典。

第 4 章　结构化软件设计

学习内容

　　本章重点讲述结构化设计的相关概念和软件设计的原则。为了帮助学生在实际软件项目中完成高质量的软件设计，本章分析了影响软件设计的因素。因为软件设计分为总体设计和详细设计，所以本章结合图书馆信息管理系统案例，分别介绍了软件总体设计和详细设计的方法和过程。

学习目标

　　(1) 掌握结构化设计的相关概念、方法和步骤。
　　(2) 掌握详细设计的方法。
　　(3) 理解软件设计的原则。
　　(4) 了解影响软件设计的因素。

思政目标

　　通过本章的学习，学生在学习工作中养成严谨、科学和规范的工作态度，遵守行业标准规范，理解职业素养对于任何一位从业人员的重要性。

　　在明确了用户的需求之后，接下来就要着手设计软件，即通过软件设计将用户的需求变为实现软件的"蓝图"。初始时，"蓝图"只描述软件的整体框架，也称为总体设计。总体设计之后，就要对软件进行详细设计，即通过对软件设计的不断细化，形成一个可以实施的设计方案。

　　软件设计的最终目标是以最低的成本，在最短的时间内，生产出可靠性和可维护性俱佳的软件方案。这一章以图书馆信息管理系统为例讨论结构化设计的概念和方法。

4.1 软件设计的相关概念

软件设计的
相关概念

本节介绍软件设计涉及的一些概念，它们对于设计出高质量的软件具有重要意义。

4.1.1 模块和模块化

工程上，许多大的系统都是由一些较小的单元组成的，如建筑工程中的砖瓦和构件、机械工程中的各种零部件等。这样做的优点是便于加工制造，便于维修，而且有些零部件可以实现标准化，为多个系统所用。同样，软件系统也可以根据其功能分解成许多较小的程序单元，它们就是模块。

一般把用一个名字就可调用的一段程序称为模块。模块具有以下三个基本属性。

（1）功能：该模块要完成的任务。

（2）逻辑：描述为了完成任务模块内部该怎么做。

（3）状态：使用该模块时的环境和条件。

对于一个模块，还应该按模块的外部特性与内部特性分别进行描述。模块的外部特性是指模块的模块名、模块的输入/输出参数，以及它给程序乃至整个系统造成的影响。而模块的内部特性则是指完成其功能的程序代码和仅供该模块内部使用的数据。对于其他模块来说，只需要了解被调用模块的外部特性就足够了，不必了解它的内部特性。在软件设计时，通常是先确定模块的外部特性，然后确定它的内部特性。前者是软件总体设计的任务，后者是详细设计的任务。

所谓模块化，是把整个系统划分成若干模块，每个模块完成一个子功能，将多个模块组织起来即可实现整个系统的功能。模块设计方法强调清楚地定义每个模块的功能和它的输入/输出参数，而模块的实现细节隐藏在各自的模块之中，与其他模块之间的关系可以是调用关系，这样模块化程序易于调试和修改。随着模块规模的减小，模块的开发成本减少，但是模块之间的接口变得复杂起来，这使得模块的集成成本增加。

那么模块的规模多大才合适呢？模块之间的关系可能密切到什么程度呢？软件工程用模块独立性来衡量。

4.1.2 耦合和内聚

模块独立性和信息隐蔽是软件设计的两个主要原则。

在软件设计中应该保持模块的独立性原则。反映模块独立性的标准有两个：耦合和内聚。耦合用于衡量模块之间彼此依赖的程度，内聚用于衡量一个模块内部各个元素之间结合的紧密程度。

1. 耦合

耦合是指模块间相互关联的程度。模块间的关联程度取决于下面几点：

（1）一个模块对另一个模块的访问。例如，模块 A 可能要调用模块 B 来完成一个功能，所以说模块 A 要依赖于模块 B 完成它的功能。

（2）模块间传递的数据量。

（3）一个模块传递给另一个模块的控制信息。

（4）模块间接口的复杂程度。

根据这几点可将耦合分为 7 类，如图 4-1 所示。

图 4-1 模块耦合分类

（1）内容耦合：如果一个模块直接引用另一个模块的内容，则称这两个模块是内容耦合的。内容耦合的例子是模块 A 直接转向模块 B 中，执行模块 B 的语句。目前的编程语言已经不允许这种耦合存在。

（2）公共耦合：如果多个模块都访问同一个公共数据环境，则称它们是公共耦合的。公共数据环境可以是全局数据结构、共享的通信区或内存的公共覆盖区等。由于多个模块共享同一个公共数据环境，如果其中一个模块对数据进行了修改，则会影响到所有相关模块。一般只有在模块之间共享的数据很多并且通过参数表传递不方便时，才使用公共耦合。

（3）外部耦合：如果两个模块都访问同一个全局简单变量而不是同一个全局数据结构，则称这两个模块是外部耦合的。

（4）控制耦合：如果模块 A 向模块 B 传递一个控制信息，则称这两个模块是控制耦合的。例如，把一个模块的一个函数名作为参数传递给另一个模块时，实际上就控制了另一个模块的执行逻辑。控制耦合的主要问题是两个模块不是相互独立的，调用模块必须知道被调用模块的内部结构和逻辑，这样就不符合信息隐蔽和抽象的设计原则，而且也降低了模块的可重用性。

（5）数据结构耦合：当一个模块调用另一个模块时传递了整个数据结构，那么这两个模块之间具有数据结构耦合。有时只需要整个数据结构的部分数据项，但程序员可能为了简化程序而传递了整个数据结构。这样操作可能带来问题，那些不该被修改的数据也可能被不小心改掉了。

（6）数据耦合：如果两个模块传递的是数据项，则称这两个模块是数据耦合的。数据耦合是低级耦合，系统中应该存在这种耦合。

（7）非直接耦合：如果两个模块之间没有直接关系，它们之间的联系完全通过主模块的控制和调用来实现，则称这两个模块是非直接耦合的。这种耦合的独立性最强。

上述几种耦合中，内容耦合是模块间最紧密的耦合，非直接耦合是模块间最松散的耦合。软件设计的目标是降低模块间的耦合程度，所以设计时应该采取这样的设计原则：尽量使用数据耦合，少用控制耦合，限制公共耦合，坚决不用内容耦合。

2. 内聚

内聚是指一个模块内部各元素之间关系的紧密程度。内聚分为7种类型（如图4-2所示），下面分别讨论各种内聚的含义及其对软件独立性的影响。

图4-2　模块内聚分类

（1）巧合内聚：一个模块执行多个完全互不相关的动作，那么这个模块就有巧合内聚。例如，一个模块执行的活动有：打印一行文字，将输入参数的字符串反转，计算一个数组的平均值。这样的模块显然没有主要的功能，而是一些无关指令序列的集合，所以这个模块存在巧合内聚。

巧合内聚模块的出现通常是由对模块大小的限制造成的。例如为了节省存储空间，将多个模块中出现的重复语句提取出来，组成一个新的模块。这种模块的可维护性很差，并且不可能被重用。

（2）逻辑内聚：当一个模块执行一系列相关的动作时，称其有逻辑内聚。例如，一个模块执行对主文件的插入、删除和修改操作。一般逻辑内聚的模块含有很多相关功能，当一个模块含有较多的功能时，模块的入口参数一定比较多，通常是根据入口参数决定执行模块中的哪个功能。所以，逻辑内聚模块带来两个问题：一个是接口参数复杂，难以理解；另一个是多个功能纠缠在一起，使得模块的可维护性降低。

（3）时间内聚：当一个模块内的多个任务与时间有关时，这个模块具有时间内聚。最常见的时间内聚模块是初始化模块，在这个模块包含的动作之间，除了时间上需要在系统初启时完成之外，没有其他的关系。这种模块没有任何重用价值，其他模块需要修改时，对它影响较大。现在主张将变量的初始化操作都归入相关的模块中。

（4）过程内聚：模块执行的若干动作之间相互关联并且有顺序关系，则称其有过程内聚。例如，从录入界面读取数据，然后更新数据库记录。这种模块的可重用性也很差，它仍然是将多个相关的功能放在一个模块中实现。

（5）通信内聚：模块中所有元素都使用同一个输入数据或产生同一个输出数据，则称其有通信内聚。这种模块比过程内聚模块好一些，但是由于它包含了较多的功能，可重用性还是很差。

（6）信息内聚：如果模块进行许多操作，每个操作都有各自的入口点，每个操作的代码相对独立，而且所有操作都在相同的数据结构上完成，那么这个模块具有信息内聚。

（7）功能内聚：一个模块中各个部分都是完成某一具体功能必不可少的组成部分，则称其有功能内聚。这些部分相互协调，紧密联系，不可分割，目的是完成一个完整的功能。具有功能内聚的模块是最理想的模块，这种模块易于理解和维护，并且它的可重用性好。功能内聚是最高级的内聚，概要设计的目标是使每一个模块尽可能地成为功能内聚模块，使得模块的每个部分都是为实现单一功能而服务的。

上述 7 种内聚中，功能内聚模块的独立性最强，巧合内聚模块的独立性最弱。所以，在设计时应该尽可能保证模块具有功能内聚。

内聚与耦合是相互关联的，在总体设计时要尽量提高模块的内聚性，减少模块间的耦合。增加内聚比减少耦合更重要，所以应该把更多的注意力集中在提高模块的内聚性上。

4.1.3　抽象

人们在认识复杂问题的过程中，使用的最强有力的思维工具就是抽象。所谓抽象，就是将事物的相似方面集中和概括起来，暂时忽略它们之间的差异。或者说，抽象就是抽出事物的本质特性而暂时不考虑它们的细节。

在对软件系统进行模块设计的时候，可以有不同的抽象层次。在最高的抽象层次上，采用自然语言，配合面向问题的专业术语，概括地描述问题的解法。在中间的抽象层次上，采用过程化的描述方法。在底层，使用能够直接实现的方式来描述问题的解。

模块化和抽象化思想相结合，使人们可以从不同的角度来看系统。最高抽象层次的模块反映了整体解决方案，它隐藏了那些可能扰乱人们视线的细节，使人们能够看到一个系统所要完成的主要功能，当需要了解某部分更多的细节时，只需要转向更低的抽象层次即可。从用户到开发者，不同人员关心不同抽象层次上的内容。用户可能只关心较高抽象层次上的系统描述，它反映了系统的主要功能，并且使用面向问题的语言进行描述，所以用户易于理解。开发人员更关心较低抽象层次上的系统描述，它反映了对信息的具体处理，通常在最低层次上使用面向软件的术语描述基本处理过程，更易于开发人员编写代码。

4.1.4　信息隐蔽

应用模块化原理时，一个重要原则就是将信息尽量隐藏在相应的处理模块中。信息隐蔽技术最早是由 David Parnas 在 1972 年提出的。这项技术的核心内容是：一个模块中所包含的信息，不允许其他不需要这些信息的模块访问。通常有效的模块化可以通过定义一组相互独立的模块来实现信息隐蔽，这些独立的模块彼此之间仅仅交换那些为完成相应功能而必须交换的信息。通过抽象，可以确定软件结构。通过信息隐蔽，可以定义和实施对模块的过程细节和局部数据结构的存取限制。

由于一个软件系统在整个软件生存期内要经过多次修改，所以在设计模块时要采取措施，使得大多数处理细节对软件的其他部分是隐蔽的。这样，在将来修改软件时偶然引入错误所造成的影响就可以局限在一个或几个模块内部，不至于波及软件其他部分。实现信息隐蔽的模块具有很好的可移植性，在移植的过程中，修改的工作量很小，发生错误的可能性也很小。

4.1.5　软件结构图

E. Yourdon 提出的软件结构图非常适合表示软件的结构。图中的每个方框代表一个模块，框内注明模块的名称、主要功能，方框之间的箭头线表示模块间的调用关系。此外，软件结构图还可以用于标注模块之间传递的数据和控制信息，如图 4-3 所示。

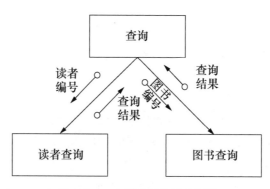

图 4-3　一个简单的软件结构图

下面说明软件结构图中的主要元素。

（1）模块：模块的名字应当能够反映该模块的功能。

（2）模块的调用关系和接口：两个模块之间用单向箭头连接。箭头从调用模块指向被调用模块，其中隐含了一层意思，即当被调用模块执行结束后，控制又返回到调用模块。

（3）模块间的信息传递：当一个模块调用另一个模块时，调用模块把数据或控制信息传送给被调用模块，以使被调用模块能够运行。被调用模块执行过程中又把它产生的数据或控制信息回送给调用模块。为了区别在模块之间传递的是数据还是控制信息，用○—→表示数据信息，用●—→表示控制信息。通常在短箭头附近注有信息的名字。

（4）两个辅助符号：用符号◆表示一个模块有条件地调用另一个模块；用符号↰表示模块循环调用它的各下属模块。

例如，图 4-4（a）所示模块 A 下加一个菱形表示控制模块 A 按条件选择调用模块 B、模块 C、模块 D。图 4-4（b）所示模块 A 下的圆弧箭头表示模块 A 循环调用模块 B、模块 C、模块 D。注意：在软件结构图中不反映模块调用次序和调用时间。

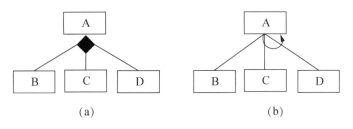

图 4-4　模块调用图

（5）软件结构图的形态特征：上层模块调用下层模块，模块自上而下"主宰"，自下而上"从属"。同一层的模块之间并没有这种主从关系。

（6）软件结构图的深度：在多层次的软件结构图中，模块结构的层数称为软件结构图的深度。例如，图 4-5 所示软件结构图的深度为 7。软件结构图的深度在一定意义上反映了程序结构的规模和复杂程度。对于中等规模的程序，软件结构图的深度约为 10。对于一个大型程序，软件结构图的深度可以有几十层。

（7）软件结构图的宽度：软件结构图中模块数最多的那层的模块个数称为软件结构图的宽度。例如，图 4-5 所示软件结构图的宽度为 6。

（8）模块的扇出和扇入：扇出表示一个模块直接调用的其他模块的数目。扇入则表示调用一个给定模块的模块个数。多扇出意味着需要控制和协调许多下属模块。多扇入的模块通常是公用模块。

软件结构图通常是树状结构或网状结构。如图 4-6 所示，在树状软件结构图中，位于最上层的是根模块，它是程序的主模块，它可以有若干下属模块，各下属模块还可以进一步调用更下一层的下属模块。按照惯例，图中位于上方的模块调用下方的模块，因此，即使不用箭头也不会产生二义性。

树状软件结构图的一个特点是整个树只有一个根模块，另一个特点是任何一个非根模块只有一个调用模块，而且同层模块之间没有调用关系。

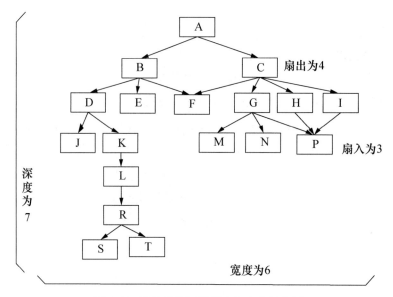

图 4-5   软件结构图的深度和宽度示意图

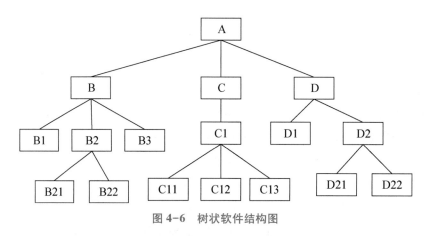

图 4-6   树状软件结构图

如图 4-7 所示，网状软件结构图中任意两个模块之间都可以有双向的关系，不存在上级模块和下属模块的关系，不像树状结构那样能够分出层次来。在网状结构中，任何两个模块都是平等的。

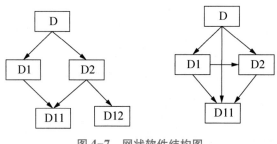

图 4-7   网状软件结构图

从图 4-7 可以看出，不加限制的网状结构会使整个程序的结构变得十分复杂，这与模块化的目的相悖。因此，在实际的软件设计作业中，通常采用树状结构，限制使用网状结构。

4.2　软件设计原则和影响设计的因素

软件设计原则
和影响设计
的因素

软件设计是一项创造性工作，以往的设计经验和良好的设计灵感，以及对质量的深刻理解都会对设计产生影响。软件设计过程是由一系列迭代的步骤组成的，设计者自顶向下、由粗至细逐步构造系统，就像建筑师进行房屋设计一样，都是要先描述出整体结构和风格，然后细化局部，提供构造每个细节的指南。

进行软件设计时有一些基本原则：

（1）设计可回溯到需求。软件设计中的每个元素都可以对应到需求，保证设计是用户需要的。

（2）充分利用已有的模块。一个复杂的软件通常是由一系列模块组成的，很多模块可能在以前的系统中已经开发过了，如果这些模块设计得好，具有良好的可重用性，那么在设计新软件时应该尽可能使用已有的模块。

（3）软件模块之间应该遵循高内聚、低耦合和信息隐蔽的设计原则。

（4）设计应该表现出一致性和规范性。在设计开始前，设计小组应该定义设计风格和设计规范，保证不同的设计人员设计出风格一致的软件。

（5）容错性设计。不管多么完善的软件都可能有潜在的问题，所以设计人员应该为软件进行容错性设计。唯有如此，当软件遇到异常数据、事件或操作时，软件才不至于彻底崩溃。

（6）设计的粒度要适当。设计不是编码，即使在详细设计阶段，设计模型的抽象级别也比源代码要高，它涉及模块内部的实现算法和数据结构。因此，不要用具体的程序代码取代设计。

（7）在设计时就要开始评估软件的质量。软件的质量属性需要在设计时就考虑如何实现，不要等全部设计结束之后再考虑软件的质量。

（8）设计评审。总体设计评审主要是评审软件的总体框架结构，详细设计评审是检查模块内部实现算法的正确性。设计评审的目的是减少设计引入的错误。

在实际的软件设计过程中，有许多因素会影响设计的质量。例如，由多人共同设计一个软件时，每个人被分配一部分工作，那么各部分的接口是否能够正确衔接就是设计中的一个主要问题；还有，每个设计人员的经验、理解力和喜好的差别可能很大，如果没有一致的规范对其进行约束，有可能导致设计的系统无法满足要求。另外，还要注意软件使用者的文化背景、信仰、价值观等其他方面的问题，这些都是影响软件设计的因素。

4.3 结构化设计方法

结构化设计方法

　　结构化设计通常也称为面向数据流的设计或面向过程的设计。结构化设计是基于模块化、自顶向下、逐步求精等技术的设计方法。结构化设计与结构化分析和结构化编程方法前后呼应，形成了统一、完整的系列化方法。

　　结构化设计方法以需求分析阶段获得的数据流程图为基础，通过一系列映射，把数据流程图变换为软件结构图。由于任何系统都可以用数据流程图表示，所以结构化设计方法理论上讲可以设计出任何软件结构。结构化设计方法的具体流程如下：

　　（1）分析数据流的类型。数据流的类型有变换型和事务型两种，不同类型的数据流程图映射的软件结构有所不同。在变换型的数据流程图上须划分逻辑输入、中心变换、逻辑输出的边界；在事务型的数据流程图上须划分接收分支和发送分支的边界。

　　（2）将数据流程图映射为软件结构图。

　　（3）用"因子分解"方法定义软件的层次结构。在软件结构图中，不能再分解的底层模块称为原子模块。如果一个软件系统的全部处理都由原子模块组成，这样的系统就是完全因子分解的系统。一个系统如果是完全因子分解的，则是最好的系统。但实际上，一般系统中都有一些控制和协调模块，大多数系统做不到完全因子分解。

　　（4）优化设计结构。

4.3.1　数据流的类型

　　数据流可分为变换型和事务型两种。变换型数据流和事务型数据流的设计步骤大同小异，两者的主要差别是从数据流程图到软件结构图的映射方法不同。据此，当我们进行软件结构图设计时，要先对数据流程图进行分析，判断其属于哪一种类型，再根据不同的数据流类型，通过一系列映射方法把数据流程图转换为软件结构图。

　　为了区分两种不同类型的数据流，先看图4-8所示的一个图例。

1. 变换型数据流

变换型数据流的信息流往往具有这样的特点：信息沿着输入通路进入系统，然后由外部形式变换成内部形式，再通过中心变换的加工处理，最后沿着输出通路变换成外部形式离开系统。

变换型数据流可以划分为明显的三个部分：逻辑输入、中心变换和逻辑输出。逻辑输入是系统输入的数据流，可以从数据流程图上的物理输入开始，一步一步地向系统中间移动，一直到数据流不再被看作系统的输入为止。中心变换是数据流在内部汇集、加工处理的部

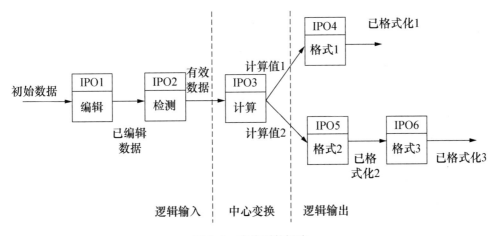

图 4-8　变换型数据流

分。逻辑输出是系统输出的数据流，从物理输出端开始，一步一步地向系统中间移动，一直
到离物理输出端最远且不再被看作系统的输出为止。图 4-8 对这三部分进行了虚线分隔，
可以很容易看出。

图 4-9 描述了变换型数据流程图映射为软件结构图的情况。

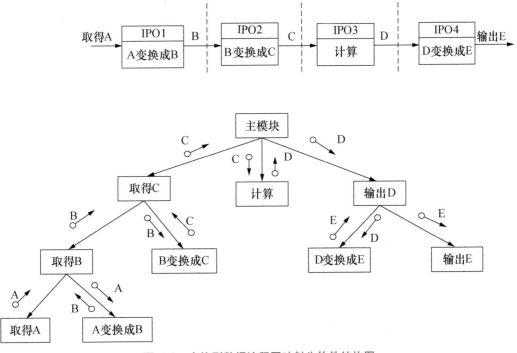

图 4-9　变换型数据流程图映射为软件结构图

在图 4-9 中，顶层模块（主模块）是全局控制模块，它首先取得控制，然后沿着软件
结构图的左支依次调用其下属模块，直至底层读入数据 A。然后，对 A 进行预加工，转换成

B 向上回送。再继续对 B 进行加工，转换成逻辑输入 C 回送给主模块。主模块得到数据 C 之后，控制中心变换模块将 C 加工成 D。在调用输出模块输出 D 时，由输出模块调用变换的处理模块，将 D 加工成适用于输出的形式 E，最后输出结果 E。

2. 事务型数据流

事务型数据流的特征是数据沿某输入路径流动，该路径将外部信息转换成事务，其中发射出多条事务处理路径的中心处理被称为中心事务。事务型数据流的形状如图 4-10 所示，图中有一个明显的事务请求数据流，即"命令类型"；还有一个中心事务处理"判断命令"，根据事务请求数据流，选择一个适当的处理路径。

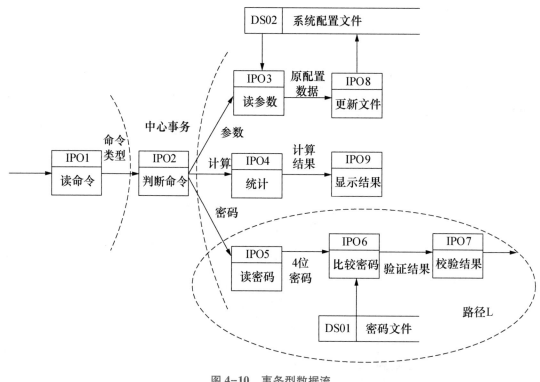

图 4-10　事务型数据流

需要指出的是，在一些较大系统的数据流程图中，变换型数据流和事务型数据流可能会同时出现，例如在图 4-10 所示的事务型数据流中，事务路径 L 的信息流实际上体现出变换型数据流的特征。

事务型数据流的软件结构图如图 4-11 所示。

设计人员应当根据数据流程图的主题类型，从整体的角度出发确定数据流的类型。

4.3.2　变换分析

变换分析是针对变换型数据流程图的一种结构化设计策略。运用变换分析设计方法建

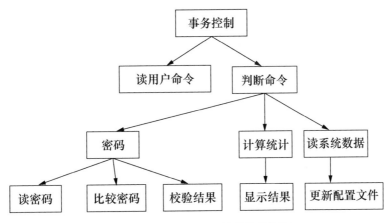

图 4-11　事务型数据流的软件结构图

立初始的变换型软件结构图，然后对它做设计优化，最终即可得到一个理想的软件结构图。

变换分析方法由以下 4 个步骤组成：重画数据流程图；区分逻辑输入、逻辑输出和中心变换部分；进行第一级分解，设计软件结构的顶层和第 1 层；进行第二级分解，设计软件结构的第 2 层，包括中层、下层模块。

1. 重画数据流程图

在需求分析阶段得到的数据流程图侧重于描述系统如何加工数据，而重画数据流程图的出发点在于描述系统中的数据是如何流动的。因此，重画数据流程图应注意以下几个要点：

（1）以需求分析阶段得到的数据流程图为基础重画数据流程图时，可以从物理输入到物理输出，或者相反；还可以从顶层处理框开始，逐层向下。

（2）在图上不要出现控制逻辑，如判定、循环等，这是初学者最容易犯的错误。判定和循环应该隐藏在模块内部，不要表现在数据流程图上。数据流程图上的箭头线表示的是数据流，不是控制流。

（3）当数据流进入和离开一个处理时，要仔细地标记它们，不要重名。

（4）将数据流中的数据存储先略去，造成的数据开链视为数据的物理输入或物理输出。

2. 在数据流程图上区分系统的逻辑输入、逻辑输出和中心变换部分

如果设计人员的经验比较丰富，对要设计系统的需求规格说明又很熟悉，那么决定哪些加工是系统的中心变换是比较容易的。例如，几股数据流汇集的地方往往是系统的中心变换部分。在图 4-8 中，"计算"处理就是中心变换。它有一个输入和两个输出，是数据流程图内所有处理中数据流比较集中的一个。为了确定系统的逻辑输入和逻辑输出在哪里，可以从数据流程图的物理输入端开始，一步一步地向系统的中间移动，一直到某个数据流不再被看作系统的输入为止，这个数据流的前一个数据流就是系统的逻辑输入，从物理输入端到逻辑输入，构成软件的输入部分。类似地，从物理输出端开始，一步一步地向系统的中间移动，就可以找到软件的逻辑输出。从物理输出端到逻辑输出，构成软件的输出部分；在输入部分和输出部分之间的就是中心变换部分。

中心变换是系统的中心加工部分。从输入设备获得的物理输入一般要经过编辑、数制转换、格式变换、合法性检查等一系列预处理才能变成逻辑输入传送给中心变换。同样，从中心变换产生的是逻辑输出，一般也要经过格式转换等处理才能进行物理输出。

3. 设计软件结构的顶层和第 1 层

首先设计一个主模块，并用系统的名字为它命名，作为系统的顶层，完成系统所要做的各项工作。这是软件结构的顶层。

然后设计软件结构的第 1 层：为每个逻辑输入设计一个输入模块，它的功能是为主模块提供数据；为每一个逻辑输出设计一个输出模块，它的功能是将主模块提供的数据输出；为中心变换设计一个变换模块，它的功能是将逻辑输入转换成逻辑输出。主模块控制和协调第 1 层的输入模块、变换模块和输出模块的工作，如图 4-12 所示。

4. 设计软件结构的第 2 层

这一步是为第 1 层的每一个输入模块、输出模块和变换模块设计它们的下层模块。设计下层模块的顺序是任意的，一般先设计输入模块的下层模块。

输入模块的功能是向调用它的上级模块提供数据，所以它必须有一个数据来源。因而，它需要有两个下属模块：一个用于接收数据；另一个把这些数据变换成上级模块所需要的数据格式。接收数据模块又是输入模块，所以又要重复上述工作。如此循环下去，直到输入模块已经涉及物理输入端为止。

同样，输出模块是从调用它的上级模块接收数据，用于输出，因而也应当有两个下属模块：一个是将上级模块提供的数据变换成输出的形式；另一个是将它们输出。因此，对于每一个逻辑输出，在数据流程图上向物理输出端方向移动，只要还有加工框，就在相应的输出模块下面建立一个输出变换模块和一个输出模块。

设计中心变换模块的下层模块没有通用的方法，一般应参照数据流程图的中心变换部分并遵循功能分解的原则来考虑如何对中心变换模块进行分解。图 4-12 所示是图 4-8 对应的软件结构图。

变换分析时有以下几点注意事项：

（1）在划分输入流和输出流时，每个人对系统的认识不同，划分的结果可能不同，这将导致设计的软件结构不同。

（2）对当前一个模块的全部直接下属模块都设计完成之后，再转向另一个模块设计其下层模块。

（3）在设计下层模块时，应考虑模块的低耦合和高内聚问题，提高初始软件结构图的质量。

（4）在设计时，可以采用黑盒子原理将几个处理看成一个黑盒子，只知道它的输入、

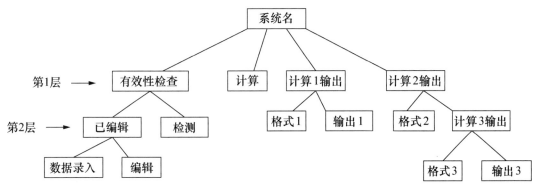

图 4-12　变换型数据流的软件结构图

输出和功能就可以，具体细节放在下层描述。例如，在图 4-13 所示的结构图中，开始可以将其看成三个黑盒子，这时就画出了系统最顶层，即抽象级别最高的结构。

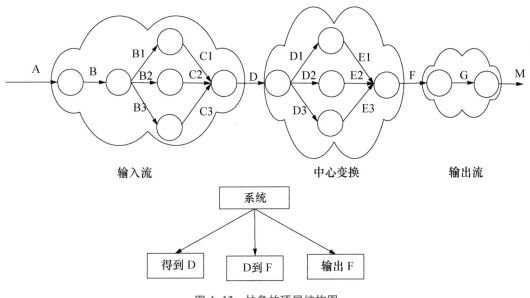

图 4-13　抽象的顶层结构图

（5）停止模块功能分解的时机：

① 当模块的功能不能再细分时；

② 已经分解为用户已有的模块或程序库的子程序时；

③ 模块的界面是输入/输出设备传送的信息时；

④ 模块规模已经很小时。

4.3.3　事务分析

实际上，在任何情况下都可以使用变换分析方法设计软件结构，但是在数据流具有明显的事务型特征时，即数据流程图中有一个明显的"事务发射中心"时，还是采用事务分析方法设计更好。下面说明事务分析方法的步骤。

1. 重画数据流程图

这一步与变换分析的第1步相同。

2. 确定事务型数据流和变换型数据流

数据流程图中往往既含有变换型数据流又含有事务型数据流，有时从总体看是事务型数据流程图，但某个事务处理分支可能又是变换型的。因此，设计时应该先做大的划分，确定数据流程图的总体是变换型还是事务型，然后分析局部。

3. 标识事务中心、事务接收路径和事务处理路径

通常事务中心位于几条处理路径的起点，从数据流程图上很容易将其标识出来，因为事务处理中心一般会有"事务发射中心"的特征。例如，图4-10中的"判断命令"处理就是一个事务中心，它有三条发射路径。

事务中心前面的部分称为接收路径，事务中心后面各条发散路径称为事务处理路径。对于每条处理路径来讲，还应该确定它们自己的流特征。

4. 确定软件结构的顶层和第1层

软件结构的顶层是系统的事务控制模块；第1层是由事务型数据流输入分支和事务分类处理分支映射得到的程序结构。也就是说，第1层通常由两个部分组成：取得事务和处理事务。

5. 设计软件结构的第2层

设计事务型数据流输入分支的方法与变换分析中输入流的设计方法类似，即从事务中心变换开始，沿输入路径向物理输入端移动。每个接收数据模块的功能是向调用它的上级模块提供数据，它需要有两个下属模块：一个用于接收数据；另一个把这些数据变换成它的上级模块所需要的数据格式。接收数据模块又是输入模块，也要重复上述工作。如此循环下去，直到输入模块已经涉及物理输入端为止。在分析比较复杂的数据流程图时，应该采用自顶向下、逐步细化的方法。

事务处理分支结构映射成一个分类控制模块，它控制下层的处理模块。对每一事务建立一个事务处理模块。如果发现在系统中有类似的事务，就可以把这些类似的事务组织成一个公共事务处理模块。但是，如果组合后的模块是低内聚的，则应该重新考虑组合问题。

4.4 图书馆信息管理系统软件结构设计

图书馆信息管理系统软件结构设计

在第3章已经给出了图书馆信息管理系统的数据流程图，仔细研究这些数据流程图，发现图书馆信息管理系统可以分为5个子系统，即读者信息管理子系统、借书子系统、还书子系统、采编子系统和系统维护子系统。将一个复杂的系统划分为多个简单的子系统，有利于系统设计和实现。这是因为每个子系统内部各个处理之间的关系相对比较简单。经过分析发现，本例中的大部分数据流程图都是事务型数据流中混合了变换型数据流的形态。下面以还书子系统为例，进行软件结构设计。

4.4.1　重画数据流程图

在需求分析阶段已经画出了基本的数据流程图，进入设计阶段后，要从软件设计的角度重审数据流程图。首先应该为流通部设计一个方便的工作环境，这个工作环境包含了流通部日常要做的所有工作，为此，应该增加一个"还书工作环境"的处理，编号为 IPO320。注意，目前不要考虑如何实现，如何实现是详细设计时考虑的问题。"还书工作环境"处理之后应该是流通部的事务分发处理，所以增加一个"事务分发"处理，编号为 IPO321。在处理完某个具体的还书业务之后，有可能导致"通知预订"处理的执行，而"催还"和"通知预订"两个处理之中都隐含了一个共同的处理"发送邮件"，因此应该将这个具有相同功能的处理独立成为一个"发送邮件"的处理，编号为 IPO324。

在重画数据流程图时发现处罚操作属于性质相同的处理，应该将它们归并在一起。但是每种处罚的规则和处理不同，因此增加了一个"处罚事务分发"处理，这个处理中首先判断不同的处罚类型，然后根据类型转去执行相应的处理。每种处罚处理的用户界面不同，因此分别为三种处罚类型设计了不同的用户界面。接下来是各自的处罚处理操作，最终的处罚结果被保存在一个数据库表中，因此调用同一个"保存处罚信息"处理。在整个处罚的处理部分，基本上是按照逻辑输入、处理、逻辑输出划分的。修改后的还书子系统数据流程图如图 4-14 所示。

4.4.2　整理数据流程图

前面已经看到，在设计软件结构时数据流程图中的数据存储被暂时忽略了，这是为了突出处理，所以将数据流程图中处理与数据存储之间的数据流断开。整理后的还书子系统数据流程图如图 4-15 所示。

4.4.3　确定事务处理中心

还书子系统数据流程图的事务处理中心是"事务分发"，从它引出两条处理线路，每条事务处理线路都包括信息输入和事务处理。

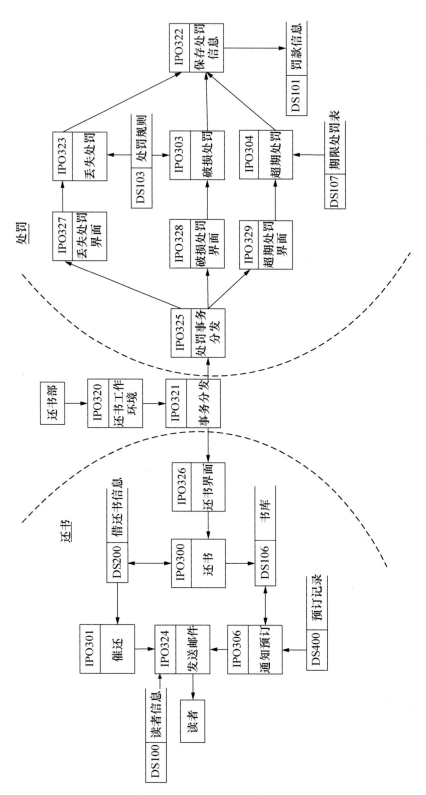

图 4-14　修改后的还书子系统数据流程图

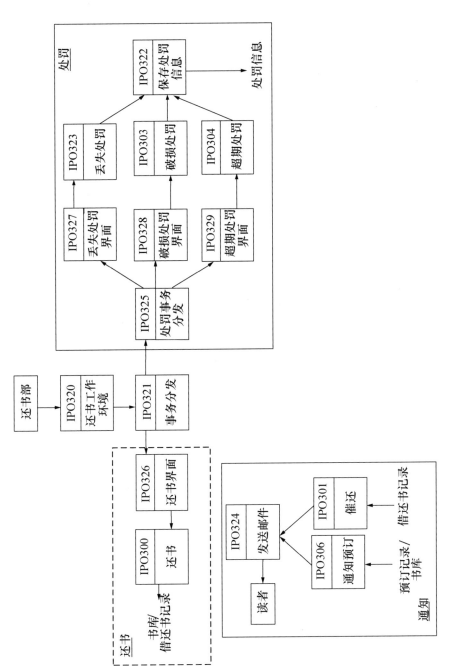

图 4-15　整理后的还书子系统数据流程图

4.4.4　确定软件结构图

在确定软件结构图时，首先画出顶层和第1层。通过研究整理后的数据流程图（见图4-15），先设计一个总控模块，即还书子系统。第1层通常由两个部分组成——接收事务和处理事务，分别由"还书工作环境"和"还书事务分发"完成。顶层和第1层的结构设计如图4-16所示。

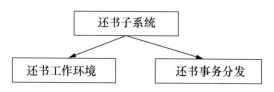

图4-16　还书子系统顶层和第1层的结构设计

前面曾经介绍过，接收事务的模块是向调用它的上级模块提供数据，它需要有两个下属模块：一个用于接收数据；另一个把这些数据变换成它的上级模块所需要的数据格式。按照这条规则进行设计时，"还书工作环境"模块的下层至少应该有两个模块：一个模块负责接收数据；另一个模块将这些数据转换为需要的格式。

"还书事务分发"映射成一个分类控制模块，它控制下层的还书、处罚两个模块。图4-17显示了第2层结构设计的结果，其中符号◆隐含还书、处罚处理每次只操作一项的意思。

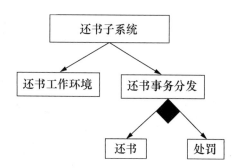

图4-17　还书子系统第2层的结构设计

下面先说明还书分支的结构设计。对于还书操作来说，需要两个模块：一个模块获得还书信息，另一个模块进行还书处理。为了获得还书信息，需要为用户设计一个信息录入界面，并且还要对用户输入的还书信息进行有效性验证。正确的还书信息被送到上层模块，进行还书处理，如图4-18所示。

处罚和后台发送邮件部分的设计与此类似。整个还书子系统软件结构图如图4-19所示。

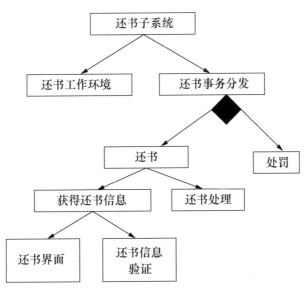

图 4-18　还书子系统部分结构设计

由于通知预订和催还图书都是由数据库的触发器触发执行的后台应用，它们不由上面这些软件模块调用，所以将它们单独画在下面。"通知预订"和"催还图书"两个模块需要调用相同的模块"发送邮件"。

注意：实际进行软件结构设计时不必教条地按照上面介绍的数据流程图到软件结构图的转换规则执行，有两个原因：一是软件的开发环境已经发生了巨大变化，而上面介绍的一些规则是基于当初字符用户界面的处理方法；二是当今普遍采用面向对象的图形用户界面，用户操作方式和系统处理方式变得越来越方便开发。

4.4.5　走查软件结构图

软件结构图中的模块关系体现调用关系。设计者根据调用关系可在纸上对软件系统进行初步的试运行，同时将模块之间的接口参数标识在软件结构图上。在纸上试运行中，填写一张软件功能需求与程序模块对照表（详见表 4-1）。

表 4-1　软件功能需求与程序模块对照表

功能	模块 1	模块 2	……	模块 n
功能需求 1	Module name			Module name
功能需求 2	Module name	Module name		
……				
功能需求 n	Module name			

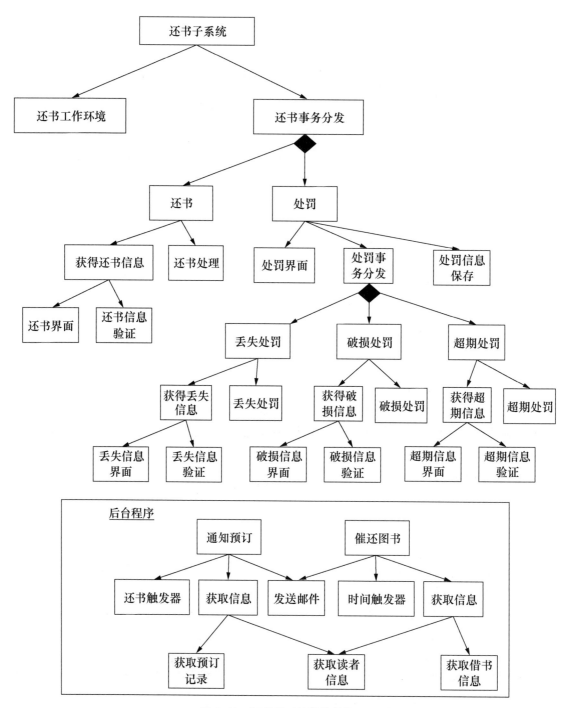

图 4-19　还书子系统软件结构图

表 4-1 中，左边第一列是需求分析阶段确定的软件功能简称或编号，表格中填写实现该功能的模块名称，通常一个功能可能需要多个模块实现，但如果模块数量超过 5 个，往往

说明该功能太大，应该将其细分。每个功能都应该有一条自上而下的模块调用通路，如果发现某条通路走下来不能实现需要的功能，就要重新检查数据流程图到软件结构图的转换是否正确。在走查模块时不要进入模块内部的具体处理算法，只检查接口参数和分配的功能即可。

4.4.6　用快速原型法修正设计

在设计时，有些问题很难确定是否能够实现，这时可以通过开发一个原型来发现设计中存在的问题，以便在编码之前解决这些问题。另外，原型可以促进开发人员与用户之间的沟通。

开发原型时，通常忽略功能上的很多细节，只是将注意力放在系统的某个或某几个特定方面，如界面方面、性能方面、安全方面等。如果一个原型仅仅是要证明设计的可行性，就不必关注太多细节，这种原型属于抛弃型原型。

在优化软件结构时要注意保持简单，在满足模块化要求的前提下尽量减少模块数量，在满足信息需求的前提下尽量减少复杂数据结构。对性能要求很高的软件，可能还需要在设计的后期甚至编码阶段进行优化。

4.4.7　关于设计的说明

在程序结构被设计和优化后，应该对设计进行一些必要的说明，包括为每个模块写一份处理说明，为模块之间的接口提供一份接口说明，确定全局数据结构，指出所有的设计约束和限制。

（1）处理说明应该清楚地描述模块的主要处理任务、条件抉择和输入/输出。需要注意的是，概要设计阶段不要对模块的内部处理过程进行详细描述，这项工作是详细设计的任务。

（2）接口说明要给出一张表格，列出所有进入模块的和从模块输出的数据。接口说明中应包括通过参数表传递的信息、对外界的输入/输出信息、访问全局数据区的信息等，还要指出其下属的模块和上级模块。例如，表 4-2 包括了模块的处理说明（主要功能等）、接口说明（参数等）、模块内部的局部数据结构、约束条件和设计限制等信息。

（3）在软件结构确定之后，就可以设计相应的局部数据结构和全局数据结构。局部数据结构的描述放在相应的模块说明表中，全局数据结构要在软件的数据说明文档中说明，数据结构说明最好采用图形和伪码相结合的方式。

（4）每个模块的约束条件和设计限制在模块说明表中说明。

表 4-2　模块说明表

模块名称：		编号：	
主要功能：			
输入参数及类型：		输出参数及类型：	
向上调用模块：			
向下调用模块：			
局部数据结构：			
约束条件和设计限制：			

4.5　设计复查

在设计结束之前要进行设计复查。复查过程分为三步：首先，采用概要设计复查的方法来检查在概念上的设计；其次，在关键设计复查中，应向其他开发者描述关键技术上的设计细节；最后，进行程序设计的复查，程序设计的复查属于详细设计阶段。复查的目标是确保软件设计与实现正是用户想要的。

4.5.1　概要设计复查

在概要设计复查中，主要任务是验证概念上的设计，即要确保设计包含了用户需求的所有方面。概要设计复查需要用户、系统分析员、系统设计员和编程人员参加，除此之外，还要有与此设计无关的技术专家参加。参与复查的人员数量不仅依赖于所开发系统的规模和复杂程度，还依赖于用户范围和数量，但是参加的人员总数不应太多，以免妨碍复查的进度。

概要设计复查工作过程中应该推选一位会议主席来领导讨论，他的工作是主持审查过程，进行调解，并且要确保实现审查过程的目的并维持平衡；还需要选定一位秘书，他不参与问题的讨论，只是一个记录者，但是秘书需要有足够的技术知识，以了解讨论过程和记录相关的技术信息。实际上，秘书经常会向发言者提问，要求发言者说清楚他们的观点，以便记录得更确切。

设计人员详细讲述总体设计方案，每项设计都应该追溯到需求规格说明书中对应的需求，重点讲述为了实现相应需求所设计的结构、模块、接口、操作界面等软件元素。

与会者分别从不同的角度出发，审查设计的正确性、合理性、健壮性、完善性。例如，用户主要审查是否有被遗漏的需求，设计的界面是否能够接受，输入是否方便，输出报告是否清晰，是否有容错方面的设计等；编程人员主要审查是否有不可实现的技术，程序结构和数据结构是否过于复杂，是否存在模糊的设计等。

与此设计无关的技术专家可以站在公正的立场上发表自己的观点，提出设计中的问题。实际上，这些技术专家经常会提出一些新的观点，促进设计的改进。

任何发现的问题都要被记录下来，准备用于修改设计方案。当新的设计方案出台后，要安排一个新的时间再次进行概要设计复查来评价新的设计方案。

4.5.2　关键设计复查

一旦概要设计通过了复查，就可以进行关键设计复查了。关键设计复查的参与者包括系统分析员、系统设计员、编程人员、系统测试员、撰写文档的人员和一些与此设计无关的技术专家等。这个小组中的人员比概要设计复查小组中的人员在技术性上要强一些，这是因为在关键设计复查中主要是复查设计的技术细节。

在关键设计复查时，最好使用一些图表来解释关键的设计策略和它的实现技术，通过这个过程能够确保关键设计的可实现性。一旦不能保证它的可实现性，就应该记录下来，并且安排相关技术人员开发原型进行试验。如果使用了设计工具，复查小组会比较容易得到输出结果来检验设计的正确性和可实现性。

4.5.3　设计复查的问题

在每种设计复查中，与会者都应该思考或询问一些问题，举例如下：

（1）此设计能解决相应的问题吗？

（2）此设计模块的独立性如何？需要经过优化吗？

（3）设计的软件是否易于理解？可以采取一些措施去改善结构并增加设计的可理解性吗？

（4）此设计可移植到其他平台上吗？

（5）此设计可重用吗？

（6）此设计易于修改和扩充吗？

（7）此设计中用到的最复杂的数据结构是什么？能够简化它吗？

（8）此设计易于实现吗？

（9）此设计易于测试吗？

（10）此设计拥有最佳的性能吗？在何处适用？

（11）此设计重用了其他工程的一些组件吗？哪些是重用的组件？

（12）此设计采用的算法合适吗？还可以被改进吗？

（13）如果系统是分阶段建设的，那么各阶段之间的接口是否正确？

（14）设计文档是否完备？

（15）设计的组件和数据是否能够追溯到需求？

（16）此设计是否包括了错误处理、故障预防和容错技术？

设计复查过程的主要任务是发现错误，因此在复查时所有人都要按照相同的目标去工作。在需求分析和概要设计时期发现并改正一个错误要比在实现后再去改正它容易得多。在设计复查中发现一个问题，很快就能知道这个问题是在设计的哪个部分出现的。然而，当系统已经运行后才发现一个问题，这个问题的根源就可能出现在很多方面，可能是硬件方面，也可能是需求分析、设计、实现等其他方面。因此，越早发现问题，改正它的代价就越小。

4.6　数据设计

数据设计

数据设计是软件设计最重要的活动之一。由于数据结构直接影响软件结构的复杂性，因此，常说数据结构是影响软件质量的重要因素。数据设计从数据结构设计、文件设计、数据库设计三方面入手。数据结构设计得合理，往往能够获得很好的软件结构，使软件具有很强的模块独立性、易理解性和易维护性。

4.6.1　数据设计的原则

数据设计是为在需求分析阶段所确定的数据对象定义逻辑数据结构，并且对不同的逻辑数据结构进行算法设计，确定实现逻辑数据结构所必需的操作模块，以便了解数据结构的影响范围。

Roger S. Pressman 给出了 7 条数据设计的原则，这些原则应该在设计过程中牢记，因为清晰的数据结构是软件开发成功的关键。

（1）用于软件的系统化方法也适用于数据，在导出、评审、定义软件需求和软件体系结构时，必须定义和评审其中用到的数据流、数据对象、数据结构。应当考虑几种不同的数据设计方案，还应当分析和评审数据设计给软件设计带来的影响。

（2）确定所有的数据结构以及在每种数据结构上实施的操作。在设计数据结构时，要考虑到这种数据结构上实施的操作。如果定义了一个由多种不同类型数据元素组合而成的复杂数据结构，那么很有可能这个数据结构涉及了软件中多个功能的实现。对这种数据结构，应该为它定义一个抽象数据类型，以便在今后的软件设计中使用它。

（3）建立一个数据字典，用它来定义数据和软件的设计。数据字典清楚地说明了各个数据之间的关系和对数据结构内各个数据元素的约束。

（4）底层数据设计的决策应该推迟到设计过程的后期进行，在数据设计中也可以使用自顶向下、逐步细化的方法。在需求分析时确定的总体数据结构，应在概要设计阶段细化，然后在详细设计阶段确定具体的细节。

（5）数据设计要遵从信息隐蔽原则，只有那些相关的模块才能访问相应的数据结构，数据结构的逻辑表示与物理表示要分开。

（6）创建一个存放数据结构和相关操作的库。数据结构和相关操作是软件设计的基础，数据结构应当被设计为可重用的，以减少数据设计的工作量，提高设计的质量。

（7）软件设计和程序设计语言应当支持抽象数据类型的定义和实现，否则，对于一些复杂数据结构的设计和实现可能是非常困难的。

4.6.2　数据结构设计

数据结构选择得合适会使程序控制结构简洁，易于理解和维护，占用的系统资源少，运行效率高。下面是确定数据结构时须注意的几点事项：

（1）尽量使用简单的数据结构。简单的数据结构通常伴随着简单的操作。

（2）在设计数据结构时要注意数据之间的关系，特别要平衡数据冗余与数据关联的矛盾。有时为了减少信息冗余，需要增加更多的关联，使程序处理比较复杂；如果一味地减少数据之间的关联，可能会造成大量的数据冗余，难以保证数据的一致性。

（3）为了加强数据设计的可重用性，应该针对常用的数据结构和复杂的数据结构设计抽象类型，并且将数据结构与操纵数据结构的操作封装在一起，同时要清楚地描述调用这个抽象数据结构的接口说明。

（4）尽量使用经典的数据结构，因为对它们的讨论比较普遍，容易被大多数开发人员理解，同时也能够获得更多的支持。

（5）在确定数据结构时一般先考虑静态结构，如果不能满足要求，再考虑动态结构。

4.6.3　文件设计

文件设计是指对数据存储文件的设计，主要工作是根据使用要求、处理方式、存储的信息量、数据的使用频率和文件的物理介质等因素来确定文件的类别、文件的组织方式，设计文件记录的格式，估计文件的容量。

文件设计过程包括文件的逻辑设计和文件的物理设计两个阶段，文件的逻辑设计在概要设计阶段进行，文件的物理设计在详细设计阶段进行。

1. 文件的逻辑设计

文件逻辑设计的任务如下。

（1）整理必需的数据元素：分析文件中要存储的数据元素，确定每个数据元素的类型、长度，并且给每个数据元素定义一个容易理解的、有意义的名字。

（2）分析数据间的关系：根据业务处理逻辑确定数据元素之间的关系，有时一个文件记录中可能包含多个子数据结构。例如，考生成绩文件的记录中可能包含考生编号、姓名、学校名称、（语文、数学、英语、物理、化学）、总成绩。其中，括号部分是一个子结构，描述各科的成绩，这些数据元素可能需要同时处理。

（3）确定文件记录的内容：根据数据元素之间的关系确定文件记录的内容。例如，考生成绩文件记录的内容描述详见表4-3。

表4-3　考生成绩文件记录样例

文件名：考生成绩文件　　　　　　　　文件编号：StudentScokt

数据编号	数据名	简称	属性	长度	备注
01	考生编号	StdNo	Number	11	唯一
02	姓名	Name	Char	8	
03	学校名称	School Name	Char	20	
04	语文	Chinese	Flot	5	
05	数学	Math	Flot	5	
06	英语	English	Flot	5	
07	物理	Physics	Flot	5	
08	化学	Chemistry	Flot	5	
09	总成绩	Total Grade	Flot	6	

2. 文件的物理设计

文件物理设计的任务如下。

（1）理解文件的特性。进一步从业务的观点检查对逻辑文件的要求，包括文件的使用率、追加率、删除率、保护和保密要求。

（2）确定文件的物理组织结构。根据文件的特性确定文件的组织方式，文件的组织方式有顺序文件、直接存取文件、索引顺序文件、分区文件、虚拟存储文件等。

① 顺序文件中记录的逻辑顺序与物理顺序相同。它适用于所有的文件存储介质。顺序文件中的记录，其排列方式通常有按先后次序排列、按关键字次序排列、按使用频率排列等。

顺序文件的存储方式有两种，一种是连续存储，另一种是串联存储。连续存储是文件中的记录顺序地存储在一片连续的空间中。这种文件组织方式存取速度快、处理简单、存储空间利用率高。但是，这种组织方式不利于文件的扩充，并且需要较大的连续空间。串联存储是文件中的记录以链接的方式存储，存储的空间可以不连续。串联存储的文件有利于文件的扩充，存储空间利用率高，其不足是访问速度受到影响。

顺序文件最适用于顺序批处理方式，通常磁带、打印机和只读光盘上的文件都采用顺序文件形式。

② 直接存取文件结构中，记录的逻辑顺序和物理顺序不一定相同，记录的存储地址一般由关键字的函数确定。通常设计一个函数来计算关键字的地址，这个函数称为哈希函数。设计哈希函数时要特别注意减小不同关键字的地址冲突，并且要给出地址冲突的解决策略。

直接存取文件的优点是存取速度快，记录的插入和删除操作简单，但是如果哈希函数设计得不好，会出现严重的地址冲突，导致存取效率下降。

直接存取文件只适用于磁盘类的存储介质，不适用于磁带类的存储介质。

③ 索引顺序文件结构中的基本数据记录按顺序方式组织，但是要求记录必须按关键字值升序或降序排列，并且为关键字建立文件的索引。在查找记录时，先在索引表中按记录的关键字查找索引项，然后按索引项找到记录的存储位置，访问记录。现在通常将索引表组织成树形结构，如用 B+树组织较大型的索引。

索引顺序文件的优点是访问速度快，缺点是记录插入和删除比较麻烦，有时需要修改索引表，而且当记录数目很大时索引表也很庞大，占用较多的空间。

索引顺序文件也只适用于磁盘。

（3）确定文件的存储介质。目前，文件的存储介质主要有磁带、软盘、磁盘、光盘、可移动快速闪存。选择文件的存储介质时主要考虑下面一些方面：

① 数据量；

② 处理方式；

③ 存储时间；

④ 处理时间；

⑤ 数据结构；

⑥ 操作要求；

⑦ 费用要求。

（4）确定文件的记录格式。文件的记录格式通常分为无格式的字符流和用户定义的记录格式两种，并且还可以设计为定长记录和不定长记录。

（5）估算记录的存取时间。根据文件的存储介质和类型，计算平均访问时间和最坏情况下的访问时间。

（6）估算文件的存储量。根据一条记录的大小估算整个文件的存储量，然后考虑文件的增长速度，确定文件存储介质的规格型号，以及设计文件备份转储的周期。

4.6.4 数据库设计

数据库设计通常包括下述 4 个步骤。

（1）模式设计。模式设计的目的是确定物理数据库结构。第三范式形式的实体及关系数据模型是模式设计过程的输入，模式设计的主要问题是处理具体数据库管理系统的结构约束。

（2）子模式设计。子模式是用户使用的数据视图。

（3）完整性和安全性设计。

（4）优化。优化的主要目的是改进模式和子模式以优化数据的存取。

数据库设计是一项专门技术，详细讨论这项技术已经超出本书的范围，需要深入了解数据库设计技术的读者，请参阅相关专著。

4.6.5　图书馆信息管理系统数据设计

在系统需求分析阶段，已经建立了初步的数据字典和实体-关系图，设计阶段要以这些为基础进一步细化。在进行数据设计时，要仔细审查需求分析阶段确定的每一个数据实体和实体之间的关系，以保障数据结构的合理性、一致性和安全性；审查每个处理的算法，确定实现算法所需要的数据结构。

下面以图书基本信息为例进行数据设计，设计样例参见表4-4。

表4-4　图书基本信息样例

编号：DS102　　　　　　　　　　　　　　　　　　名称：图书信息

名称	简称	键值	类型	长度	值域	初值	备注
图书编号	BookID	P	字符	100			
书名	BookNM		字符	100			
分类	Subject		字符	100			可选择
作者	Author		字符	100			
图书 ISBN	ISBN		字符	100			
出版社	Press		字符	20			
出版日期	Press_data		日期	8			
总的册数	Status		数字				
关键字	Keywords		字符	100			
当前在库数量	Count		数字				

如表4-4所示，这是图书馆信息管理系统一个重要的数据库表，它用于保存图书馆某一图书的详细信息。仔细审查这个表，发现比使用时少了单价、页数、版次、内容简介这几项。

仔细推敲"作者"这个数据项，有些图书有主编，有些图书还有多名作者，如果这些信息都放在作者这个数据项中，当按作者查询图书时就会造成查询操作复杂化。因此，考虑修改这个数据项，将它改为主编、第一作者、第二作者、其他作者，这样设计比较合理。

4.7　详细设计

详细设计

详细设计也叫过程设计，应该在软件结构设计、数据设计之后进行，主要是设计模块内的算法实现细节。详细设计阶段的任务不是编写程序，而是要为编写程序代码设计"图纸"，程序员将按"图纸"用某种高级程序设计语言编写程序代码。因此，详细设计的结果基本上决定了最终的程序代码质量。衡量程序代码的质量不仅要看它的逻辑是否正确，性能是否满足要求，更主要的要看它是否容易阅读和理解。因此，详细设计的目标不仅是保证所设计的模块功能正确，更重要的是保证所设计的处理过程简明易懂。本节主要介绍详细设计常用的工具。

4.7.1　程序流程图

程序流程图也称为程序框图，是使用最广泛的详细设计工具。程序流程图画起来很简单，其中方框表示处理步骤，菱形表示逻辑判断，箭头表示控制流。程序流程图使用的一些图形元素详见表 4-5。

表 4-5　程序流程图使用的一些图形元素

图标	说明
▭	顺序结构
◇	选择结构
⬓	循环开始
⬒	循环终止
▯▯	子程序
⊐	注释
⬭	开始或结束
▽	离页引用
◯	页内引用
⏢	手工操作
⚏	并行处理

以图书馆信息管理系统的还书处理模块为例，这个模块的输入参数是读者编号和图书编号，当处理出错时返回-1，否则返回0，还书处理模块负责修改借还书记录和图书信息表中的图书在库数量。还书处理模块流程图如图4-20所示。

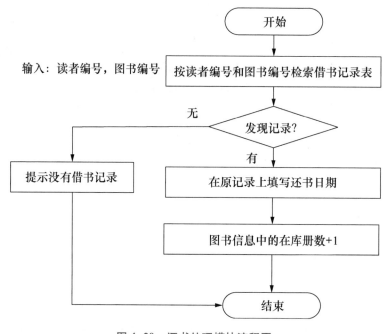

图4-20 还书处理模块流程图

4.7.2 表格设计符号

上面所介绍的工具都是针对模块级设计的，但有时一个模块内部的实现算法中常常包含多重嵌套的条件选择，这类算法如果完全用文字表达可能令人费解，因此可以采用判定表。

判定表由4个部分组成，左上部列出了所有的条件，左下部列出了所有可能的动作，右半部构成了一个矩阵，表示条件的组合以及特定条件组合下应执行的操作。

下面是开发判定表的步骤：

（1）列出执行该过程时的所有条件（或决策）。

（2）列出与特定过程（或模块）相关的所有动作。

（3）将特定的条件组合与特定的动作相关联，消除不可能的条件组合；或者找出所有可能的条件排列，确定一组条件应对应哪个动作。

下面以图书馆信息管理系统为例说明判定表的使用，考虑图书馆信息管理系统中各类读者与各类图书之间的借阅期限，详见表4-6。在表的右上部中，"T"表示它左边的那个条件成立，判定表下部的"√"表示允许的借阅期限。

表 4-6 判定表举例

条件		1	2	3	4	5
教授		T	T	T	T	
总工程师		T	T	T	T	
职员		T		T	T	
学生		T				T
计算机类图书					T	T
外文原版书				T		
休闲小说		T				
杂志		T				
图纸			T			
借阅期限	30 周	√				
	12 周			√		
	8 周				√	
	4 周					√
	2 周					
	1 周		√			

表 4-6 所示判定表右边的每一列都可以解释成一条处理规则：

第 1 列的内容表示所有人员都能够借阅小说和杂志，借期为 30 周；

第 2 列的内容表示教授、总工程师能够借阅图纸，借期为 1 周；

第 3 列的内容表示教授、总工程师和职员能够借阅外文原版书，借期为 12 周；

第 4 列的内容表示教授、总工程师和职员能够借阅计算机类图书，借期为 8 周；

第 5 列的内容表示学生能够借阅计算机类图书，借期为 4 周。

此外，除判定表外，还有另外一种工具——判定树。判定树是判定表的变种，它也能清晰地表示复杂的条件组合与应做动作之间的对应关系。判定树的特点在于它的形式简单到不需要任何说明，一眼就能够看出其含义，因此易于掌握和使用。图书馆信息管理系统中图书借阅时间的判定树描述实例如图 4-21 所示。

4.7.3 过程设计语言

过程设计语言（Procedure Design Language，PDL）也称为结构化的英语或伪码，它是一种混合语言，通常采用英语（或中文）的词汇和某种结构化程序设计语言的语法，因此可分为 PDL-C，PDL-PASCAL 等多种 PDL。

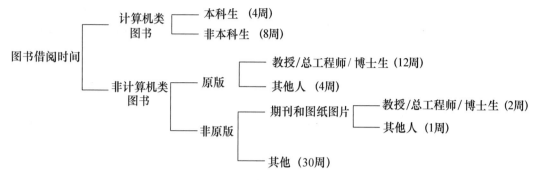

图 4-21   图书借阅时间的判定树

PDL 看起来像高级编程语言，但其中嵌入了叙述性文字说明，因此 PDL 不能被编译成机器代码，但 PDL 处理程序可以将 PDL 翻译成图形表示，并生成嵌套图、设计操作索引、交叉引用表以及其他一些信息。

过程设计语言具有以下几个特征：

（1）PDL 使用自然语言的词汇描述处理过程，使设计更加易于理解。

（2）PDL 具有顺序、选择、循环控制结构和数据说明。

（3）每种不同的 PDL 都有不同的关键字，这些关键字被用于不同的控制结构之中，增强了设计的清晰性，如 if...endif 关键字。

（4）数据声明机制既可以说明简单数据结构（如标量和数组），也可以说明复杂数据结构（如链表和树）。

（5）PDL 具有子程序定义和调用描述功能，提供各种接口定义模式。

使用 PDL 作为详细设计工具的优点是：可以将设计时产生的 PDL 语句直接作为程序注释插入源程序代码之中；修改源程序时直接就修改了 PDL，由此保证了设计与结果的一致性。

本章要点

● 软件设计的主要原则：模块独立性和信息隐蔽。

● 反映模块独立性的标准有两个：内聚和耦合。内聚用于衡量一个模块内部各个元素之间结合的紧密程度，耦合用于衡量模块之间彼此依赖的程度。

● 信息隐蔽的核心内容是：一个模块中所包含的信息，不允许其他不需要这些信息的模块访问。

● 结构化设计是基于模块化、自顶向下、逐步求精等技术的设计方法。

● 结构化设计方法的流程：首先分析数据流的类型，然后将数据流程图映射为软件结构图，再用"因子分解"方法定义软件的层次结构，最后优化设计结构。

● 数据设计包括数据结构设计、文件设计和数据库设计。

思政小课堂

思政小课堂4

练习题

一、选择题

1. 在 SD 方法中全面指导模块划分的最重要的原则是（　　　）。

　　A. 程序模块化　　　B. 模块高内聚　　　C. 模块低耦合　　　D. 模块独立性

2. 在模块的基本属性中，反映模块内部特性的是（　　　）。

　　A. 接口　　　　　B. 功能　　　　　C. 逻辑　　　　　D. 状态

3. 模块的耦合性可以按照耦合程度的高低进行排序，按从低到高的顺序依次是（　　　）。

　　A. 标记耦合，公共耦合，控制耦合，内容耦合

　　B. 数据耦合，控制耦合，标记耦合，公共耦合

　　C. 非直接耦合，标记耦合，内容耦合，控制耦合

　　D. 非直接耦合，数据耦合，控制耦合，内容耦合

4. PDL 用于描述处理过程（　　　）。

　　A. 做什么　　　　B. 为什么做　　　　C. 怎么做　　　　D. 对谁做

5. （　　　）在软件详细设计过程中不采用。

　　A. 判定表　　　B. IPO 图　　　C. PDL　　　D. DFD

6. 为高质量地开发软件项目，在软件结构设计时，必须遵循（　　　）原则。

　　A. 信息隐蔽　　　B. 质量控制　　　C. 程序优化　　　D. 数据共享

7. 如果一个模块直接引用另一个模块的内容，这种模块之间的耦合称为（　　　）。

　　A. 数据耦合　　　B. 公共耦合　　　C. 标记耦合　　　D. 内容耦合

8. 详细设计与概要设计衔接的图形工具是（　　　）。

　　A. DFD 图　　　B. SC 图　　　C. PAD 图　　　D. 程序流程图

9. 下列几种类型中，耦合性最弱的是（　　　）。

　　A. 内容耦合　　　B. 控制耦合　　　C. 公共耦合　　　D. 数据耦合

10. 软件结构使用的图形工具，一般采用（　　　）。

　　A. DFD 图　　　B. PAD 图　　　C. SC 图　　　D. ER 图

11. 详细设计的结果基本决定了最终程序的（　　　）。

　　　A. 代码规模　　　B. 运行速度　　　C. 质量　　　　　　D. 可维护性

12. 在 7 种耦合中，等级最低的耦合是（　　　）。

　　　A. 内容耦合　　　B. 公共耦合　　　C. 数据耦合　　　D. 非直接耦合

13. 软件设计阶段的输出主要是（　　　）。

　　　A. 程序　　　　　B. 模块　　　　　C. 伪代码　　　　D. 设计规格说明书

14. SD 方法设计的结果是（　　　）。

　　　A. 源代码　　　　B. 伪代码　　　　C. 模块　　　　　D. 软件结构图

二、简答题

1. 软件设计的主要内容有哪些？

2. 软件设计的主要原则有哪些？

3. 详细设计的基本任务是什么？有哪几种描述方法？

4. 什么是变换型数据流？什么是事务型数据流？

5. 模块的内聚有哪几种？模块间的耦合有哪几种？

6. 反映模块独立性的两个标准是什么？它们表示什么含义？

三、应用题

1. 某公司为本科以上学历的人重新分配工作，分配原则如下：

（1）如果年龄不满 18 岁，学历是本科，男性标注为研究人才候选，女性标注为行政人才候选；

（2）如果年龄满 18 岁、不满 50 岁，学历是本科，不分男女，标注为中层领导，学历是硕士的，不分男女，标注为课题组组长；

（3）如果年龄满 50 岁，学历是本科的，男性标注为科研人才，女性标注为资料才，学历是硕士的，不分男女，标注为课题组组长。

要求：请画出分析过程，得出判定表，并进行化简。

2. 研究下面的伪码程序，画出对应的程序流程图。

```
START
INPUT X,N
DIMENSION A(N),F(N)
DO I = 1 TO N
INPUT F(I)
END DO
K = 0
DO WHILE(K<N)
A(K) = 0
```

```
DO J=1 TO N-K
A(K)=A(K)+F(J)*F(J+K)/(N-K+1)
END DO
PRINT K*X,A(K)
K=K+1
END DO
STOP
```

3. 以下是某系统的数据流程图，请将其转换成相应的软件结构图。

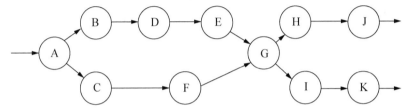

4. 试选择一种加密/解密算法进行过程设计。

5. 某培训中心要研制一个计算机培训管理系统。它的业务是将学生发来的信件收集、分类后，按几种不同的情况处理。如果是报名的，则将报名数据送给负责报名事务的职员，他们将查阅课程文件，检查该课程学生是否满额，然后在学生文件、课程文件上登记，并开出报告单交财务部，财务人员开出发票给学生。如果是想注销原来已选修的课程的，则由注销人员在课程文件、学生文件和账目文件上做相应的修改，并给学生注销单。如果是付款的，则由财务人员在账目文件上登记，也给学生一张收费单据。

要求：

(1) 对以上问题画出数据流程图。

(2) 画出该培训管理系统的软件结构图的主图。

6. 图书馆的预订图书子系统有如下功能：

(1) 由供书部门提供书目给订购组；

(2) 订购组从各单位取得要订的书目；

(3) 根据供书目录和订书书目产生订书文档留底；

(4) 将订书信息（书目、数量等）反馈给供书单位；

(5) 将未订书目通知订书者；

(6) 系统自动检查重复订购的书目，并把结果反馈给订书者。

试根据要求画出该问题的数据流程图，并把其转换为软件结构图。

第 5 章　面向对象基础

学习内容

本章配合实例分析了结构化方法存在的主要问题，简单介绍了面向对象的概念，包括类、对象、消息机制、继承性、封装性和多态性等内容。还介绍了 Booch 方法、Coad 方法、OOSE 方法和 OMT 方法 4 个主流的面向对象开发的方法。详细讲述了 UML 的主要功能，以及用例视图、逻辑视图、组件视图、并发视图和配置视图的作用。配合一些案例，介绍了用例图、活动图、类图等 9 个图的具体应用方法。最后简要介绍了 Rational ROSE 可视化建模工具。

学习目标

（1）掌握面向对象的基本概念。

（2）掌握 UML 用例图、活动图和类图的应用。

（3）理解软件建模语言的作用。

（4）了解 UML 的 5 个视图的作用。

（5）了解 UML 状态图、交互图、配置图、组件图、对象图和包图的应用。

思政目标

通过本章学习，建立面向对象的逻辑思维，深入剖析软件开发关键技术应用中的使命担当，要具有国家主权意识，激发学生爱国情、强国志和报国行。

面向对象技术出现于 20 世纪 70 年代末期，是软件工程领域的重要技术。由于它比较自然地模拟了人类认识客观事物的方式，所以很快被软件人员所接受。从本质上说，面向对象是"先"确定动作的主体，"后"执行动作；而面向过程最关心的是过程，过程实施的对象是作为过程参数传递的。面向对象的这种主体-动作模式，与人们对客观世界的认识规律相符，从而使得面向对象技术在软件工程领域中获得了广泛的应用。

5.1　结构化方法与面向对象方法对比

结构化方法的核心是以功能需求为基础，通过需求分析逐渐分解功能，在设计时提倡功能内聚模块，在实现阶段编写结构化的程序代码。需求分析阶段的主要结果是数据流程图，设计阶段的主要结果是软件结构图，实现阶段的主要结果是源程序。这一过程似乎很完美，可惜在实际开发时，用户的需求不断地变更，导致软件功能不断变化，程序不断被修改。因此，基于结构化方法开发的软件，架构的稳定性比较差，不便于维护，缺乏灵活性。

下面通过一个具体的例子感受一下结构化方法存在的问题。

5.1.1　结构化方法的实现

例如，设计并实现一个四则运算软件，输入两个数和运算符号，输出运算结果。

根据用户需求，设计三个功能：输入、计算和输出。

（1）设计一个输入模块，用于输入两个运算数和一个运算符；

（2）设计一个计算模块，进行相应的计算；

（3）设计一个输出模块，显示计算结果。

三个模块的处理描述详见表 5-1、表 5-2 和表 5-3。

表 5-1　输入模块的处理描述

模块名称：Input　　　　　　　　　　**功能**：输入运算数和运算符

输入	模块主要代码	输出/返回
无	提示输入信息: "请输入数字 A、B 和运算符: " 读入 NumberA, NumberB 和 Operate	NumberA, NumberB, Operate

表 5-2　计算模块的处理描述

模块名称：Comput　　　　　　　　　　**功能**：计算

输入	模块主要代码	输出/返回

NumberA
NumberB
Operate
	`String Result = "";`
	`Switch (Operate)`
	`{`
	`case"+": Result = string (NumberA+NumberB);`
	`break;`
	`case"?": Result = string (NumberA? NumberB);`
	`break;`
	`case" * ": Result = string (NumberA×NumberB);`
	`break;`
	`case"/": if   (NumberB! ="0")`
	`Result = string (NumberA÷NumberB);`
	`else`
	`        Result = "除数不能为 0"`
	`break;`
	`}`
		Result

表 5-3   输出模块的处理描述

模块名称：Output   **功能**：输出结果

输入	模块主要代码	输出/返回
Result	Console.WriteLine（"运算结果:"+Result）;	无

由上述内容可以看出，结构化方法是在理解需求的基础上将需求分解为一个个简单的功能，简单的功能直接映射为模块，复杂的功能可以被设计成多个模块；所有模块设计好后直接进行相互调用，实现整个软件的功能。当需求发生变化时，如增加一个平方运算或开根运算，需要修改计算模块，这就要求程序员对计算模块的代码非常了解。这对于功能简单的软件比较容易实现；当软件规模比较大、功能比较复杂时，非常容易出错，并且软件的维护量很大。

为了比较，下面用面向对象方法实现这个例子。

5.1.2　面向对象方法的实现

根据需求首先设计一个计算类 Operation，包括两个私有的操作数 NumberA 和 NumberB，三个方法：NumberA( )，NumberB( ) 和 GetResult( )。

在设计时考虑到软件的可扩充性，因此把计算类设计为基类，四则运算分别继承基类。为了增加软件的灵活性，设计一个实例化工厂类，专门生成运算类的实例化对象。四则运算软件的类图设计如图 5-1 所示。

由图 5-1 可知，客户端主程序直接调用实例化工厂类创建相应的运算类对象，工厂返回相应的运算类对象指针。例如，下面的代码 oper 指向 OperationAdd 类，接着调用该类的方法 NumberA 和 NumberB 进行属性赋值，最后调用该类的 GetResult 方法计算结果。输入和输出的处理代码与结构化方法相同，故省略。

```
Operation oper;
oper=OperationFactory.createOperate（"+"）;
oper.NumberA=1;
oper.NumberB=2;
double.result=oper.GetResult（）;
```

面向对象方法设计的软件比结构化方法设计的软件在结构上要复杂一些。在上面的例子中，每个计算分别被设计为一个子类，如果要增加新的运算，只需要添加子类，同时在实例化工厂类中添加相应的 switch 分支即可，其他处理不受影响。也就是说，程序员不必了解其他运算的处理代码，程序的整体结构没有变化。

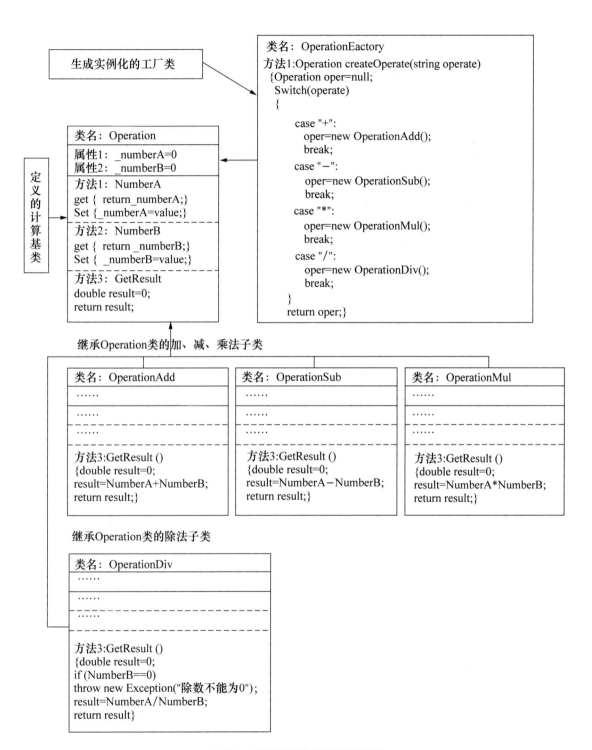

图 5-1 四则运算软件的类图设计

5.1.3　结构化方法存在的主要问题

结构化方法存在的主要问题如下：

（1）采用结构化方法时，需求分析阶段和设计阶段所应用的模型之间存在鸿沟。需求分析阶段的主要模型是数据流程图，设计阶段的主要模型是软件结构图，数据流程图和软件结构图之间需要进行转换。不同的人，转换出的软件结构图可能不同，有很大的随意性，这就造成质量很难被评价，这是做工程非常忌讳的。

（2）在需求分析阶段，用数据流程图将用户需求和软件的功能需求统一起来。系统分析员从整体至局部不断地了解用户需求，并且自顶向下逐步细化数据流程图。这里存在两个问题：一个问题是细化程度没有标准，只能凭借系统分析员的经验自己把握。另一个存在于需求分析的过程，即分析用户需求→确定软件功能→分解复杂的功能为多个简单的功能。当需求变更时，功能分解就要重新进行，功能变化就会导致软件模块结构发生变化，造成了软件结构不稳定。

（3）结构化程序设计将数据定义与处理数据的过程分离，不利于软件重用。例如，在图书馆信息管理系统中，对图书基本信息进行处理的典型方法是：在数据说明中定义图书基本信息的结构，设计图书信息添加模块、修改模块、删除模块等功能模块，实现对图书信息的处理。当新的系统要重用图书处理功能时，要分别复制数据说明的定义和各个功能处理模块。

（4）结构化方法设计的软件结构不稳定，缺乏灵活性，可维护性差。从上面的例子可以看出，采用结构化方法时一旦变更需求，软件的结构变化会比较大，扩充功能往往意味着修改原来的结构。所以，当软件工程的规模比较大时，在用户需求经常变更的情况下，不宜使用结构化方法。

5.2　面向对象概述

面向对象概述

为避免结构化方法存在的问题，人们在实践中发明并逐步完善了面向对象方法。什么是对象？什么是类？什么是面向对象呢？

5.2.1　类与对象

在现实世界中的任何有属性的单个实体或概念，都可被看作对象。例如，学生张三是一个对象，具有姓名、学号、班级等属性；一个银行账户是一个对象，具有用户名、余额等属性；一份订单也是一个对象，具有货品名、单价、数量等属性。除了描述对象的属性之外，还可以说明对象所拥有的操作。例如，打印学生的姓名、学号和班级，查询一个顾客的账户余额，打印订单的价格等，对象的操作是对象的动态特征。在软件中的对象封装了一组属性和对属性进行的操作，它是对现实世界中对象实体的一个抽象。

类是具有相同属性和相同行为的对象的集合。在现实世界中，任何实体都可被归属于某类事物，任何对象都是某一类事物的实例。例如，学生是一个类，其中的一名学生张三是学生类的一个实例，其属性有：姓名＝张三，学号＝J20080101，班级＝计算机 08-1；一个对象具有的操作可以是获得或设置属性值，或与其他对象用消息通信。例如，获得学生的姓名、修改班级号，向其他对象发送消息。

实际上，类就是一个创建对象的模板，定义了该类所有对象的属性和方法。每个对象都属于一个类，属于某个类的一个具体对象称为该类的实例。

5.2.2　消息机制

为了实现某个功能，对象之间通过发送消息相互通信。这种互操作可能发生在同一个类的不同对象之间，也可能发生在不同类的对象之间。例如，用鼠标单击屏幕对话框中的一个命令按钮时，一条消息就被发给了对话框对象，通知它命令按钮被按下了，然后它就开始执行相应方法的操作。

一般来说，发送一条消息至少要说明接收消息的对象名、消息名（方法名），还要对参数加以说明。

5.2.3　封装性

面向对象程序设计的特点是将属性和方法封装在一起，就是类。在面向对象方法中，通常不提供对类内部属性的直接访问，封装隐藏了对象内部的处理细节，内部的变化不被其他对象所知，能够有效减少需求变更产生的影响。例如，电脑在不断升级，但是机箱还是方的，里面装的中央处理器（Central Processing Unit，CPU）和内存已是今非昔比了，人们用机箱把 CPU 和内存封装起来，对外只提供一些标准的接口，如通用串行总线（Universal Serial Bus，USB）插口、网线插口和显示器插口等，只要这些接口不变，无论内部怎么变，也不会影响用户的使用方式。

封装便于重用，即便于在不同或相同的软件中重复使用已有的对象，这是因为对象是比较稳定的软件元素。例如，学生对象可应用在学籍信息管理系统中，也可以应用在学校图书馆信息管理系统中作为一类读者进行管理，还可以应用在学校医务室信息管理系统中作为一类患者进行管理，等等。

5.2.4　继承性

继承性是面向对象方法的重要概念。如果两个类有继承关系，则子类拥有父类的所有数据和方法。其中，被继承的类称为父类。子类可以在继承父类的基础上进行扩展，添加新的属性和方法；也可以改写父类的方法，就是说方法的名称是相同的，但具体的操作可以不同。例如，若把学生信息作为一个类，继承它可以生成多个子类，如小学生、中学生和大学生等。这些子类都具有学生的特性，因此"学生"类是它们的"父亲"，子类是"小学生"类、"中学生"类、"大学生"类，它们自动拥有"学生"类的所有属性和方法。

继承性带来的优点主要如下：

（1）便于重用。相同的属性和方法在父类中定义，子类通过继承，直接重用。

（2）程序结构清晰，维护工作量减少。当需求变更时，如增加"研究生"的处理需求，这时只要通过添加"研究生"子类，程序员不必了解"小学生""中学生"等类的处理过程，代码的修改量比结构化方法少。

（3）当父类的某个操作对子类的操作不合适时，子类可以采用"重载"继承，即在父类的基础上可修改的继承。这就给处理带来了极大的灵活性，使得每个子类既兼容父类的主要属性和方法，又能够反映自己特殊的属性和方法。

5.2.5　多态性

简单地说，多态性就是多种表现形式。在面向对象理论中，多态性的定义是：同一操作作用于不同类的实例，将产生不同的执行结果。例如，类 Shape 是任意多边形对象，它有 5 个方法：绘制、擦拭、移动、颜色值设置及返回。其中有 3 个子类：Circle，Square 和 Triangle，分别继承 Shape 类的 draw( ) 方法。

下面看一看 Shape.draw( ) 方法画出不同形状的图形。

```
class Shape{
  void draw(){} //父类的方法 draw()
  }
class Circle extends Shape{ //子类 Circle 中的 draw()
  void draw(){
    System.out.println("Circle.draw()")
  }
}
class Square extends Shape{ //子类 Square 中的 draw()
  void draw(){
    System.out.println("Square.draw()");
  }
```

```
 }
class Triangle extends Shape{ //子类 Triangle 中的 draw()
  void draw(){
  System.out.println("Triangle.draw()")
  }
}
```

客户端主程序：

```
Shape[] s = new Shape[3]; //产生父类的三个实例
s[0] = new Circle();   //继承父类的一个子类 Circle
s[1] = new Square(); //继承父类的一个子类 Square
s[2] = new Triangle(); //继承父类的一个子类 Triangle
for(int i = 0; i < 3; i++)
s[i].draw();
```

该程序的某次执行结果为：

```
Circle.draw()
Square.draw()
Triangle.draw()
```

5.3 面向对象方法

面向对象方法是建立在"对象"概念基础上的方法学。面向对象的软件开发过程一般分为以下三个阶段。

（1）面向对象分析：分析和构造问题域的对象模型，区分类和对象，明确整体和部分的关系，定义属性、服务，确定约束。

（2）面向对象设计：根据面向对象分析，设计交互过程和用户接口，设置任务管理，配置资源，确定边界条件，划分子系统，确定软、硬件元素分配。

（3）面向对象实现：使用面向对象语言实现面向对象设计。

从 20 世纪 80 年代末至今，面向对象的软件开发方法已日趋成熟。目前主要流行的面向对象开发方法有 Booch 方法、Coad 方法、面向对象的软件工程（Object-Oriented Software Engineering，OOSE）方法和对象建模技术（Object Modeling Technique，OMT）。

5.3.1　Booch 方法

Booch 方法是 Grady Booch 从 1983 年开始研究的，1991 年后逐渐走向成熟的一种面向对象方法。Booch 方法使用一组视图来分析一个系统，每个视图采用一组模型图来描述事物的一个侧面。Booch 方法的模型图主要包括逻辑静态视图（类图、对象图），逻辑动态视图（顺序图、状态图），物理静态视图（模块图、进程图），以及物理动态视图（状态转移图、时态图）等。该方法从宏观和微观两方面来分析系统，并且支持基于增量和迭代的开发过程。Booch 方法的过程包括以下几个步骤。

（1）在给定的抽象层次上识别类和对象——发现对象；

（2）识别对象和类的语义——确定类的方法和属性；

（3）识别类和对象之间的关系——定义类之间的关系；

（4）实现类和对象——用面向对象的语言编写程序代码。

这 4 个步骤不仅是一个简单的步骤序列，而且是对系统的逻辑和物理视图不断细化的迭代开发过程。开发人员先通过研究用户需求找出反映事物的类和对象，接着定义类和对象的行为（方法），再利用状态转移图描述对象的状态变化，利用时态图和对象图描述对象的行为模型。类之间通常存在一些关系：使用关系、继承关系、关联关系和聚集关系等。最终在类的实现阶段，用选定的面向对象的编程语言将类组织成模块。

5.3.2　Coad 方法

Coad 方法是 1989 年由 Peter Coad 和 E. Yourdon 提出的面向对象开发方法。该方法以类图和对象图为手段在 5 个层次上建立分析模型：

（1）类及对象。从应用领域开始识别类及对象，形成整个应用的基础，然后据此分析系统的职责。

（2）结构。识别结构包括：一般与特殊结构、整体与部分结构。在这个层次上主要分析一个对象如何成为另一个对象的一部分，以及多个对象如何组装成更大的对象。

（3）主题。主题由一组类及对象组成，用于将类及对象模型划分为更大的单位，以便理解。

（4）属性。定义类的属性。

（5）服务。定义对象之间的消息连接。

经过 5 个层次的活动，建立包括主题、类及对象、结构、属性和服务 5 个层次的问题域模型。面向对象的设计模型是分析模型的扩展，同样也包括 5 个层次，但同时又引进了 4 个部分。

（1）问题域部分：面向对象分析的结果直接放入该部分。

（2）人机交互部分：包括对用户分类、描述人机交互的脚本、设计命令层次结构、设计详细的交互、生成用户界面的原型、定义人机交互类，等等。

（3）任务管理部分：识别任务（进程）、任务所提供的服务、任务的优先级、进程的驱动模式，以及任务与其他进程和外界如何通信等。

（4）数据管理部分：确定数据存储模式，如使用文件系统、关系数据库管理系统等。

5.3.3　OOSE 方法

Ivar Jacobson 于 1992 年提出了 OOSE 方法，其以"用例"驱动（Use Case Driven）的思想而著称。OOSE 方法涉及整个软件生命周期，包括需求分析、设计、实现和测试等阶段。其在需求分析阶段的活动包括定义潜在的角色（角色是指使用系统的人和与系统互相作用的软、硬件环境），识别问题域中的对象和关系，基于需求规格说明和角色的需要发现用况（Use Case）。在设计阶段的主要活动包括从需求分析模型中发现设计对象，描述对象的属性、行为和关联，把用况分配给对象，并且针对实现环境调整设计模型。

OOSE 方法中的一个关键概念就是用况。用况是指与行为相关的事务序列，该序列由用户在与系统的对话中执行。每一个用况就是一个使用系统的方式。当用户给定一个输入，就执行一个用况的实例，并引发执行属于该用况的一个事务。基于这种系统视图，Jacobson 将用况模型与其他 5 种系统模型相互关联。

（1）领域对象模型。用况模型根据领域来表示。

（2）分析模型。用况模型通过分析来构造。

（3）设计模型。用况模型通过设计来具体化。

（4）实现模型。该模型依据具体化的设计来实现用况模型。

（5）测试模型。该模型用来测试具体化的用况模型。

OOSE 方法将对象区分为语义对象（领域对象）、界面对象（用户界面对象）和控制对象（处理界面对象和领域对象之间的控制）。

5.3.4　OMT 方法

OMT 方法最早是在 1987 年提出的，1991 年被正式应用于面向对象的分析和设计。这个方法是在实体-关系模型上扩展了类、继承和行为而得到的。OMT 方法从三个视角描述系统，提供了三种模型：对象模型、动态模型和功能模型。

（1）对象模型描述对象的静态结构和它们之间的关系，主要概念有类、属性、方法、继承、关联和聚集。

（2）动态模型描述系统随时间变化的方面，主要概念有状态、子状态、超状态、事件、行为和活动。

（3）功能模型描述系统内部数据值的转换，主要概念包括加工、数据存储、数据流、控制流和角色。

OMT方法将开发过程分为以下4个阶段。

（1）分析：基于问题和用户需求的描述，建立现实世界的模型。需求分析阶段的产物包括问题描述、对象模型（对象图+数据词典）、动态模型（状态图+全局事件流图）和功能模型（数据流程图+约束）等。

（2）系统设计：结合问题域的知识和目标系统的体系结构（求解域），将目标系统分解为子系统。

（3）对象设计：基于分析模型和求解域中的体系结构等添加实现细节，完善系统设计。这个阶段的主要产物包括细化的对象模型、细化的动态模型和细化的功能模型。

（4）实现：用面向对象的语言实现设计。

5.3.5 4种方法的比较

Booch方法的优点在于系统设计和构造阶段的表达能力很强，其迭代和增量的思想也是大型软件开发中常用的思想，这种方法比较适合系统设计和构造。但是，该方法偏向于系统的静态描述，对动态描述支持较少，也不能有效地找出每个对象和类的操作。Booch方法对UML建模语言的研究和发展起了重要作用，其面向对象的概念十分丰富，主要概念有类、对象、继承、元类、消息、域、操作、机制、模块、子系统、进程等。

Coad方法认为面向对象分析和面向对象设计既可以顺序地进行，也可以交叉地进行。因此，无论是瀑布式的、螺旋式的，还是渐进式的开发模型，Coad方法都能适应。这种方法概念简单、易于掌握，但是对每个对象的功能和行为的描述不是很全面，对象模型的语义表达能力较弱。

OOSE方法的闪光点在于它提出了用况的概念，并且把这种系统视图引入软件的整个生命周期中，分别与领域对象模型、分析模型、设计模型、实现模型和测试模型相联系，形成了系统的主导。

OMT方法覆盖了应用开发的全过程，是一种比较成熟的方法。它用几种不同的观念来适应不同的建模过程，并在许多重要观念上受到关系数据库设计的影响，适用于数据密集型信息系统的开发，是一种比较完善和有效的分析与设计方法。但在功能模型中使用数据流程图，这与其他两个模型有些脱节。

4种方法中，Booch方法丰富的图形符号和OOSE方法中提出的以用况为基础元素的系统视图对当今面向对象方法和技术的发展起了非常重要的作用。

5.4　UML

统一建模语言（UML）是当今主流的面向对象建模语言。

5.4.1　UML 的发展过程

公认的面向对象建模语言出现于 20 世纪 70 年代中期。从 1989 年到 1994 年，其数量从不到 10 种增加到了 50 多种。在众多建模语言中，一些语言的创造者努力推崇自己的产品，并在实践中不断完善。到了 20 世纪 90 年代中期，一批比较成熟的建模方法受到了工业界与学术界的瞩目，主要有 Grady Booch 的 Booch1993、Jim Rumbaugh 的 OMT-2 和 Ivar Jacobson 的 OOSE 等。众多建模语言大同小异，但细微之处的差异仍然不利于用户之间交流，所以有必要统一各种建模语言。

1994 年 10 月，Grady Booch 和 Jim Rumbaugh 开始致力于统一各种建模语言这项工作。他们首先将 Booch1993 和 OMT-2 统一起来，并于 1995 年 10 月发布了第一个公开版本，称之为 UM0.8（Unified Method，统一方法）。随后，OOSE 的创始人 Ivar Jacobson 加盟到这项工作中，Booch，Rumbaugh 和 Jacobson 三人经过共同努力，分别于 1996 年 6 月和 10 月发布了两个新的版本，并将 UM 重新命名为 UML，即 UML0.9 和 UML0.91。在众多公司的支持下，三人于 1997 年 1 月发布了 UML1.0，1997 年 11 月发布了 UML1.1；同时，对象管理组（Object Management Group，OMG）采纳 UML1.1 作为基于面向对象技术的标准建模语言。2003 年，OMG 正式通过了 UML2.0 标准。

UML 是一种标准的图形化建模语言，是面向对象分析与设计方法的表现手段。其本质表现是：它是一种可视化的建模语言，不是可视化的程序设计语言，不是工具或知识库的规格说明，不是过程，也不是方法，但允许任何一种过程和方法使用它。

5.4.2　UML 的视图和图

1. 视图

复杂的系统建模是一件困难且耗时的事情。从理想化的角度来说，整个系统像是一张图画，它清晰而又直观地描述系统的结构和功能，既易于理解又易于交流。但事实上，要画出这张图画几乎是不可能的，因为单靠一幅图不能反映系统所有方面的信息。也就是说，应该从多个不同的角度描述系统，如业务流程、功能结构、各个部件的关系等多方面。完整地描述系统，通常的做法是用一组视图（View）分别反映系统的不同方面，其中每个视图描述系统的某一个特征面。每个视图由一组图构成，图中包含了强调系统某一方面特征的信息，视图与视图之间会有部分重叠。视图中的图应该简单，易于交流，并且与其他的图和视图有关联。

（1）用例视图（Use-Case View）：用例视图是用于描述系统的功能集。它是从系统外部，以用户的角度，对系统做的抽象表示。用例视图所描述的系统功能依靠外部用户或另一个系统触发激活，为用户或另一个系统提供服务，实现与用户或另一个系统之间的交互。

用例视图可以包含若干用例，用例表示系统能够提供的功能，用例视图是其他视图的核心和基础。其他视图的构造依赖用例视图中所描述的内容，因为系统的最终目标是实现用例视图中描述的功能，同时附带一些非功能性的特性，也就是说用例视图影响着所有其他视图。

用例视图主要为用户、设计人员、开发人员和测试人员服务。

（2）逻辑视图（Logical View）：如果说用例视图描述系统做什么，那么逻辑视图就是描述怎么做。系统的静态结构描述类、对象以及它们之间的关系，反映的是系统静态特征或结构组成。

逻辑视图主要由类图和对象图实现。

（3）组件视图（Component View）：组件视图是用来描述系统实现的结构和行为特征的，反映系统各组成元素之间的关系。

组件视图由组件图实现，主要供开发者和管理者使用。

（4）并发视图（Concurrency View）：并发视图是用来描述系统的动态和行为特征的。并发视图将任务划分为进程或线程形式，通过任务划分引入并发机制，可以高效地使用资源并行执行和处理异步事件。除了划分系统为并发执行的进程或线程外，并发视图还必须处理通信和同步问题。

并发视图供系统开发者和集成者使用。它由状态图、交互图、活动图、组件图、配置图构成。

（5）配置视图（Deployment View）：配置视图体现了系统的实现环境，反映系统的物理架构，如计算机和设备以及它们之间的连接方式。在配置视图中，计算机和设备称为节点（Node）。配置视图还包括一个映射，该映射显示在物理架构中组件是怎样分配的，如在各个计算机上运行的程序和对象。

配置视图供开发者、集成者和测试者使用，由配置图实现。

2. 图

图（Diagram）由标准的 UML 图形符号组成。把这些图形符号有机地组织起来形成的图用于表示系统的某个视图，有些图可能属于多个视图。

UML 中定义了用例图、活动图、状态图、交互图（顺序图、合作图）、类图、配置图、组件图、对象图、包图共 9 种。使用这 9 种图就可以描述任何复杂的系统。

5.5　用例图

用例图从用户的观点描述系统功能，它由一组用例、参与者以及它们之间的关系组成。一个系统的用例图，通常概要地反映整个系统提供的外部可见服务和工作范围。进行需求分析时，通常将整个系统看作一个黑盒子，从系统外部的视点出发观察系统：它应该做什么？谁要它做？做了以后的结果送给谁？这些正是用例图要表现的内容。

5.5.1　用例

用例是在不展现一个系统或子系统内部结构的情况下对系统或子系统某个连贯功能单元的定义和描述。简单地说，用例就是对系统功能的描述。

在 UML 中用例的标识符号是 ⎯⎯，通常以动词或短语来命名。用例是软件开发的核心元素：需求是由用例来表达的，界面是在用例的辅助下设计的，类是根据用例来发现的，测试用例是根据用例来生成的，整个开发的管理和任务分配也是依据用例来组织的。可以看出，用例简直太重要了！

例如前面介绍的图书馆信息管理系统，有借书、还书、预订图书、查询图书、采购图书等功能，每个功能对应一个用例，每个用例都表示角色与系统间的一个完整事务。

用例描述了它代表的功能的各方面，也就是包含了用例执行期间可能发生的种种情况，如多种方案的选择、错误处理、例外的处理等。用例的实例代表系统的一种实际使用方法，通常称为脚本。例如在图书馆信息管理系统中的借书用例，读者"王兰"借一本《软件工程》，系统发现请求后为她办理借书手续的过程是一个脚本；读者"张飞"要借一本《大话西游》，系统显示此书已经全部借出，这也是一个脚本；当然，如果读者编号输入错误，系统显示"无效的读者编号"，这也是一个脚本。图书馆信息管理系统中借书用例的描述详见表 5-4。

表 5-4　借书用例的描述

用例名称	借书
创建人	方映兰
创建日期	2008-9-26
角色	图书馆流通部工作人员
前置条件	工作人员选择"借书菜单"项，系统显示借书窗口
后置条件	借书成功，显示借书完成

续表

用例名称	借书
情景描述	（1）流通部工作人员选择"借书菜单"，打开借书窗口； （2）输入"读者编号""图书编号"； （3）系统显示"在库数量"； （4）当"在库数量"≥1时，单击"借书"按钮
异常情景描述	（1）系统显示"读者编号无效"； （2）系统显示"图书编号无效"

5.5.2 角色

角色（Actor）是指与系统交互的人或事物。角色可以有4种类型：系统的使用者，外部应用系统，硬件设备和时间。第一种角色是系统使用者，它是最重要的角色。例如，在图书馆信息管理系统中系统使用者有读者和图书馆的工作人员（采编部、流通部和办公室的工作人员）。第二种角色是其他外部应用系统。第三种角色是硬件设备，不同的硬件设备具有不同的特性和不同的处理方式。第四种常用的角色是时间。时间作为角色，经过一定的时间触发系统中的某个事件。例如，图书馆信息管理系统中的图书催还和通知预订两个用例都是由时间角色触发的。

注意：对于一个大的应用系统，要列出所有用例的清单常常十分困难。比较可行的方法是先列出所有角色的清单，再对每个角色列出用例，问题就会变得比较容易。

5.5.3 角色一般化关系

UML用例图中关系有关联关系、包含关系、扩展关系和泛化关系。

1. 关联关系

关联关系用于描述角色与用例之间的关系。例如，当读者还书时，流通部人员启动系统的"还书"用例，进行还书处理。用例也可以启动与角色的通信。例如，还书时如果该书有预订记录，则系统的"通知"用例启动与读者的通信，通知读者前来借书（如图5-2所示）。

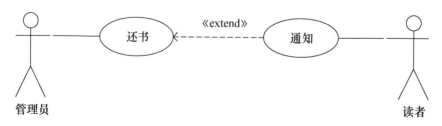

图5-2 角色与用例之间的通信

2. 包含关系

包含关系用于构造多个用例共同的活动。例如，在自动取款机（Automated Teller Machine，ATM）系统中，取钱、查询、更改密码等功能都需要验证用户密码。这种情况下，应该将密码验证功能独立出来（如图5-3所示），便于重用、减少冗余。UML中将包含关系表示为箭头和≪include≫形式。

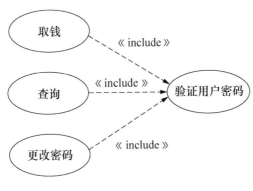

图 5-3　包含关系图示

3. 扩展关系

扩展关系表示允许一个用例扩展另一个用例的功能。例如，在图书馆信息管理系统中，读者还书时，系统检查所还图书是否有预订记录，如果有则执行"通知"用例，如图5-2所示。在 UML 中扩展关系表示为箭头和≪extend≫形式。

注意使用关系和扩展关系之间的区别：A 包含 B 本质上是 A 一定使用 B，同时增加自己的专属行为；而 A 被用例 B 扩展则说明 A 是一个一般用例，B 是一个特殊用例，A 在某些条件下可能使用 B。例如，"还书"是一个一般用例，在该书被预订的情况下，执行扩展用例"通知"。

4. 泛化关系

有时角色之间或用例之间存在一种继承关系。例如，客户被区分为公司客户与个人客户，这时描述角色之间的关系就可以用泛化关系表示，如图5-4所示。

用例之间的泛化关系就像类之间的泛化关系一样，子用例继承父用例的行为和含义。例如，银行系统中有一个"身份认证"用于验证用户的合法性，它有两个特殊的子用例，一个是"密码认证"，另一个是"指纹认证"，它们都有父用例"身份认证"的基本功能，并且可以出现在父用例出现的任何地方，还可以添加自己的功能，如图5-5所示。

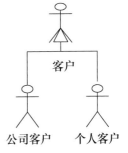

图 5-4　角色泛化关系图示

图 5-5　用例泛化关系图示

5.5.4　用例图实例

了解了用例、角色以及用例与角色之间的关系，下面以前面介绍的图书馆信息管理系统为例，创建一个用例图。

首先，找出与系统交互的角色。

（1）读者：查询图书，预订和取消预订图书，登记缺书。

（2）办公室工作人员：管理读者信息，处罚各种违规行为。

（3）采编部工作人员：负责图书采购和图书基本信息管理。

（4）流通部工作人员：帮助读者实现借书、还书等操作。

接下来，从角色入手寻找用例。主要角色读者通过流通部工作人员实现预订、取消预订、查询、借书、还书等活动。由此可以找出如下一些用例。

（1）预订：本用例提供了预订图书的功能，读者可以通过浏览器直接从网上预订图书。

（2）取消预订：取消预订图书。

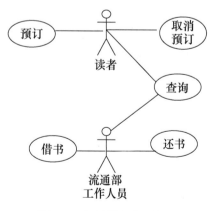

图 5-6　初始借还书用例图

（3）查询：查询图书馆的图书信息。

（4）借书：提供借书功能。

（5）还书：提供还书功能。

根据以上分析，画出这部分的初始用例图，如图 5-6 所示。

分析这个用例图发现"还书"应该被扩展，因为在还书时还检查了所还图书是否有预订记录，若有，则应该通知读者前来借书。"借书"与"取消预订"之间也有扩展关系，当所借的图书是预订图书时，应该将预订记录取消，否则可能造成系统混乱。当欲借图书已经全部被借出时，应该可以转向"预订"。"网上查询"对于读者来说是通过浏览器进行远程查询，流通部工作人员可以用"查询"进行本地查询。读者可以预订或取消预订图书。根据以上几点，修改用例图（如图5-7所示）。

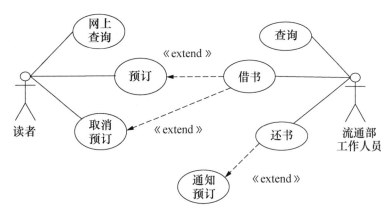

图 5-7　修改后的借还书用例图

注意：角色定义中的"读者"在图 5-6 中写为"借书者"，这种细小的问题是系统分析员应该注意的。在一个系统中用词应该保持一致，一点一滴培养工作习惯。

画用例图时要特别注意：用例图是系统分析、设计和实现的一个基础图形，在初期不一定要考虑太多的处理细节。一个用例内部的具体处理细节是由其他图形工具描述的，用例图只是反映系统的总体功能，以及与这些功能相关的角色。初学者在画借书用例图时，情不自禁地就考虑了"输入读者编号和书号""检查图书是否在库""图书数量减 1""添加读者借书记录"等细节，一旦考虑了这些细节，就会发现用例图画不下去了。因此，应注意用例图中不要考虑处理细节。

可以把办公室工作人员和采编部工作人员这两个角色考虑进来，完善图 5-7 所示的用例图。

5.6　活动图

活动图反映系统中从一个活动到另一个活动的流程，强调对象间的控制流程。活动图特别适合描述工作流和并行处理过程。具体来说，活动图可以描述一个操作过程中需要完成的活动；描述一个对象内部的工作；描述如何执行一组相关的动作，以及这些动作如何影响它们周围的对象；说明一个业务活动中角色、工作流、组织和对象是如何工作的。

下面结合图书馆借书过程介绍活动图的应用，如图 5-8 所示。

图 5-8 中有两个泳道，说明借书活动涉及两个角色：读者和图书馆流通部工作人员。

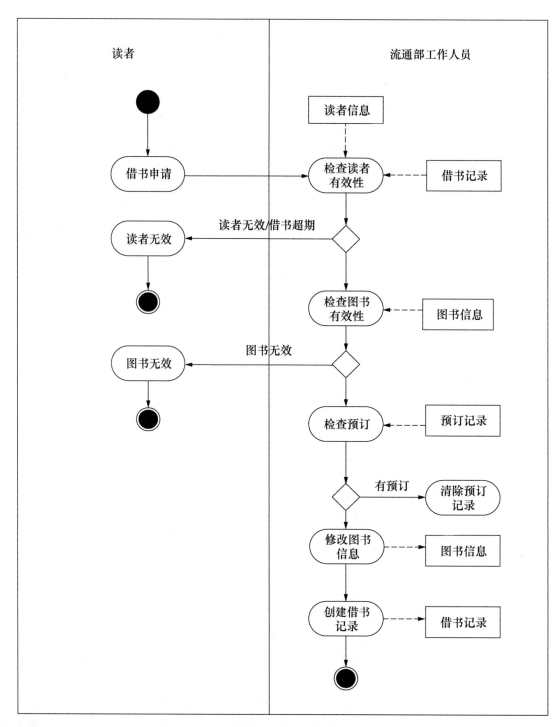

图 5-8　借书活动图

读者以"借书申请"活动开始这个工作流，这个活动将读者编号和图书编号传递给流通部工作人员，由工作人员检查"读者"类，看该读者编号是否存在。然后，工作人员检查读者的借书数量是否已经超出限制，如果读者编号有效，并且借书数量没有超限，则检查图书是否在库，否则提示"读者无效"。如果欲借图书已经都被借出，则提示"图书已经被借出，是否预订"，当读者确认预订后，转去执行"预订处理"。如果库中有欲借的图书，则首先检查"预订记录"，如果该读者已经预订了此书，则清除预订记录；否则，修改此书在库数量，创建"借书记录"，结束借书过程。

用活动图描述多个角色之间的处理非常有效，一张活动图只能有一个开始状态，但可以有多个结束状态。一个活动可以与多个实体对象相关，这里的相关指的是一种访问操作。在上面借书活动图中，"检查读者有效性"的活动要访问"读者信息"对象和"借书记录"对象，检查读者编号的有效性和读者借书数量。

5.7 状态图

状态图侧重于描述某个对象的生命周期中的动态行为，包括对象在各个不同的状态间的跳转以及触发这些跳转的外部事件，即从状态到状态的控制流。状态图的组成元素包括状态、事件、转换、活动和动作。

在实际项目中，并不是所有系统都必须要创建状态图，一般只对复杂的对象使用状态图。这些复杂的对象通常有多种状态，并且每种状态下处理事件的过程有所不同，这时为对象类创建状态图可以帮助开发人员理解系统的功能。例如，图书馆信息管理系统中"图书"对象具有多种状态，从采购到货开始，到编目、借出、还书、注销，每个状态都可能有触发的事件、状态转移的条件和状态转移时要完成的动作。在进入或退出一个状态的瞬间可能要完成某些活动，在进入了一个稳定的状态后也可能要完成一些活动。状态图提供了描述这些内容的手段，但是这些内容并不一定都出现。图书对象的状态图如图 5-9 所示。

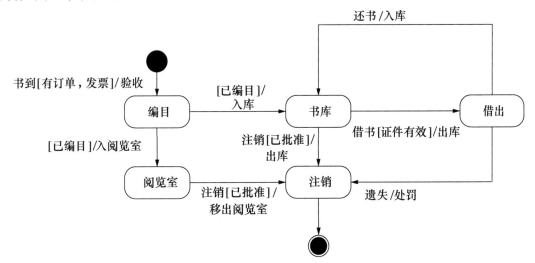

图 5-9 图书对象的状态图

图书的初始状态是从创建图书对象开始的，经过转移到达编目状态，在这个转移上标有"书到［有订单，发票］/验收"。状态图中的转移可以由三部分组成：事件［条件］/动作。

其中，转移的每一部分都可以省略。事件导致对象从一个状态变换到另一个状态，但有时也可以没有事件而自动发生对象的状态转移，这时对象可能在一个状态下完成某些活动后自动转移到其他状态。括号中的条件是控制转移发生的条件，例如图5-9中借书的事件发生时，能否转移到借出状态，要先检查借阅者的证件是否有效，并且书库是否有该书，满足了这些条件后才做出库的动作，使图书状态到达"借出"状态。

注意：活动图和状态图存在许多方面的不同，具体体现在以下两方面。

（1）描述的重点不同：活动图描述的是从活动到活动的控制流；状态图描述的是对象的状态及状态之间的转移。

（2）使用的场合不同：在分析用例、理解涉及多个用例的工作流、处理多线程应用等情况下，一般使用活动图；在显示一个对象在其生命周期中的行为时，一般使用状态图。

5.8　交互图

交互图用于系统的动态建模，一张交互图描述的是对象之间的一个交互过程。UML提供了两种交互图：一种是按时间顺序反映对象相互关系的顺序图；另一种是集中反映各个对象之间通信关系的合作图。

交互图中包含对象和消息两类元素，创建交互图的过程实际上是向对象分配责任的过程。

5.8.1　顺序图

顺序图描述了一组交互对象间的交互方式，它表示完成某项行为的对象以及这些对象之间传递消息的时间顺序。顺序图由对象、对象生命线、控制焦点、消息等组成，如图5-10所示。"对象生命线"是一条垂直的虚线，表示对象存在的时间；"控制焦点"是一个细长的矩形，表示对象执行一个操作所经历的时间段；"消息"是对象之间的一条水平箭头线，表示对象之间的通信。

图5-10描述了一个场景：一个"对象"（可能是一名业务员）向"表单对象"发出"打开窗口"的消息，通过"打开窗口"告诉"边界对象"打开表单窗口；然后业务员在表单填写数据；最后发出"保存信息"消息。"表单对象"告诉"数据对象"创建一个数据对象，然后通过消息"赋值"把表单中填写的数据存放到"数据对象"中，最后用"保存"消息告诉"数据对象"保存数据，"数据对象"向自己发送"保存"消息以将数据存储在介质中。

在许多情况下，为了图面的清晰会忽略"激活"框。

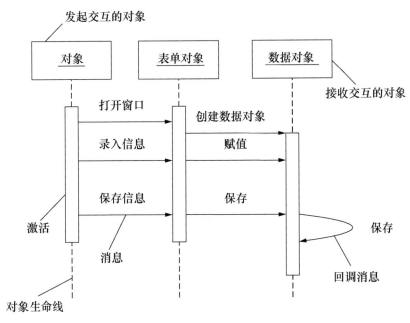

图 5-10　顺序图的应用示例

5.8.2　合作图

合作图反映收发消息的对象的结构组织，用于描述系统的行为是如何由系统的成分协作实现的。在顺序图中，重点反映消息的时间顺序；而在合作图中，重点反映对象之间的关系。

注意：实际应用中如果既需要顺序图又需要合作图，则可以先画出一个顺序图，然后利用 CASE 工具提供的功能将顺序图转换成合作图。图 5-10 所示顺序图转换成合作图后如图 5-11 所示。

图 5-11　顺序图转换成合作图

5.9　类图

类图描述系统的静态结构，表示系统中的类以及类之间的关系。类是一种抽象，代表一组对象共有的结构和行为。类之间的关系包括关联、聚集、泛化、依赖等类型。在 UML 语

| 类名 |
| 属性 |
| 操作 |

言中，类由一个矩形方框表示。该方框被分成三个部分（如图 5-12 所示），其中最上面的部分是类名（类的命名），中间部分是类的属性，最下面的部分是类的操作。

图 5-12　类的表示

其中，类的命名应尽量使用应用领域中的术语，有明确的含义，以利于开发人员与用户的理解和交流。类的属性用于描述该类对象的共同特点。例如，"图书"类有"书名""作者""出版社"等属性。但是，类的属性和类的操作可以省略。图 5-13 所示是一个类图的示例。

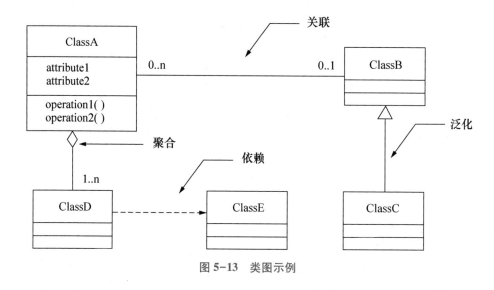

图 5-13　类图示例

类之间的关系说明如下：

（1）关联关系是类之间的一种连接联系，可以是双向的，也可以是单向的。两个有关联的类之间可以相互发送消息。例如，"订单"类和"客户"类之间存在双向关联，那么"订单"类的属性放进"客户"类中，可以发现客户的订单；而"客户"类的属性放进"订单"类中，可以发现订单的客户。

在 UML 中，关联的表示是一根连接类的实线，双向关联的两端没有箭头，如图 5-14 所示。

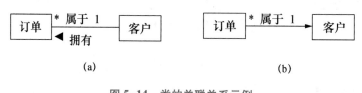

(a)　　　　　　　　　　　(b)

图 5-14　类的关联关系示例

(a) 双向关联；(b) 单向关联

类在参与关联时体现的职责可以标注在关联线上。例如，图 5-14 中"订单"到"客户"具有从属关系，"客户"到"订单"具有拥有关系。如果关联是双向的，可以用小黑三角表示某一关联的方向。关联两边的类以某种角色参与关联，角色具有多重性，表示可以有多少个对象参与该关联。例如，一张"订单"只能属于一个客户，表示为"1"，"客户"可以拥有多个订单，表示为"＊"，它代表 0～∞。多样性可以用单个数字表示，也可以用范围或者数字和范围不连续的组合表示。

有时，一个关联需要记录一些信息，这时可以引入一个关联类来记录这些信息。例如，在"读者"类和"图书"类之间创建一个关联类，命名为"借还书记录"。关联类通过一根虚线与关联连接，如图 5-15 所示。

（2）聚集表示类之间具有整体与部分的关系。例如，一个出租车队由多辆车组成，一个家庭由多个成员组成。聚集的特点是：如果一个整体不存在或被撤销了，它的部分还能存在。例如，某个车队被取消了，但是车辆还在，它们可以属于其他的车队。在 UML 中，这种聚集用空心菱形表示，如图 5-16 所示。

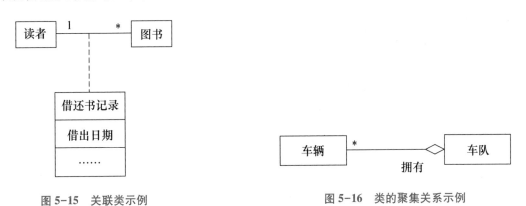

图 5-15　关联类示例

图 5-16　类的聚集关系示例

（3）泛化关系是一般与特殊的关系，也称为继承关系。人们将具有共同特性的元素抽象成一般类，然后通过增加其内涵进一步生成特殊类。例如，动物可分为飞鸟和走兽等，人可分为男人和女人。在面向对象方法中，将前者称为一般元素、基类或父类，将后者称为特殊元素或子类。泛化定义了一般元素和特殊元素之间的分类关系。在 UML 中，泛化表示为一头为空心三角形的连线。如图 5-17 所示，将"客户"类进一步分类成"个体客户"类和"团体客户"类。

图 5-17　类的泛化关系示例

注意：父类和子类在外部行为上须保持一致性，父类中是一些抽象的、公共的属性和操作，子类除了具有父类的属性和操作外，还可以有一些特殊的、具体的属性和操作。

（4）依赖关系是一种使用关系，它说明一个事物规格说明的变化可能影响到使用它的另一个事物。例如，部分依赖整体，如果整体不存在了，部分也会随之消失。如图 5-18 所示，一个 Windows 窗口，它由标题、边框和显示区组成，一旦窗口消亡，则各部分将同时消失。在 UML 中，依赖表示为实心菱形。

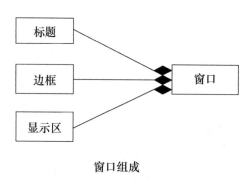

窗口组成

图 5-18　类的依赖关系示例

5.10　配置图

　　配置图反映了系统的物理模型，表示系统运行时的处理节点以及节点中组件的配置。如图 5-19 所示是图书馆信息管理系统的配置图。其中，办公室、采编部和借阅部的个人计算机（Personal Computer，PC）上部署了本地的应用，采用 C/S 结构。远程读者可以通过互联网进行图书查询、图书预订、缺书登记等操作，采用 B/S 结构。

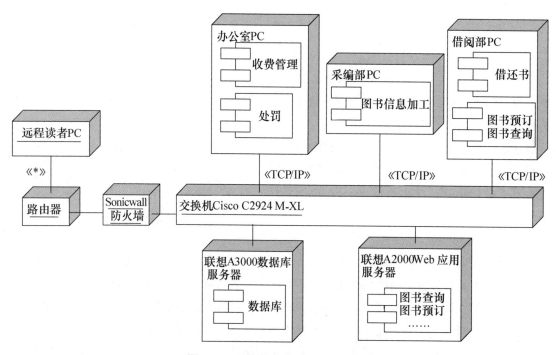

图 5-19　图书馆信息管理系统配置图

连线上的《＊》说明通信协议或者网络类型。节点用一个立方体表示，节点名放在左上角，其中的每个组件代表一个负责某种应用处理的软件包。配置图中显示了各个软件包在系统运行时的分布情况。

5.11　组件图

组件图描述组件以及它们之间的关系，用于表示系统的静态实现视图。如图 5-20 所示是图书馆信息管理系统的组件图。其中，"图书馆 . java"是启动该系统的组件，与借书相关的界面都被封装在借书界面组件中，与查询相关的界面被封装在查询界面组件中，其他类推。借书界面组件依赖借书处理组件，借书处理组件依赖数据库实体-关系类组件，其他组件的关系类似。

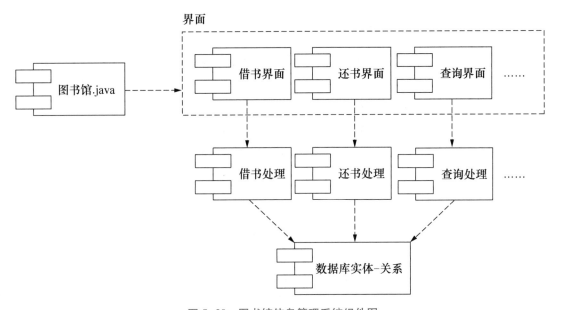

图 5-20　图书馆信息管理系统组件图

当发布一个较复杂的应用系统时，如这个应用系统有可执行文件、数据库、其他动态链接库、资源文件、页面文件等，对于分布式系统可能还会有分散到各个节点上的多个可执行组件，这时可以用组件图展示或发布组件及其组件之间的关系。例如，图 5-21 所示组件图中可执行文件组件 find. exe 依赖 dbacs. dll 和 nateng. dll，而 find. html 依赖 find. exe，index. html 依赖 find. html。这个组件图就像整个系统的联络图一样。

除此之外，组件图还可以用来对源代码建模和物理数据库建模，等等。

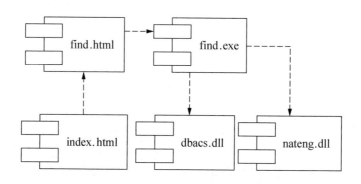

图 5-21　对可执行组件的发布建模

5.12　对象图

　　对象图用于显示一组对象和它们之间的关系，是说明数据结构、类或组件等的实例静态快照。对象图和类图一样反映系统的静态过程，但是，对象图显示某一时刻对象和对象之间的关系。对象图的主要用途是举例说明类的结构和特征。

　　图 5-22 所示对象图中显示了一个类图的实例信息——公司下面有多个部门，图中提供了"市场""研发"和"美国市场"，"美国市场"下面的部门经理"张江"以及联系方式"北工大"。

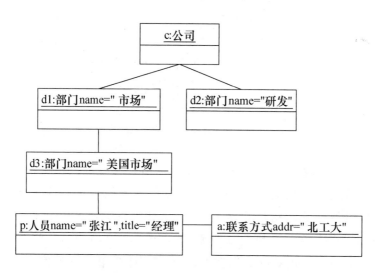

图 5-22　对象图示例

5.13 包图

当系统的规模比较大时，分析模型也会比较大，这会使得模型很复杂，难以理解和实现。在结构化分析和设计中，最常用的方法是进行功能分解，即人们将一个复杂的大功能分解为几个彼此相对独立而又相互联系的子功能。在 UML 中提供了包的概念，它是一种分组机制，它把 UML 模型元素中那些相关的部分放置在同一个包中。

5.13.1 包的表示

包有两种表示方法：当不需要显示包的内容时，包的名字放入主方框内，如图 5-23（a）所示；否则，包的名字放入左上角的小方框内，而将内容放入主方框内，如图 5-23（b）所示。包的内容可以是一系列类，也可以是一系列包。

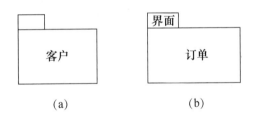

图 5-23　包图的示例

（a）不显示包的内容；（b）显示包的内容

5.13.2 包的依赖和继承

包使得系统模型的内聚性提高，耦合度降低，但是如果包划分得太细就会增加包之间联系的复杂度。包之间的联系通常表现为依赖关系、泛化关系和细化关系。如果一个包中的类 A 依赖另一个包中的类 B，那么当类 B 修改时就会影响类 A。当包较多时，包之间的这种依赖关系也会随之增加。所以，包的分组策略要考虑全面，目的是为设计的清晰性打下基础。

如图 5-24 所示，"用户界面"包依赖"订单处理"包，"订单处理"包依赖"数据实体"包。可以使用继承中通用和专用的概念来说明通用包和专用包之间的关系：专用包继承通用包，与类继承关系类似；通用界面包可标记为｛abstract｝，表示该包只是定义了一些基础概念或界面，具体实现由专用包来完成。

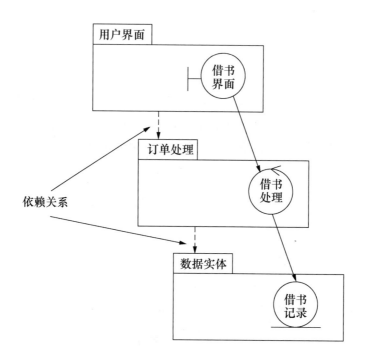

图 5-24　包之间依赖关系示例

5.14　Rational ROSE 简介

Rational ROSE 是 IBM 公司推出的支持 UML 的可视化建模工具，采用用例、逻辑、组建和部署视图支持面向对象的分析和设计，在不同的视图中建立相应的 UML 图形，反映系统的不同特性。这个工具提供了丰富的符号元素和辅助建模的画图功能，可方便地建立各种基于 UML 的软件模型，并可生成 C++、Java、Visual Basic、IDL 和 DDL 等多种代码和数据框架。Rational ROSE 企业级的产品提供的正/逆向工程功能可以在系统的 UML 设计模型和系统的程序代码之间转换。

Rational ROSE 是菜单驱动的应用程序，支持 8 种不同类型的 UML 框图：用例图（Use Case Diagram）、活动图（Activity Diagram）、顺序图（Sequence Diagram）、合作图（Collaboration Diagram）、类图（Class Diagram）、状态图（Statechart Diagram）、组件图（Component Diagram）、配置图（Deployment Diagram）。

Rational ROSE 的主界面分为 5 个部分，分别是浏览区、文档窗口、工具栏（标准工具栏和图形工具栏）、图形窗口和日志，如图 5-25 所示。

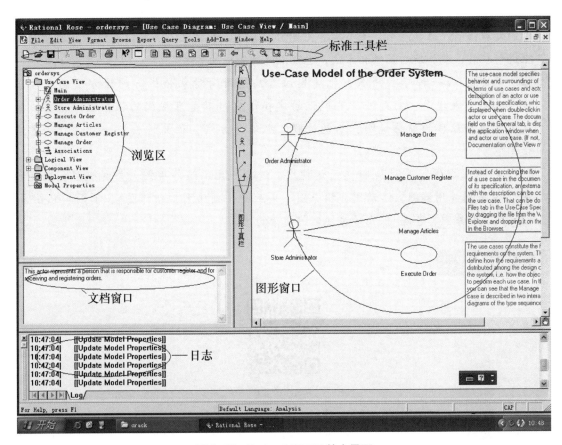

图 5-25　Rational ROSE 的主界面

（1）浏览区：用于模型之间的快速切换和启动。

（2）文档窗口：用于快速访问或更新模型元素的文档。

（3）工具栏：分为标准工具栏和图形工具栏，用于快速访问常用命令。

（4）图形窗口：用于显示和编辑一个或多个 UML 框图。

（5）日志：用于查看各种命令的执行结果和错误消息。

本章要点

● 结构化方法存在的主要问题：

① 需求分析阶段的主要模型是数据流程图，设计阶段的主要模型是软件结构图，数据流程图和软件结构图之间需要进行转换，转换有一定的随意性。

② 功能变化就会导致软件模块结构发生变化，造成了软件结构不稳定。

③ 结构化程序设计将数据定义与处理数据的过程分离，不利于软件重用。

④ 结构化方法设计的软件结构不稳定，缺乏灵活性，可维护性差。

● 面向对象的主要概念：类是具有相同属性和相同行为的对象的集合。对象是类的一个实例。对象之间通过发送消息相互通信。类封装了属性和方法，封装隐藏了对象内部的处理细节。通过继承，子类拥有父类的所有属性和方法，并可以在继承父类的基础上进行扩展，添加新的属性和方法；也可以改写父类的方法。

● UML 是一种标准的图形化建模语言，是面向对象分析与设计方法的表现手段。其本质表现是：它是一种可视化的建模语言，不是可视化的程序设计语言，不是工具或知识库的规格说明，不是过程，也不是方法，但允许任何一种过程和方法使用它。

● UML 提供了 5 种视图（用例视图、逻辑视图、组件视图、并发视图和配置视图），9 种图［用例图、活动图、状态图、交互图（顺序图、合作图）、类图、配置图、组件图、对象图、包图］，用于描述任何复杂的系统。

思政小课堂

思政小课堂 5

练习题

一、选择题

1. 从本质上说，面向对象是先确定（　　）后确定执行的动作。

　　A. 动作的主体　　　　　B. 属性　　　　　C. 关系　　　　　D. 方法

2. （　　）是对象的静态特征。

　　A. 方法　　　　　　　　B. 属性　　　　　C. 关系　　　　　D. 操作

3. 对象的（　　）是对象的动态特征。

　　A. 特征　　　　　　　　B. 属性　　　　　C. 关系　　　　　D. 操作

4. 属于某个类的一个具体对象称为该类的（　　）。

　　A. 重用　　　　　　　　B. 虚拟　　　　　C. 实例　　　　　D. 多态

5. UML 是一种（　　）语言。

　　A. 程序设计　　　　　　B. 概要设计　　　C. 建模　　　　　D. 过程描述

6. UML 是（　　）。

　　A. 一种可视化的建模语言　　　　　　B. 一种可视化的程序设计语言

　　C. 一种过程　　　　　　　　　　　　D. 一种方法

7. 封装的作用是（　　）。

　　A. 重用　　　　　　B. 对象　　　　C. 实例　　　　D. 方法

二、简答题

1. 请分析结构化方法存在的主要问题。

2. 举例说明类和对象的关系。

3. 从下面这些不同应用场合出发对人进行抽象时，比较重要的特征是什么？

（1）购买商品的顾客。

（2）教学的老师。

（3）在校学习的学生。

三、应用题

1. 一个多媒体商店系统包含一个由媒体文件构成的数据库，有两类媒体文件：图像文件（ImageFile）和声音文件（AudioFile）。每个媒体文件都有名称和唯一的编码，而且文件包含作者信息和格式信息，声音文件还包含声音文件的时长（以秒为单位）。假设每个媒体文件可以由唯一的编码识别，系统要提供以下功能：

（1）媒体库中可以添加新的特别媒体文件。

（2）通过给定的文件编码查找需要的媒体文件。

（3）从媒体库中删除指定的媒体文件。

（4）给出媒体库中媒体文件的数量。

考虑：类 ImageFile 和 AudioFile 应该具有哪些恰当的属性和方法？

2. 试选择一种面向对象的开发方法，基于应用题 1 中给出的需求，列出建模需要创建的类。

3. 若把学生看成一个实体，它可以分成多个子实体，如小学生、中学生和大学生等。在面向对象的设计中，可以创建如下 4 个类：类 Student、类 Elementary Student、类 Middle Student、类 University Student。

　　试给出这 4 个类的属性以及它们之间的关系。

4. 给出下面简化的 Java 代码程序段：

```java
class Shape{
  void draw(){}
  void erase(){}
};
class Circle extends Shape{
  void draw(){
    System.out.println("Circle.draw()");
  }
};
class Square extends Shape{
```

```
    void draw(){
      System.out.println("Square.draw()");
      }
    };
class Triangle extends Shape{
  void draw(){
    System.out.println("Triangle.draw()")
    }
  };
```

以下客户代码会打印出哪些信息？

```
Shape S
s =new Shape();
S.draw();
s =new Circle();
S.draw();
s =new Square();
S.draw();
s =new Triangle();
S.draw();
```

第 6 章　面向对象分析

学习内容

　　本章介绍了面向对象分析的基本概念,详细讲述了面向对象分析方法、步骤和技术,包括分析和定义用户的需求——建立用例模型,描述和分析系统组织结构——建立对象模型(或称静态模型),描述和分析业务流程——建立动态模型。结合图书馆信息管理系统案例,重点介绍基于用例的分析建模过程,包括识别分析类、创建分析类图。最后针对面向对象分析方法的特点,给出了一个面向对象的需求规格说明书模板,供大家参考。

学习目标

　　(1)掌握面向对象分析的方法、步骤。

　　(2)理解面向对象分析和结构化分析之间的区别。

　　(3)了解面向对象的需求规格说明书的主要内容。

思政目标

　　通过本章的学习,注意遵守职业道德,形成良好的职业素养,弘扬工匠精神。厚植爱国主义情怀,传承中华优秀传统文化,弘扬以爱国主义为核心的民族精神和以改革创新为核心的时代精神。

　　面向对象分析和设计涉及三方面的内容:一套完善的建模符号、一系列有效的分析步骤和一个方便易用的建模工具。目前,流行的建模符号采用 UML 的一套图形符号;从分析描述用户需求的文件开始,抽象出目标系统的本质属性,建立以用例(功能)模型、对象模型和动态模型为核心的分析模型;分析模型是在开发人员与用户之间的密切交流过程中迭代形成的,开发人员和用户必须对所形成的分析模型进行正式评审,确保分析模型的正确性、完整性、一致性和可行性;建模工具选择 Rational ROSE。

6.1　面向对象分析概述

面向对象分析概述

面向对象分析是抽取和整理用户需求并建立问题域精确的模型的过程。识别问题域的对象并分析它们之间的关系，最终建立简洁、精确、可理解的正确模型是面向对象分析阶段的关键。

在面向对象分析阶段，开发人员首先要理解用户的需求描述文档，找出描述问题域和系统责任所需的对象和类，然后将用例行为映射到对象上，进一步分析它们的内部构成和外部关系，从而建立面向对象分析模型。在此基础上，开发人员和用户一起检查模型，保证模型的正确性、完整性、一致性和可行性。面向对象的分析过程是一个循环渐进的过程，识别分析类和细化分析模型不是一蹴而就的，需要多次循环迭代完成。

目前，面向对象分析方法有许多种，大多数的分析方法可以被归结为建立以下三种模型。

（1）用例（功能）模型：表达系统的详细需求，为软件的进一步分析和设计打下基础。在面向对象方法中，使用用例图和场景描述组织。

（2）对象模型（或称静态模型）：描述现实世界中实体的对象以及它们之间的关系，表示静态的、结构化的系统"数据"性质，即目标系统的静态数据结构。在面向对象方法中，类图是构建对象模型的核心工具。

（3）动态模型：描述系统的动态结构和对象之间的交互，表示瞬时的、行为化的、系统的"控制"特性。在面向对象方法中，常用状态图、时序图、协作图、活动图构建系统的动态模型。

6.2　建立用例（功能）模型

建立用例（功能）模型

建立用例（功能）模型的步骤如下：

第一步：创建机构组织结构及角色职能图。这个图不是 UML 建模的内容，但是这个图对于了解机构的角色和角色的职责很有帮助。画这个图时将组织机构按层次展开。以图书馆信息管理系统为例，它所涉及的机构组织结构及角色职能如图 6-1 所示。

第二步：确定角色。系统分析员与用户一起确定与系统发生交互活动的所有角色。角色是启动事件流的外部激励。为了寻找角色，需要研究事件流和过程由谁来启动，以及启动的环境是什么。

第三步：确定用例。确定角色之后，就可以对每个角色提出问题以获取用例。以下问题可供参考：

① 角色要求系统提供哪些功能（执行者需要做什么）？

② 角色需要了解和处理的信息有哪些类型？

③ 必须提醒角色的系统事件有哪些？必须提醒系统的事件有哪些？怎样把这些事件表示成用例中的功能？

④ 为了完整地描述用例，还需要知道角色的某些典型功能是否能够被系统自动实现。

⑤ 系统需要的输入、输出分别是什么？输入从何处来？输出到何处去？

⑥ 当前运行系统（也许是一些手工操作而不是计算机系统）的主要问题有哪些？

第四步：确定用例模型。使用用例图展示系统的用例模型。图书馆信息管理系统的用例图如图6-2所示。

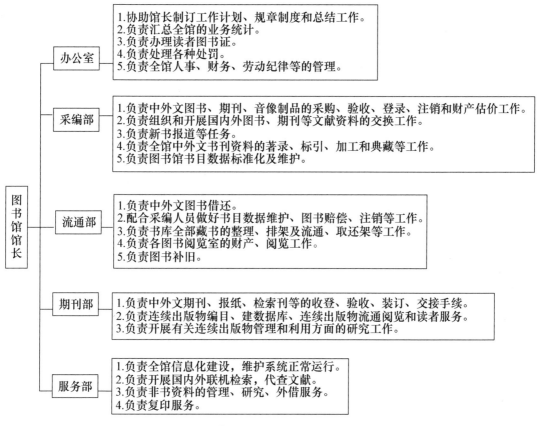

图6-1 图书馆机构组织结构及角色职能图

与图5-7所示业务用例比较，这个用例图丰富得多，包括增加"办公室工作人员"、"采购人员"（采编部工作人员）、"系统维护人员"（服务部工作人员）、"编目人员"（期刊部工作人员）等角色及相关用例。

针对"流通部工作人员"和"读者"，图6-2所示系统用例图增加了"系统登录"和"网上登录"两个用例。工作人员在使用图书馆信息管理系统时，都要先进行"系统登录"，

以保证系统的信息安全性。采购人员对本系统只做查询操作，对缺书登记也是查询操作，
"图书采购"是与其他系统的接口，不属于本系统，所以采购人员不必做"系统登录"。读
者可以执行"网上登录"，在互联网上实现网上查询或预订图书等功能。

　　整个系统需要不断地进行维护，如权限分配、参数设置和调整，因此需要增加一个
"系统维护人员"角色。

　　第五步：编写用例模型说明。用例模型说明包括角色说明、用例总览和详述。这些说明
的模板见表 6-1～表 6-3。

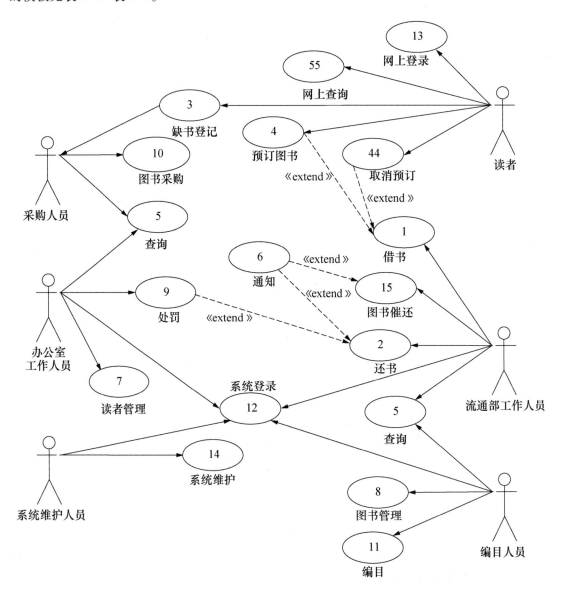

图 6-2　图书馆信息管理系统的用例图

表 6-1　图书馆信息管理系统角色说明表

编号	角色名称	角色职责	备注
1	读者	通过互联网登录系统，查询图书、读者信息，预订/取消预订图书，登记缺书；在流通部工作人员的协助下办理借书、还书；在办公室工作人员的协助下办理图书证	先网上登录
2	流通部工作人员	为读者办理借书、还书、预订/取消预订图书；查询图书或读者；图书催还	先登录
3	办公室工作人员	为读者办理图书证，维护读者信息，负责各种处罚事务	先登录
4	编目人员（期刊部工作人员）	负责新书编目，维护系统的图书信息	
5	采购人员（采编部工作人员）	定期查询缺书信息，负责图书采购	
6	系统维护人员（服务部工作人员）	负责系统维护，包括系统参数设置、权限分配等	

表 6-2　图书馆信息管理系统用例总览表

编号	名称	简要说明	优先级	详细说明索引
01	借书	读者借书	1	CS-01
02	还书	读者还书，若该书有预订则转通知	1	CS-02
03	缺书登记	读者登记图书馆所缺图书	2	CS-03
04	预订图书	预订图书	2	CS-04
044	取消预订	取消读者预订的图书	2	CS-044
05	查询	查询图书信息	1	CS-05
055	网上查询	读者在互联网上查询图书信息	1	CS-055
06	通知	预订书到馆后通知读者	2	CS-06
07	读者管理	插入、修改、删除、保存读者信息	1	CS-07
08	图书管理	插入、修改、删除、保存图书信息	1	CS-08
09	处罚	根据原因和规则处罚读者	1	CS-09
10	图书采购	采购图书	3	CS-10
11	编目	新书编目	1	CS-11
12	系统登录	工作人员登录系统	1	CS-12
13	网上登录	读者从互联网上登录系统	1	CS-13
14	系统维护	系统参数设置、操作权限分配	1	CS-14
15	图书催还	由系统自动通知读者按期还书	2	CS-15

注：优先级 1 最为重要，需要先行开发；2 次之；3 是本次暂不开发的用例。

表 6-3　图书馆信息管理系统借书用例详细说明表

编号：01	用例名称：借书	编者：吴洁明

用例描述：

当读者前来图书馆借书时，流通部工作人员启动该用例，该用例检查读者的有效性和图书是否在库，实现读者借书活动。

启动用例的角色：

流通部工作人员

假设条件：

无。

先决条件：

① 流通部工作人员要先执行登录用例，才能启动借书用例。

② 读者编号存在。

③ 图书编号存在。

④ 图书在库。

后续条件：

① 图书库存减少。

② 创建借还书记录。

主路径：

读者前来借书，提供读者编号和图书编号，读者有效、图书在库存，借出。

可选路径：

读者前来借书，提供读者编号和图书编号，读者有效、图书在库存，该读者和图书有预订记录，应先取消预订记录，再借出。

例外路径：

① 读者前来借书，提供读者编号和图书编号，读者编号不存在，显示读者无效。

② 读者前来借书，提供读者编号和图书编号，读者编号存在，借书数量已经超限，显示数量超限。

③ 读者前来借书，提供读者编号和图书编号，读者编号存在，图书编号无效，显示图书不存在。

④ 读者前来借书，提供读者编号和图书编号，读者有效，图书不在库存，转预订处理。

相关信息：

优先级——1。

性能要求——响应时间<5秒钟。

使用频度——平均每天操作1 000次。

高峰时间——500次/小时，集中于上午10：00~11：00，下午4：00~5：00。

未解决的问题：

无。

用例活动图：

参见图5-8借书活动图

第六步：用例模型评价。在初步建立了用例模型后，应该邀请领域专家和其他相关的用户一起对模型进行评审，回答下面的问题：

① 是否已将所有必需的功能性需求都捕获为用例？

② 每个用例的动作系列是否正确、完善、易于理解？

③ 是否已经确定了一些价值很小或根本没有价值的用例？如果有就将它们删除。

第七步：优化用例模型。系统分析员检查模型中的每个用例，提炼公共部分，创建抽象用例，并用使用关系与之连接，再确定补充功能或可选功能。在检查每个用例时，如果发现一个用例比较大，并且其中既包含了一般处理又包含了特殊处理，那么应该将特殊处理的部分提取出来，创建单独的用例，并且用扩展关系连接相关的用例。这样做可以减小用例规模，简化用例的处理。

第八步：构造系统的原型。系统分析员已经确定了用例与角色之间的对应关系，现在要确定角色如何启动用例，以及用例以什么形式向角色提供信息。用户界面设计人员逐一检查用例，为每个用例确定适当的用户界面元素，常用的界面元素有图标、列表、文件夹、菜单等。界面设计人员通过访谈参与者，请他们回答下面的问题：

① 需要哪些界面元素来启动用例？

② 用户界面元素之间如何相关？

③ 用户界面应该是什么样的？

④ 应该如何处理这些用户界面元素？

⑤ 针对所涉及的业务领域，对用户界面元素有何特殊要求？

⑥ 角色可以激发哪些动作？在激发这些动作前需要哪些指南？

⑦ 角色向系统提供什么信息？

⑧ 系统向角色提供什么信息？

⑨ 每项输入、输出的长度和类型是什么？

界面设计人员要确保每个用例都可以通过其用户界面元素进行访问，并且一个系统中的所有用户界面应该是完整的、易操作的和一致的。

用户界面设计人员应该画出主要用户界面的简图，然后描绘需要附加的用户界面元素，如容器、窗口、工具和控件等。接着，为那些最重要的用户界面元素构造可执行的原型。通过对原型和简图进行评审，可以避免许多错误和疏漏。

6.3　建立对象模型

建立对象模型的步骤如下：

第一步：识别分析类。分析用例（功能）模型的每个用例，确定实现用例的类，再分析每个类的职责、属性和关联，最后将参与用例实现的类收集到一个类图中。分析模型中使用了以下三种类：

① 边界类：描述系统与角色之间的接口的类。

② 控制类：在模型内表示协调、顺序、事务处理以及控制其他对象的类。

③ 实体类：为需要长久保存的信息进行建模的类。

这三种类的图形符号如图 6-3 所示。

第二步：创建分析类图。创建分析类图时

边界类　控制类　实体类

图 6-3　分析模型中使用的三种类

应该注意以下几点：

　　① 为由人充当的角色建立一个主要边界类。这个类通常实现一个交互主窗口。

　　② 为每个由外部系统充当的角色定义一个主要边界类，用于通信接口。

　　③ 为每个初期确定的实体创建一个基本边界类。这里要与前面两点统一考虑，减少重复的边界类信息。

　　④ 确定控制类，负责处理用例实现的控制和协调关系。有时，一些控制信息是在角色与系统进行交互时处理的，这种情况下可以将控制封装在边界类中。当一个控制类很复杂时，最好将它拆分成两个控制类，但是不要破坏处理逻辑，降低类的可重用性。

　　⑤ 仔细研究用例说明和已有的业务模型，确定实体类。

　　图书馆信息管理系统的分析类图如图6-4所示。

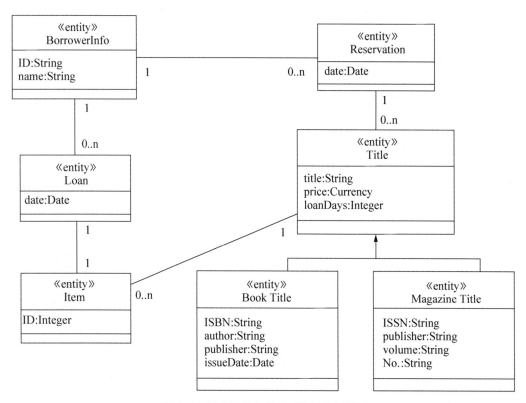

图6-4　图书馆信息管理系统的分析类图

6.4　构造动态模型

构造动态模型

　　通过描述分析类实例之间的消息传递将用例的职责分配到分析类中。在初步找出一些分析类之后，用顺序图将用例和分析对象联系在一起，描述用例的行为是怎样在它的参与对象之间分布的。顺序图可以将用例的行为分配到所识别的分析类中，并且帮助开发人员发现和补充前面遗漏的分析类。例如，图书馆信息管理系统借书用例的顺序图如图 6-5 所示。

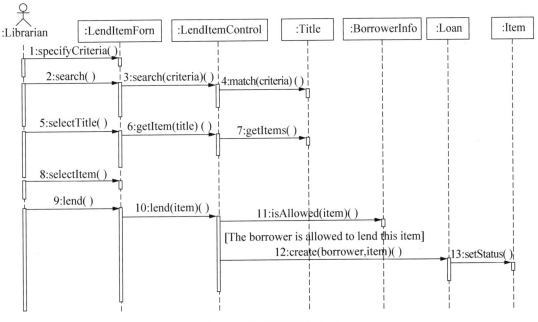

图 6-5　借书用例的顺序图

通过定义参与借书用例的分析类实例之间的交互行为，将该用例的行为分配到相应的分析类中，得到改进后的分析类图（如图 6-6 所示）。

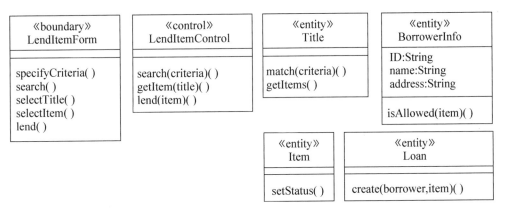

图 6-6　改进后的分析类图

在该用例中，图书管理员向分析类 LendItemForm 发出 sepecifyCriteria 等一系列的消息请求，该分析类将承担响应和处理这些消息的职责。依此类推，我们通过定义参与登记借书用例的分析类实例之间的交互行为，将该用例的行为分配到相应的分析类中。

6.5 评审分析模型

分析模型是在开发人员与用户之间的密切交流过程中迭代形成的，开发人员和用户必须对所形成的分析模型进行正式评审，确保分析模型的正确性、完整性、一致性和可行性。

为了使分析模型评审工作更加具有可操作性，这里列出 Jacobson 和 Rumbaugh 给出的需求评审问题清单。

1. 检查"正确性"的问题列表

（1）用户是否可以理解实体对象的术语表？

（2）抽象类与用户层次上的概念对应吗？

（3）所有的描述都与用户定义一致吗？

（4）所有的实体类和边界类都使用具有实际含义的名词短语吗？

（5）所有的用例和控制类都使用具有实际含义的动词短语吗？

（6）所有的异常情况都被描述和处理了吗？

（7）是否描述了系统的启动和关闭？

（8）是否描述了系统功能的管理？

2. 检查"完整性"的问题列表

（1）每一个分析类都是用例需要的吗？它在什么用例中被创建、修改和删除？是否存在边界类可以访问它？

（2）每一个属性是在什么时候设置的？类型是什么？它是限定词吗？

（3）每一个关系是在什么时候被遍历的？为什么选定指定的重数？一对多和多对多的关系能被限定吗？

（4）每一个控制类对象是否有必要访问参与用例的对象？

3. 检查"一致性"的问题列表

（1）类或用例有重名吗？

（2）具有相同名字的实体表示相同的现象吗？

（3）所有的实体都以同样的细节进行描述吗？

（4）是否存在具有相同属性和关系却不在同一个继承层次中的对象？

4. 检查"可行性"的问题列表

（1）系统中有什么创新之处？建立了什么计划或原型来确保这些创新的可行性？

（2）性能是否符合可靠性需求？这些需求是否已被运行在指定的硬件上进行原型验证？

6.6 面向对象的需求规格说明书模板

面向对象的需求分析使用的方法和工具与结构化需求分析方法完全不同，主要反映在需求规格说明书的第 3 章分析模型的说明中。由于面向对象方法在用例模型中能够反映需求的接口需求，将结构化方法中的需求规格说明书第 6 章省略；同理，第 4 章数据要求在面向对象方法中完全可以用对象模型描述，因此省略了第 4 章。具体内容请看软件需求规格说明书的模板。

软件需求规格说明书

1. 引言——给出对本文档的概述。

1.1 目的——描述编写本文档的目的。

1.2 文档约定——描述本文档的排版约定，解释各种符号的意义。

1.3 各类读者的阅读建议——列出对本文档各类读者的阅读建议。

1.4 软件的范围——描述软件的范围和目标。

1.5 参考文献——列出编写本文档所参考的资料清单。

2. 综合描述——描述软件的运行环境、用户和其他已知的限制、假设和依赖。

2.1 软件前景——描述软件产品的背景和前景。

2.2 软件的功能和优先级——概要描述软件的主要功能，详细功能描述在后面的章节中。在此给出一个功能列表或者功能方块图，对于理解软件的功能是有益处的。

2.3 用户类和特征——描述使用软件产品的不同用户类和相关特征。

2.4 运行环境——描述软件产品的运行环境，包括硬件平台、操作系统、其他软件组件等。如果本软件是一个较大系统的一部分，则在此简单描述那个大系统的组成和功能，特别要说明它的接口。

2.5 设计和实现上的限制——概要说明针对开发人员开发系统的各种限制，包括软硬件限制、与其他应用软件的接口、并行操作、审查功能、控制功能、开发语言、通信协议、应用的临界点、安全和保密等多方面的限制。但是，此处不说明限制的理由。

2.6 假设和依赖——描述影响软件开发的假设条件，说明软件运行对外部因素的依赖情况。

3. 分析模型——描述软件的主要功能和所采用的分析方法和技术。

3.1 引言——描述软件要达到的目标，实现功能所采用的方法和技术，以及主要功能等。

3.2   用例模型——用例图描述用户的功能需求、接口需求，并对每个用例进行详细说明。

3.3   动态模型——用活动图描述用户的业务流程，用状态图描述对象变化过程，用顺序图描述一个事件的处理过程。

3.4   对象模型——用类图描述系统的静态结构，包括边界类、控制类和实体类。

4. 性能需求——说明产品的性能指标，包括产品响应时间、容量要求、用户数要求，如支持的终端用户数，系统允许并发操作的用户数，系统可处理的最大文件数和记录数，欲处理的事务和任务数量，在正常情况下和峰值情况下的事务处理能力。

5. 设计约束——说明对设计的约束及其原因。

5.1   硬件限制——说明硬件配置的特点。

5.2   软件限制——指定软件运行环境，描述与其他软件的接口。

5.3   其他约束——说明约束和原因，包括用户要求的报表风格，要求遵守的数据命名规范等。

6. 软件质量属性——描述软件要求的质量特性。

7. 其他需求——描述所有在本文档其他部分未能体现的需求。

7.1   产品操作需求——说明用户要求的常规操作和特殊操作。

7.2   场合适应性需求——指出在特定场合和操作方式下的特殊需求。

附录 1   词汇表——定义所有必要的术语，以便读者可以正确理解本文档的内容。

附录 2   待定问题列表——列出本文档中所有待定问题的清单。

本章要点

● 面向对象分析和设计涉及三方面的内容：一套完善的建模符号、一系列有效的分析步骤和一个方便易用的建模工具。

● 面向对象的分析模型有用例（功能）模型、对象模型（或称静态模型）和动态模型三种。其中功能模型由用例图表示，对象模型由分析类图表示，动态模型由状态图和顺序图表示。在分析对象模型中，分析类是概念层次上的内容，分为实体类、边界类和控制类三种类型。

● 分析模型是在开发人员与用户之间的密切交流过程中迭代形成的，开发人员和用户必须对所形成的分析模型进行正式评审，确保分析模型的正确性、完整性、一致性和可行性。

思政小课堂

思政小课堂6

练习题

一、选择题

1. 面向对象分析的核心在于（ ）。

　　A. 建立正确的模型　　　　　　　　B. 识别问题域对象

　　C. 识别对象之间的关系　　　　　　D. 上面所有

2. 面向对象分析过程中建立的模型有（ ）。

　　A. 数据模型、功能模型、活动模型

　　B. 对象模型、功能模型、测试模型

　　C. 属性模型、功能模型、对象模型

　　D. 对象模型、功能模型、动态模型

3. （ ）不是分析建模的目的。

　　A. 定义可验证的软件需求　　　　　B. 描述客户需求

　　C. 开发一个简单的问题解决方案　　D. 建立软件设计的基础

4. （ ）不属于面向对象分析模型。

　　A. 用例图　　　　B. 类图　　　　C. 实体-关系图　　　　D. 顺序图

5. （ ）用于描述系统中概念层次的对象。

　　A. 分析类　　　　B. 边界类　　　　C. 实体类　　　　　D. 控制类

6. 在分析类中，（ ）用于描述一个用例所具有的事件流控制行为。

　　A. 实体类　　　　B. 边界类　　　　C. 接口类　　　　　D. 控制类

7. 在基于用例的面向对象分析过程中，定义交互行为的关键在于通过描述分析类实例之间的（ ）将用例的职责分配到分析类中。

　　A. 消息传递　　　B. 关联关系　　　C. 继承关系　　　D. 上下文关系

8. 用例的实现细节不会在（ ）描述。

　　A. 用例说明　　　B. 用例图　　　　C. 活动图　　　　　D. 顺序图

9. 用例的职责通常分配给（ ）的对象。

　　A. 发送消息　　　B. 接收消息　　　C. 发送和接收双方　　　D. 分析类

10. 组织机构图是（   ）。

    A. UML 的一个最新图　　　　B. 类图的一种

    C. 用于识别角色的辅助图　　　D. 用例图的一种

二、简答题

1. 请对比结构化分析方法与面向对象分析方法，讨论它们之间的区别。

2. 面向对象分析的步骤有哪些？应建立哪几个模型？

3. 什么是实体类、边界类和控制类？为什么将分析类划分成这三种类型？

4. 如何详细描述一个用例的行为特征？

5. 顺序图在面向对象分析阶段的作用是什么？

6. 活动图在面向对象分析阶段的作用是什么？

三、应用题

1. 某学校领书的工作流程为：班长填写领书单，班主任审查后签名，然后班长拿领书单到书库领书。书库保管员审查领书单是否有班主任签名、填写是否正确等，将不正确的领书单退回给班长；如果填写正确，则准许领书并修改库存清单；当某书的库存量低于临界值时，登记需订书的信息，并于每天下班前为采购部门提供一张订书单。

请用活动图来描述领书的过程。

2. 当用户在自己的计算机上向网络打印机发出一个打印任务时，他的计算机便向打印机服务器发送一条打印命令"print（file）"；打印机服务器如果发现网络打印机处于空闲状态，则向打印机发送打印命令"print（file）"，否则向打印队列发送一条保存命令"store（file）"。

请使用顺序图描述上述情景。

3. 请使用合作图描述上题。

4. 一台计算机有一个显示器、一个主机、一个键盘、一个鼠标，手写板可有可无。主机包括一个机箱、一个主板、一个电源及存储器等部件。存储器又分为固定存储器和活动存储器两种，固定存储器为内存和硬盘，活动存储器为软盘和光盘。

请建立有关上述计算机的对象模型。

5. 某报社采用面向对象方法开发报刊征订的计算机管理系统，该系统基本需求如下：

（1）报社发行多种刊物，每种刊物通过订单来征订，订单中有代码、名称、订期、单价、份数等项目，订户通过填写订单来订阅报刊。

（2）报社下属多个发行站，每个站负责收集报刊订阅信息并录入订单、打印收款凭证等事务。

（3）报社负责分类并统计各个发行站送来的报刊订阅信息。

请就上述需求建立对象模型。

第 7 章　面向对象设计

学习内容

　　本章开始部分介绍了面向对象设计的相关概念，然后结合图书馆信息管理系统的案例讲述了软件总体设计的方法和步骤。首先确定系统的总体结构和风格，构造系统的物理模型，将系统划分为不同的子系统；接着进行中层设计，对每个用例进行设计，规划实现用例功能的关键类，确定类之间的关系；然后进行底层设计，对每个类进行详细设计，设计类的属性和操作，优化类之间的关系；最后补充实现非功能性需求所需要的类。在本章的最后结合面向对象设计的特点给出了一个面向对象的软件设计规格说明书模板，供学生参考。

学习目标

　　（1）理解面向对象设计的方法和步骤。

　　（2）理解面向对象设计的概念。

　　（3）了解面向对象设计规格说明书的主要内容。

思政目标

　　通过本章的学习，学生要掌握面向对象设计的方法，同时要发挥想象力和创新精神，拥有开阔的眼光和宽广的胸怀，具有大国工匠精神。

　　面向对象设计（Object-Oriented Design，OOD）强调定义软件对象，并且使这些软件对象相互协作来满足用户需求。在面向对象方法中，面向对象分析和设计的界限是模糊的，从面向对象分析到面向对象设计是一个逐渐扩充模型的过程。面向对象分析的结果可以通过细化直接生成面向对象设计的结果，在设计过程中逐步加深对需求的理解，从而进一步完善需求分析的结果。因此，分析和设计活动是一个反复迭代的过程。面向对象方法在概念和表示方法上的一致性，保证了各个开发阶段之间的平滑性。

7.1   面向对象设计概述

面向对象设计概述

面向对象设计与结构化设计的过程和方法完全不同。面向对象设计时，要想设计出高质量的软件系统，有三条经典名言请大家记住：

（1）Design to interfaces.（对接口进行设计。）

（2）Find what varies and encapsulate it.（发现变化并且封装它。）

（3）Favor composition over inheritance.（先考虑组合然后考虑继承。）

7.1.1   强内聚

面向对象设计中的主要内聚有：

（1）服务内聚——一个服务内聚完成并且仅完成一个功能。

（2）类内聚——设计类的原则是一个类的属性和操作全部是完成某个任务所必需的，其中不包括无用的属性和操作。例如，设计一个平衡二叉树类，该类的目的就是解决平衡二叉树的访问，其中所有的属性和操作都与解决这个问题相关，其他无关的属性和操作在这里都应该被清除。

7.1.2   弱耦合

弱耦合是设计高质量软件的一个重要原则，因为它有助于隔离变化对系统其他元素的影响。在面向对象设计中，耦合主要指不同对象之间相互关联的程度。如果一个对象过多地依赖其他对象来完成自己的工作，不仅会降低该对象的可理解性，还会增加测试、修改的难度，同时降低了类的可重用性和可移植性。但是，对象不可能是完全孤立的。当两个对象必须相互联系时，应该通过类的公共接口实现耦合，不应该依赖类的具体实现细节。面向对象方法中对象的耦合有两类。

（1）交互耦合：如果对象之间的耦合是通过消息连接来实现的，则这种耦合就是交互耦合。设计时应该尽量减少对象之间发送的消息数和消息中的参数个数，降低消息连接的复杂程度。

（2）继承耦合：继承耦合是一般化类与特殊化类之间的一种关联形式。设计时应该适当使用这种耦合。在设计时，要特别认真地分析一般化类与特殊化类之间的继承关系，如果抽象层次不合理，可能造成对特殊化类的修改影响到一般化类，使得系统的稳定性降低。另外，在设计时，应该使特殊化类尽可能多地继承和使用一般化类的属性和服务，充分利用继承的优势。

7.1.3　可重用性

软件重用是从设计阶段开始的，所有的设计工作，其目的都是使系统完成预期的任务，以及提高工作效率、减少错误、降低成本，这就要充分考虑软件元素的可重用性。可重用性有两方面的含义：一是尽量使用已有的类，包括开发环境提供的类库和已有的相似的类；二是如果确实需要创建新类，则在设计这些新类时考虑其将来的可重用性。

设计一个可重用的软件元素比设计一个普通软件元素的代价要高，但是随着这些软件元素被重用次数的增加，分摊到它的设计成本和实现成本就会降低。

7.1.4　框架

框架是一组可用于不同应用的类的集合。框架中的类通常是一些抽象类并且相互有联系，可以通过继承的方式使用这些类。例如，Java 应用程序接口（Application Programming Interface，API）就是一个成功的框架包。核心 Java API 包可以为众多的应用提供服务，但一个应用程序通常只需要其中的部分服务。可以采用继承或聚合的方式将应用包与框架包关联在一起，从而使用需要的服务。例如，在使用 Java 抽象窗口工具箱（Abstract Window Toolkit，AWT）时，一般不会直接去修改 AWT，而是通过继承 AWT 类或聚合 AWT 对象作为属性，从而为应用程序创建自己的图形用户界面（Graphical User Interface，GUI）类。

7.2　基于 UML 的面向对象设计过程

基于 UML 的面向对象设计工作集中在面向对象分析阶段的后期和实现阶段之前，其目标是产生合理而稳定的架构，并创建实现模型的蓝图。具体的设计活动主要有系统架构设计、用例设计、类设计、数据库设计和用户界面设计。

基于 UML 的面向
对象设计过程

7.2.1　活动一：系统架构设计

系统架构设计的目的是勾画系统的总体结构。这项工作由经验丰富的架构设计师主持完成。本活动以用例模型、分析模型为输入，生成物理架构、子系统及其接口、概要的设计类（设计阶段定义的类），如图 7-1 所示。

第一步：构造系统的物理模型。

首先用 UML 的配置图描述系统的物理架构，然后将需求分析阶段捕获的系统功能分配到这些物理节点上。配置图上可以显示计算节点的拓扑结构、硬件设备配置、通信路径、各个节点上运行的系统软件配置、应用软件配置。一个图书馆信息管理系统的物理模型如图 7-2 所示。

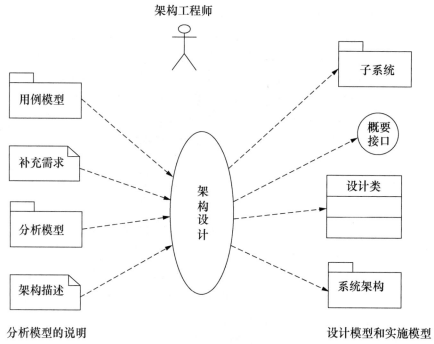

图 7-1   软件架构设计的输入和输出

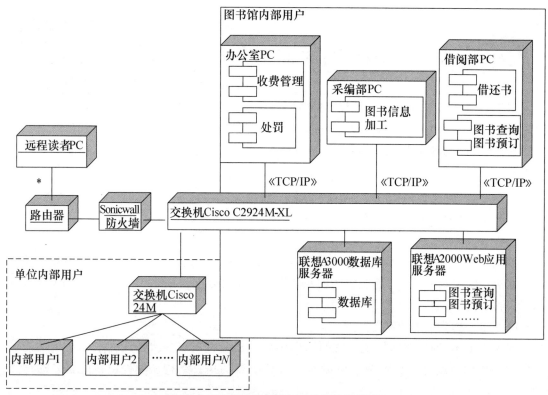

图 7-2   图书馆信息管理系统的物理模型

与图 5-19 相比,图 7-2 增加了单位内部用户。这是因为考虑到如果机构内部的用户也通过互联网登录,则系统的使用效率会受影响。在这个系统中设计了三种访问模式:第一种是远程读者,通过 Internet 访问系统,实现查询图书、预订图书的功能;第二种是本单位其他部门的读者,通过单位局域网查询图书、预订图书;第三种是图书馆内部工作人员,在局域网上完成日常的借还书、采编、图书管理等工作。

配置图上显示出每个节点分配的主要功能和硬件配置、软件配置,以及节点之间的连接方式。

第二步:设计子系统。

对于一个比较复杂的软件系统来说,一上来就在类的层次上组织系统是不可想象的。就好像编写一本书一样,不可能从一个个文字开始组织,而是先写出书的提纲,再分章节,最后写内容。如果把子系统比喻为书目中的章,那么类就好比章内的节。在进行系统设计时,通常的做法是将一个软件系统组织成若干子系统,子系统内还可以继续划分子系统或包,这种自顶向下、逐步细化的组织结构非常符合人类分析问题的思路。

每个子系统与其他子系统之间应该定义一个接口,在接口上说明交互的形式和交互的信息。注意:这时不要描述子系统的内部实现。

这一步的主要任务是:划分各个子系统,说明子系统之间的关系,定义每个子系统的接口。下面将详细讲述三个任务。

(1)划分各个子系统。划分子系统的方式有很多,既可以按照功能划分,将相似的功能组织划分在一个子系统中;也可以按照系统的物理布局划分,将在同一个物理区域内的软件组织为一个子系统;还可以按照软件层次划分子系统,软件层次通常可分为用户界面层、专用软件层、通用软件层、中间件层和数据层,如图 7-3 所示。

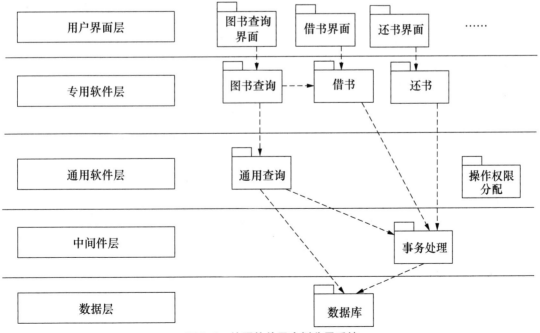

图 7-3 按照软件层次划分子系统

① 数据层主要存放应用系统的数据，通常由数据库管理系统管理，常用的操作有更新、保存、删除、检索等。

② 对于中间件层，在实际项目中应该分析具体的应用，尽量使用现有的中间件产品，这样可以提高系统开发效率，并且使程序的质量更有保证。

③ 通用软件层是由一些公共构件组成的，这类构件的可重用性很好。在设计应用软件时首先要将软件的特殊部分和通用部分分离，根据通用部分的功能检查现有的构件库。如果有可用的构件，则重用已有的构件会极大地提高软件的开发效率和质量。如果没有可重用的构件，则尽可能设计可重用的构件并且添加到构件库中，以备今后重用。

④ 专用软件层是每个项目中特殊的应用部分，它们被重用的可能性很小。在开发时可以适当地减小软件元素的粒度，以便分离出更多的可重用构件，减小专用软件层的规模。

⑤ 用户界面层是与用户应用有密切关系的内容，主要接收用户的输入信息，并且将系统的处理结果显示给用户。这部分变化通常比较大，所以建议将用户界面层剥离出来，用一些快捷有效的工具实现。

若按照功能划分子系统，则图书馆信息管理系统可分为读者信息管理子系统、借还书管理子系统、图书信息管理子系统、内部办公子系统和维护子系统。这种划分方法在面向过程的方法中比较常见，其问题在于每个子系统的处理过程中相同的处理不容易被分离出来。例如，读者信息管理子系统和图书信息管理子系统，虽然处理的信息不同，但是其处理方法是相同的，只是采用了不同的界面，将信息保存在不同的数据库表中。因此，在面向对象的设计中比较推崇按软件层次划分子系统的方法。

若按照软件层次划分子系统，图书馆信息管理系统可以分为数据层、中间件层、通用软件层、专用软件层和用户界面层这 5 个子系统。

① 数据层主要用于建立应用数据库，包括数据库表、视图等。

② 中间件层使用微软的 ADO. NET，实现对数据库的插入、修改、删除的事务处理。

④ 通用软件层实现权限管理、用户登录、通用查询类。

⑤ 专用软件层实现读者查询、借书、还书、处罚、预订、通知等处理。

⑥ 用户界面层实现查询界面、借书界面、还书界面、预订界面、通知界面等用户界面。

（2）说明子系统之间的关系。当划分了子系统后，就要确定子系统之间的关系。子系统之间的关系可以是"请求-服务"关系，也可以是平等关系、依赖关系或继承关系。

① 在"请求-服务"关系中，"请求"子系统调用"服务"子系统，"服务"子系统完成一些服务，并且将结果返回给"请求"子系统。

② 在平等关系的子系统之间，每个子系统都可以调用其他子系统。

③ 如果子系统的内容相互有关联，就应该定义它们之间的依赖关系。在设计时，相关的子系统之间应该定义接口，依赖关系应该指向接口而不是指向子系统的内容。

如果两个子系统之间的关系过于密切，则说明一个子系统的变化会导致另一个子系统变化，这种子系统的理解和维护都会比较困难。解决子系统之间关系过于密切的方法基本上有两种：一种方法是重新划分子系统，这种方法比较简单，将子系统的粒度减少，或者重新规划子系统的内容，将相互依赖的元素划归到同一个子系统之中；另一种方法是定义子系统的接口，将依赖关系定义到接口上。

（3）定义每个子系统的接口。每个子系统的接口上定义了若干操作，体现了子系统的功能，而功能的具体实现方法应该是隐藏的，其他子系统只能通过接口间接地享受这个子系统提供的服务，而不能直接操作它。

第三步：非功能需求的设计。

在分析阶段定义了整个系统的非功能需求，在设计阶段就要研究这些需求，设计出可行的方案。一般要处理的非功能需求包括系统的安全性、错误监测和故障恢复、可移植性和通用性等。

在设计的细化阶段，设计师应该认真审查获得的初步设计结果，特别要按照系统定义的层次架构（数据层、中间件层、通用软件层、专用软件层和用户界面层）检查所有的设计元素是否在合适的位置。通常，将具有共性的非功能需求设计在中间件层和通用软件层实现，目的是充分利用已有构件，减少重新开发的工作量。

7.2.2　活动二：进一步细化用例

根据面向对象分析阶段产生的高层类图和交互图，用例设计师研究已有的类，将它们分配到相应的用例中。检查每个用例的功能，确保这些功能依靠当前的类能实现，同时检查每个用例的特殊需求是否有合适的类来实现。细化每个用例的类图，描述实现用例的类及其之间的相互关系，其中通用类和关键类可用粗线框区分，这些类将作为项目经理检查项目时的重点。

第一步：通过扫描用例中所有的交互图列出所有涉及的类，识别参与用例解决方案的类。在需求分析阶段已经识别了一些类，但是随着设计的进行，可能会不断完善类、属性和方法。例如，每个用例至少应该有一个控制类，它通常没有属性而只有方法，它本身不完成什么具体的功能，只是起协调和控制作用。

每个类的方法都可以通过分析交互图得到，一般检查所有的交互图发送给某个类的所有消息，这表明了该类必须定义的方法。例如，"借书控制"类向"读者"类发送"检查读者（读者编号）"消息，那么"检查读者"就作为"读者"类应该提供的方法。

第二步：添加属性的类型、方法的参数类型和方法的返回类型。

第三步：添加类之间的关系，包括关联、依赖、继承。在本章开始部分给出的关于面向对象设计的第三条经典名言是"先考虑组合然后考虑继承"。继承和组合应用于软件设计的示例如图 7-4 所示。

在图 7-4（a）中，栈（STACK）继承了表（LIST）的所有方法，入栈时在表的尾部添加数据，出栈时在表的头部删除数据。由于 STACK 继承了 LIST，因此，存在向栈的中间添加和删除数据的风险。本书推荐使用图 7-4（b）的设计，把对栈的操作委托给 LIST：操作 STACK. PUSH（X）委托给 LIST. ADD（X，n），在表的尾部添加数据；操作 STACK. POP（）委托给 LIST. REMOVE（1），在表的头部删除数据，避免了可能对栈造成的破坏。

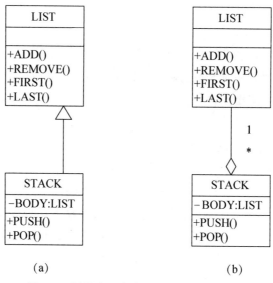

图 7-4　继承和组合应用于软件设计的示例

（a）不建议的设计；（b）建议的设计

图 7-5 所示是借书用例中类之间的合作图。因为类有三种类型，即边界类、控制类和实体类，为了清晰起见，用粗线框表示控制类，斜体字表示边界类，正常字体表示实体类。注意：中等粗细的框表示强调。

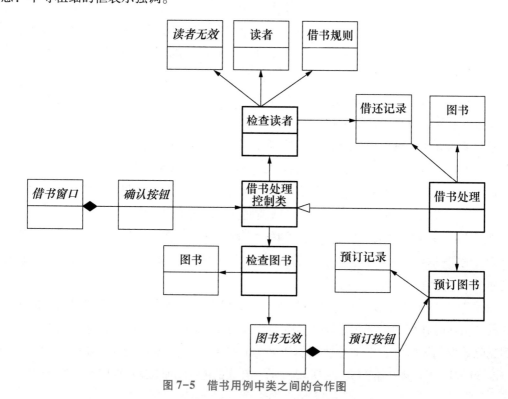

图 7-5　借书用例中类之间的合作图

这个借书用例类图看起来比较复杂，其中的实心箭头线表示类（对象）之间的组合关系，空心箭头线表示继承关系，其他箭头线表示一种通信关系。通常一个用例中包含 2 ～ 3 个控制类比较合适。

7.2.3　活动三：详细设计一个类

经过前面两个活动，架构设计师已经将系统的架构建立起来，用例设计师按照用例的功能将每个类分配给相应的用例；现在，由构件工程师详细设计每个类的属性、方法和关系。

第一步：详细定义类的属性。

类的属性反映类的特性，通常属性是被封装在类的内部，外部对象要通过接口访问。

在设计属性时要注意下面几点：

① 分析阶段和概要设计阶段定义的一个类的属性在详细设计时可能要被分解为多个属性，减小属性的表示粒度有利于实现和重用。但是，一个类的属性如果太多，则应该检查一下，看能否分离出一个新的类。

② 如果一个类因为其属性变得复杂而难以理解，那么就将一些属性分离出来形成一个新的类。

③ 通常不同的编程语言提供的数据类型有很大的差别，确定类的属性时要用编程语言来约束可用的属性类型。定义属性类型时尽可能使用已有的类型，太多的自定义类型会降低系统的可维护性和可理解性等性能指标。

④ 类的属性结构要坚持简单的原则，尽可能不使用复杂的数据结构。

设计类的属性时必须定义的内容如下。

① 属性的类型。设计属性时必须根据开发语言确定每个属性的数据类型，如果数据类型不够，设计人员可以利用已有的数据类型定义新的数据类型。

② 属性的可见性。在设计属性时要确定公有属性、私有属性、受保护属性。

设计类的属性时主要选择的内容如下。

① 属性的初始值：如果定义了默认值，用户在操作时会感觉很方便。例如，在计算税费的程序中，如果定义了初始默认税率，用户就不必每次都重复输入税率值。

② 属性在类中的存放方式：

A. 按数值（By value）属性放在类中。

B. 引用（By reference）属性放在类外，类指向这个属性。后面这种情况一般是属性本身为一个对象，例如"教研室"类有一个属性是"教师"，而"教师"对象本身在"教研室"类之外已经定义了，这时"教研室"类中只保存一个指针指向这个外部对象。

第二步：定义类的操作。

构件工程师为每个类的方法设计必须实现的操作，并用自然语言或伪代码描述操作的实现算法。一个类可能被应用在多个用例中，由于它在不同的用例中担当的角色不同，所以设计类的操作时要考虑周密。

通常定义一个类的操作时要从以下几方面考虑：

① 分析类的每个职责的具体含义，从中找出类应该具备的操作。

② 阅读类的非功能需求说明，添加一些必需的操作。

③ 确定类的接口应该提供的操作。这一点关系到设计的质量，特别是系统的稳定性，所以确定类接口的操作要特别小心。

④ 逐个检查类在每个用例实现中是否合适，补充一些必需的操作。

⑤ 设计时不仅要考虑到系统正常运行的情况，还要考虑一些特殊情况，如初始、结束和出错等。系统从初始状态开始到稳定状态，这其中的过渡就是初始化操作，被初始化的元素包括常数、参数、全局变量、任务和受保护对象；一个对象结束前必须释放占用的资源，在并发系统中，一个任务结束前必须通知其他任务自己已经结束；出错是不可预见的系统终止，可能是应用错误、系统资源短缺或外部中断引起的。经验丰富的设计者可以预见有规律的出错，但是不论多么完善的设计都不能保证系统中没有错误。好的设计通常在可能出现致命错误的地方设计一个良好的出口，在系统终止前尽可能清晰地保留当时的信息和环境，尽可能多地反映出错误信息。

设计类的操作时必须定义的内容如下。

① 操作描述：说明操作的具体实现内容，可以用伪代码或者文字描述操作的处理逻辑。

② 操作的参数：说明每个参数名称和类型。

③ 操作返回类型：可以是编程语言的内置数据类型，也可以是设计人员自定义的数据类型。

④ 操作可见性：分为 Public（公共）、Private（私有）和 Protected（保护）三种情况，在 UML 中分别用+、-、#表示。

⑤ 操作异常：说明每个操作中的异常处理。

⑥ 条件：说明操作运行之前要满足的条件和操作运行之后要满足的条件。

设计类的操作时可选择操作的版型如下：

①《implementer》型实现业务逻辑功能。

②《manager》型实现构造器、析构器以及内存管理等管理性操作。

③《access》型是访问属性的操作，如 get 或 set。

④《helper》型是完成自身任务的一些辅助操作。

第三步：定义类之间关系的属性。

在概要设计阶段定义了类之间的关系，这里要细化这些关系。

① 设置基数：一个类的实例与另一个类的实例之间的联系。在图书馆信息管理系统中，"图书"类和"读者"类关联，如果需求说明中有"一位读者可借图书的数量为 0～10 本"，那么它们之间的基数为 1∶0..10。

② 使用关联类：放置与关联相关的属性。例如"图书"类和"读者"类，如果要反映读者的借书情况，可以创建一个关联类，这个类中的属性是"借书日期"，如图 7-6 所示。

③ 设置限定：减小关联的范围。例如一个目录下虽有多个文件，但是在一个目录范围内确定唯一的文件，用"文件名"限定目录与文件之间的关系，如图 7-7 所示。

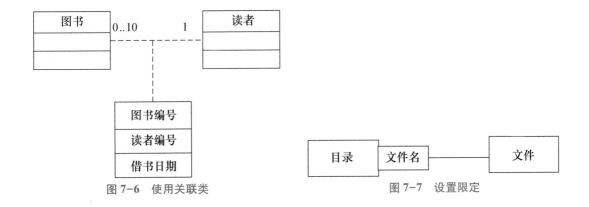

图 7-6　使用关联类　　　　　　　　　图 7-7　设置限定

7.3　图书馆信息管理系统设计规格说明书

图书馆信息管理系
统设计规格说明书

由于篇幅限制，此处仅以借书用例为例说明面向对象系统设计规格说明书的核心内容。

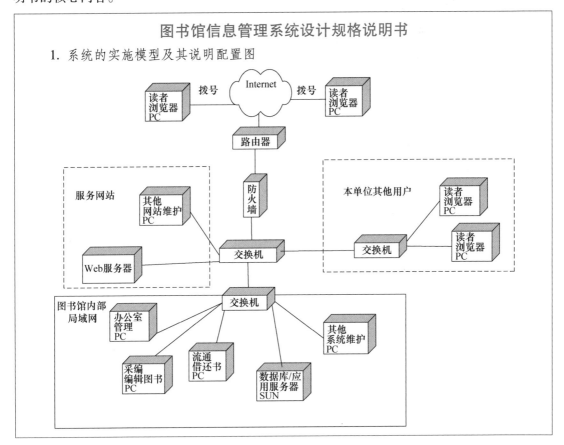

1.1　节点说明

Web 服务器：联想 A2000，2.8 GHz CPU，16 GB 内存，500 GB×2 硬盘。

操作系统：Windows Server 2008。

Web 服务器软件：MS IIS。

Web 接口软件：ASP。

应用服务器和数据库服务器：联想 A3000，2.8 GHz CPU，64 GB 内存，1 000 GB×2 硬盘。

操作系统：Solaris 8 2/02。

数据库：MS SQL Server 2000。

事务处理：Microsoft Transaction Server。

客户端：普通 PC，2.0 GHz CPU，8 GB 内存，500 GB 硬盘。

操作系统：Windows 7。

浏览器：IE 10.0。

协议：ADO。

交换机、路由器：略。

1.2　节点间的连接

协议：IPX。

网络：TCP/IP。

1.3　节点的性能要求

应用有容错处理；数据库每月进行增量备份；图书馆工作人员具有操作权限，可管理和分配角色；一般读者可进行用户名和口令登录检查。

2. 定义子系统

说明划分的各个子系统、子系统之间的依赖关系和接口，以及子系统在各个节点上的部署。

划分 4 个子系统：通用软件层、专用软件层、用户界面层和数据层。通用软件层包括权限管理、用户登录、通用查询类。专用软件层包括读者查询、借书、还书、处罚、预订、通知等处理。用户界面层实现查询界面、借书界面、还书界面、预订界面、通知界面等用户界面。数据层包括实体类及其相应的服务。

用户界面层与专用软件层和通用软件层之间是"请求-服务"关系，它不可以直接与数据层发生关系。

专用软件层与通用软件层有依赖关系和继承关系。

专用软件层、通用软件层与数据层之间是"请求-服务"关系。

| 用例名称：借书 | 图的名称：借书类图、顺序图 |

3. 设计用例的类图和顺序图

   类图：

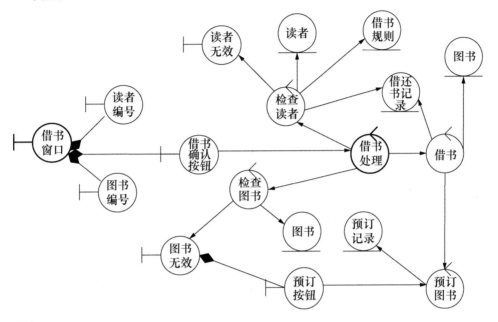

说明：

借书时，图书管理员打开借书窗口，这个窗口包含了三个对象：读者编号输入栏、图书编号输入栏和确认按钮。当单击了确认按钮后，由控制类检查读者编号是否存在，读者借书量是否超出限制，如果不存在该读者编号，则显示"读者无效"，如果借阅量已超标，也显示"读者无效"。接着检查图书的有效性，如果图书已经被借出，则显示"图书已被借出，是否预订?"，同时预订图书按钮变为可操作，可以为该读者预订此书。如果检查读者和图书都有效，则进行借书处理，修改相应的图书记录，创建一条借书记录。

借书用例中的边界类包括：

① 借书窗口；

② 读者无效对话框；

③ 图书无效对话框。

借书用例中的控制类包括：

① 借书处理；

② 检查读者；

③ 检查图书；

④ 借书；

⑤ 预订图书。

借书用例中的实体类包括：

① 读者；

② 图书；

③ 借还书记录；

④ 预订记录；

⑤ 借书规则。

顺序图：

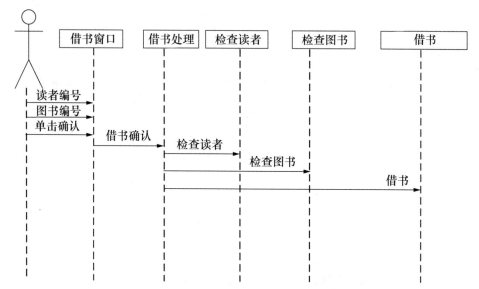

注意：其中的借书处理、检查读者、检查图书和借书都是控制类，每个控制类还可以分别画出子顺序图。例如，检查读者是一个控制类，它不实现具体的功能，只是负责协调其他各个类的协作。

综上，可以进一步细化顺序图如下：

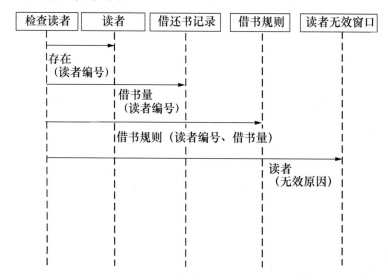

图书已被借空要求预订的顺序图：

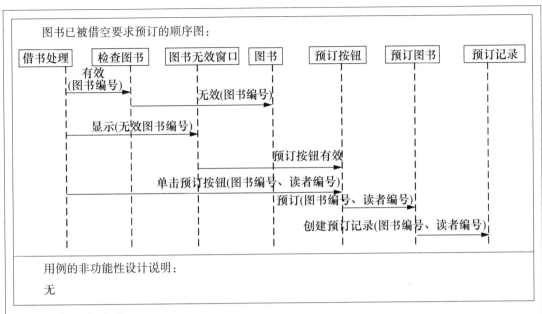

用例的非功能性设计说明：

无

4. 勾画每个类

4.1　边界类

借书窗口边界类的原型如下图所示。

4.2　实体类

将实体类对应到数据库表上，说明每个属性。

（1）读者：映射到数据库的 **T-READER** 表上。

职责：保存读者信息。

属性：见下表。

项目	类型	长度	备注
读者编号	CHAR	10	
读者姓名	CHAR	10	
部门	CHAR	50	
电子邮件	CHAR	20	
职称	CHAR	10	

操作：

- 保存（SAVE）
- 删除（DELETE）
- 读取（READ）
- 插入（INSERT）
- 创建（CREAT）

关系：与借还书记录相关，它的主键是借还书记录的外键之一。

（2）图书：映射到数据库的 **T-BOOK** 表上。

职责：保存图书信息。

属性：见下表。

项目	类型	长度	备注
图书编号	CHAR	10	
图书名	CHAR	100	
ISBN	CHAR	15	
作者	CHAR	10	
总数	INTEGER		初值＝4
出版社	CHAR	20	
版次	INTEGER	2	
在库数	INTEGER		初值＝4

操作：

- 借书（BORROW）

- 还书（RETURN）
- 保存（SAVE）
- 删除（DELETE）
- 读取（READ）
- 插入（INSERT）
- 创建（CREAT）

关系：与借还书记录相关，它的主键是借还书记录的外键之一。

（3）借还书记录：映射到数据库的 T-LOAN 表上。

职责：保存借书、还书的信息。

属性：见下表。

项目	类型	长度	备注
图书编号	CHAR	10	T-BOOK 表的外键
读者编号	CHAR	100	T-READER 表的外键
借书日期	DATE		初值=当前日期
还书日期	DATE		

操作：
- 保存（SAVE）
- 删除（DELETE）
- 读取（READ）
- 插入（INSERT）
- 创建（CREAT）

关系：与图书表和读者表相关。

（4）预订记录：映射到数据库的 T-RESERVATION 表上。

职责：保存读者的预订图书信息。读者借阅预订的图书后，这条记录被删除。

属性：见下表。

项目	类型	长度	备注
图书编号	CHAR	10	T-BOOK 表的外键
读者编号	CHAR	100	T-READER 表的外键
预订登记日期	DATE		初值=当前日期
通知状态	BOOLEN	1	初值=未通知

操作：

- 保存（SAVE）
- 取消预订（CANCEL）
- 删除（DELETE）
- 读取（READ）
- 插入（INSERT）
- 创建（CREAT）

关系：与图书表和读者表相关。

（5）借书规则：映射到数据库的 T-ITEM 表上。

职责：保存读者的借书量信息。

属性：见下表。

项目	类型	长度	备注
读者编号	CHAR	100	T-READER 表的外键
借书量	INTEGER		初值＝4

操作：

- 保存（SAVE）
- 删除（DELETE）
- 读取（READ）
- 插入（INSERT）
- 创建（CREAT）

关系：与读者表相关。

4.3　控制类

说明控制类的调度流程。

（1）检查读者类：检查读者的有效性。

① 无效编号＝0。

② 接收借书边界类传递来的读者编号和图书编号。

③ 检索数据库的 T-READER 表，如果不存在该读者编号，则无效编号＝1（读者无效）。

④ 检索 T-LOAN 表和借书规则表，如果借书数量超过限制，则无效编号＝2（超出借阅量）。

⑤ 如果返回值大于0，则向读者无效窗口类发送消息"显示（无效编号）"。

（2）检查图书类：检查图书的有效性。

① 无效编号＝0。

② 接收借书边界类传递来的图书编号。

③ 检索数据库的 T-BOOK 表，如果没有该图书，则无效编号 = 1（没有该图书信息）；如果该书在库量为零，则无效编号 = 1（图书已经被借出）。

④ 如果返回值大于 0，则向图书无效窗口类发送消息"显示（无效编号）"。

（3）借书处理类：协调借书活动中相关类的关系。

① 发消息给检查读者类，判断读者的有效性。

② 如果读者有效，发消息给检查图书类，判断图书有效性。

③ 如果读者和图书都有效，发消息给借书类，办理借书。

（4）借书类：办理借书。

① 向图书类发借书消息。

② 向借还书记录类发创建借书记录消息。

③ 检查预订记录，若有，向预订记录类发取消预订消息。

（5）预订图书类：处理预订图书。

向预订记录类发创建预订记录消息。

5. 系统层次划分

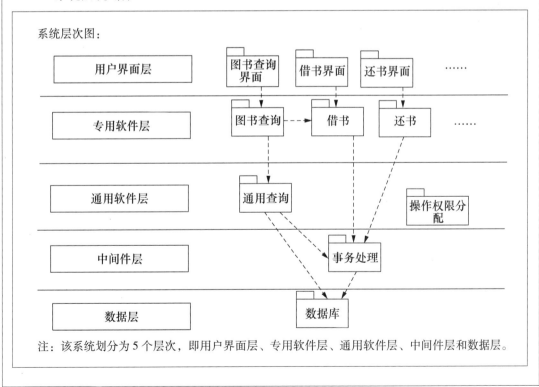

系统层次图：

注：该系统划分为 5 个层次，即用户界面层、专用软件层、通用软件层、中间件层和数据层。

注意：还有一些与系统设计相关的内容，如项目的背景、设计目的、意义、设计的约定、关键词汇定义、参考资料等，它们是系统设计规格说明书中不可缺少的，本模板未包括，请读者在使用时注意添加。

本章要点

● 面向对象设计的三句经典名言：① 对接口进行设计。② 发现变化并且封装它。③ 先考虑组合然后考虑继承。

● 面向对象设计中的主要内聚有服务内聚和类内聚；耦合分为两类：交互耦合和继承耦合。

● 面向对象的设计活动主要有系统架构设计、用例设计、类设计、数据库设计和用户界面设计。

● 系统架构设计以用例模型、分析模型为输入，生成物理架构、子系统及其接口、概要的设计类（设计阶段定义的类）。

● 进一步细化用例是根据面向对象分析阶段产生的高层类图和交互图，细化每个用例的类图，描述实现用例的类及其之间的相互关系。

● 详细设计一个类是详细设计每个类的属性、方法和关系。

思政小课堂

思政小课堂7

练习题

一、选择题

1. 在图书馆系统中，假如已经构造了一个一般借书者类，后来发现图书馆的学生和教师在借书中有不同的需求。那么，在面向对象设计中用（ ）方法可以方便地设计这两个类。

    A. 信息隐蔽   B. 继承   C. 动态联编   D. 代码复制

2. 框架是一组可用于不同应用的（ ）的集合。

    A. 类   B. 对象   C. 模块   D. 代码

3. 子系统之间的关系，可以是（ ），也可以是平等关系、依赖关系和继承关系。

    A. "请求-服务" 关系   B. 非继承关系

    C. 非依赖关系   D. 数据关系

4. 每个子系统的接口上定义了若干（　　），体现了子系统的功能。

    A. 说明　　　　　　　B. 操作　　　　　　C. 属性　　　　　　D. 关系

5. 子系统功能的实现应该是隐蔽的，其他子系统只能通过（　　）享受这个子系统提供的服务。

    A. 接口　　　　　　　B. 调用　　　　　　C. 引用　　　　　　D. 重用

6. 通常，将具有共性的非功能需求设计在（　　）和通用软件层，以减少重新开发的工作量。

    A. 接口层　　　　　　B. 中间件层　　　　C. 最底层　　　　　D. 最高层

7. 每个用例至少应该有一个（　　），它通常没有属性而只有方法，只是起协调和控制作用。

    A. 接口类　　　　　　B. 实体类　　　　　C. 控制类　　　　　D. 边界类

8. 下列选项中，不是正确的面向对象设计思想的是（　　）。

    A. 对接口进行设计　　　　　　　　B. 发现变化并且封装它

    C. 先继承后组合　　　　　　　　　D. 先组合后继承

9. 定义类的属性类型时尽量使用已有的类型，太多的自定义类型会降低系统的（　　）和可理解性等性能指标。

    A. 可维护性　　　　　B. 安全性　　　　　C. 开发效率　　　　D. 可移植性

二、简答题

1. 比较结构化设计和面向对象设计，两者的区别有哪些？

2. 什么是框架，它与"设计"有什么关系？

3. 封装在软件设计中非常重要，请举个例子来说明。

4. 面向对象的设计活动中，有架构设计师、用例工程师和构件工程师参加。他们每个角色的职责是什么？你认为还需要其他的角色参加吗？

5. 系统的物理架构中应该包括哪些信息？

三、应用题

详细设计图书馆信息管理系统还书用例，包括类图、交互图和相应的说明。

第 8 章　编　　码

学习内容

本章从软件工程的角度讨论了程序设计语言的特性、分类和良好的编程习惯，重点介绍如何培养良好的编程习惯，最后给出了一个编程规范示例，供学生参考。

学习目标

（1）掌握程序设计语言的特性，培养良好的编程习惯。

（2）理解编程规范。

（3）了解选择程序设计语言的一般原则。

思政目标

通过本章的学习，学生应具有良好的编程习惯，明确计算机类专业应用中的伦理原则，遵守行业规范，进一步将专业伦理意识和行业规范要求融会贯通。

程序编码就好比建筑工程中最基础的砌砖、和泥工作一样，是工程的基础，是设计的具体实施。编码是整个软件项目中最基础的一个环节，这个阶段的主要任务是写出正确的、容易理解的、容易维护的程序代码。目前，程序设计语言有上百种之多，程序设计语言的特点和程序员的编码水平对软件的可靠性、可测试性和可维护性有很大的影响。

8.1　程序设计语言

程序设计语言也叫编程语言，是指用于书写计算机程序的语言，是一种实现性的软件语言。在过去的几十年间，人们发明了许多程序设计语言。2022 年 11 月的一份市场研究显示，程序设计语言中比较流行且使用范围较广的前 10 名为 PythonC、Java、C＋＋、C＃、Visual Basic、Java Script、汇编语言、SQL 和 PHP。另外，过去几年最流行的新编程语言排行榜当中，Swift 高居榜首，之后是 C#、Go、Rus。每种程序设计语言各具特色，分别适用于不同的应用场景、不同的环境和不同的人群。

所有程序设计语言的基本成分都可归纳为 4 种：数据成分、运算成分、控制成分和传输成分。

（1）数据成分指明该语言能接受的数据，如各种类型的变量、数组、指针、记录等，作为程序操作的对象，具有名称、类型和作用域等特征。使用数据成分前要对这些特征加以说明，数据名称由用户通过标识符命名，类型用于说明数据需占用多少存储单元和存放形式，作用域说明数据可被使用的范围。

（2）运算成分指明该语言允许执行的运算，如+、−、＊、／。

（3）控制成分指明程序设计语言允许的控制结构。基本的控制成分包括顺序结构、条件选择结构和循环结构。

（4）传输成分指明该语言允许的数据传输方式。例如，C 语言标准库提供了两个格式化的输入/输出函数，printf( )用于向标准输出设备上写数据，scanf( )用于从标准输入设备上读数据。

8.1.1 程序设计语言的特性

1. 工程技术特性

程序设计语言的特点影响了人们思考编码的方式，也限制了人们与计算机进行通信的方式。为满足软件工程的需要，选择程序设计语言时应该考虑以下几点工程技术特性：

（1）将设计翻译成代码的便利程度。如果语言直接支持结构化部件、复杂的数据结构、特殊的 I/O 处理、按位操作和 OO 方法，则便于将设计转换成代码。

程序设计语言的特性

（2）编译器的效率。

（3）源代码的可移植性。

（4）软件的可重用性。

（5）软件的可维护性。

（6）语言本身是否具有丰富的配套开发工具。

2. 应用特性

不同的程序设计语言能够满足不同的技术特性要求，但为了满足应用的需要，还要了解程序设计语言的适用领域。例如，Python 语言的语法简洁而清晰，具有丰富和强大的类库，基本上能胜任各类日常需要的编程工作，PHP 语言专门用来编写网页处理程序，Perl 语言更适合文本处理，C 语言被广泛用于系统软件开发，Java 语言用于跨平台的应用软件开发，等等。

3. 心理特性

除了考虑程序设计语言的工程技术特性和应用特性之外，还要考虑程序设计语言特性对程序员心理的影响。程序员总是希望选择简单易学、使用方便的语言，以减少程序出错率，提高软件可靠性。影响程序员心理的语言特性有一致性、紧致性、局部性、线性和传统性。

（1）一致性是指语言采用的标记、符号相互协调一致的程度。例如，一个符号在不同的地方有不同的含义，可能容易导致错误。若语言本身存在一些问题，有可能导致不同的人有不同的解释，例如：

```
if X = 0 then printf( "this is a X \n")
if Y = 0 then printf( "this is a Y \n")
else printf( "this is a XY \n")
```

第3句的执行条件是 X 和 Y 都不为 0 的情况，还是只要 Y 不为 0 的情况，不同的人有不同的解释。

（2）紧致性是指程序员必须记忆的与编码有关的信息总量。描述紧致性的指标有对结构化部件的支持程度，可用关键字和缩写的种类，算术及逻辑操作符的数目，预定义函数的个数等。

（3）局部性是指程序设计语言支持模块化编程，容易满足高内聚、低耦合的设计原则。

（4）线性是指人们习惯按逻辑上线性的次序理解程序。程序中大量的分支和循环、随意的无条件转移（goto）语句会破坏程序的线性，所以应该提倡结构化程序设计思想。

（5）传统性容易影响人们学习新语种的积极性。

8.1.2 程序设计语言的分类

对程序设计语言的分类不是绝对的，在很多情况下同一个程序设计语言可以归到不同的类中。

（1）按照语言级别，程序设计语言有低级语言和高级语言之分。低级语言包括字位码、机器语言和汇编语言。它的特点是与特定的机器相关，虽然功效高，但使用复杂、烦琐、费时、易出差错。其中，字位码是计算机唯一可直接理解的语言，但由于它是一连串的字位，复杂、烦琐、冗长，几乎无人直接使用。机器语言是表示成数码形式的机器基本指令集，或者是操作码经过符号化的基本指令集。汇编语言是机器语言中地址部分符号化的结果，或进一步包括宏构造。高级语言的表示方法要比低级语言更接近待解问题，其特点是在一定程度上与具体机器无关，易学、易用、易维护。

（2）按照用户要求，程序设计语言有过程式语言和非过程式语言之分。过程式语言的主要特征是用户可以指明一系列可顺序执行的运算，以表示相应的计算过程，如 Fortran、COBOL、ALGOL60 等。非过程式语言的含义是相对过程式语言而言的。例如，著名的表处理程序设计语言 RPG 就属于非过程式语言，使用者只需要指明输入和预期的输出，无须指明为了得到输出所需的过程。

（3）按照应用范围，程序设计语言有通用语言和专用语言之分。目标非单一的语言称为通用语言，如 Fortran、COBOL、ALGOL60 等。目标单一的语言称为专用语言，如自动数控程序设计语言 APT 等。

（4）按照使用方式，程序设计语言有交互式语言和非交互式语言之分。具有反映人机交互作用的语言成分的称为交互式语言，如 Shell 语言；而 Fortran、C、PASCAL 等都是非交互式语言。

（5）按照成分性质，程序设计语言有顺序语言、并发语言和分布式语言之分。只含顺序成分的语言称为顺序语言，如 Fortran、COBOL 等。含有并发成分的语言称为并发语言，如并发 PASCAL、Modula 和 ADA 等。考虑到分布计算要求的语言称为分布式语言，如 Modula。

综上所述，从软件工程的角度来看，汇编语言只是在高级语言无法满足设计要求时，或者不支持某种特定应用的技术性能时，才被使用。像 Basic，Fortran，COBOL 等这类基础语言，曾经在科学与工程计算领域应用十分广泛，但已经过时，利用其所编制的新的应用越来越少。结构化程序设计语言，具有很强的过程控制能力和数据结构处理能力，并提供结构化的逻辑构造。这一类语言的代表是 PL/1、PASCAL、C 和 ADA 等。

专用语言中，有代表性的有 Lisp、PROLOG、Smalltalk、C++、Java 等。其中，Lisp 和 PROLOG 语言是人工智能领域专用的语言，特别适合实现推理机，常用来开发各种专家系统，Lisp 和 PROLOG 语言在知识库系统中对事实、规则和推理的定义比较简单、容易。C++ 之所以能够成为当今受欢迎的面向对象程序设计语言，因为它既融合了面向对象的能力，又与 C 语言兼容，保留了 C 语言的许多重要特性。这就保护了大量已开发的 C 库、C 工具以及 C 源程序的完整性，程序员不必放弃自己已经十分熟悉的 C 语言，而只需要补充学习 C++ 提供的那些面向对象的概念即可。Java 语言是一种跨平台的、解释型的、动态的面向对象程序设计语言。Java 语言接近 C++ 语言，但有许多重大修改。它不再支持运算符重载、多继承及许多自动强制等易混淆的和较少使用的特性，增加了内存空间自动垃圾收集的功能，提供了更多的动态解决方法。另外，Java 中提供了附加的例程库，通过它们的支持，Java 应用程序能够自由地打开和访问网络上的对象，就像在本地文件系统中一样。因此，Java 语言特别适用于 Internet 环境下的应用开发，它提供了网络应用支持和多媒体信息处理的功能，推动了 Internet 和企业网络的 Web 的进步。

还有另一类语言，通常称为第四代语言，它将语言的抽象层次又提高到一个新的高度。它用不同的文法表示程序结构和数据结构，不再需要规定算法的细节，兼有过程性和非过程性两重特性：程序员规定的条件和相应的动作，这是过程性的部分；指出想要的结果，这是非过程性的部分。中间的细节由 4 GL 语言系统运用它专门领域的知识来填充。常见的第四代语言有数据库查询语言 DEV2 000、程序代码生成器，以及其他一些原型语言、形式化规格说明语言等。

8.1.3　程序设计语言的选择依据

1. 语言选择时考虑的因素

为某个特定软件项目选择程序设计语言时，要从技术、工程、心理学等不同角度评价和比较各种编程语言的适用程度。有实际经验的软件开发人员往往有这样的体会，在他们进行决策时经常面临矛盾的选择，因此在选择时通常要做出某种合理的折中。选择程序设计语言时通常考虑的因素有如下几项：

（1）编程人员的水平和编程经历。虽然程序员学习一门新的语言并不困难，但是要熟练地掌握和精通一门语言是需要长期的开发实践积累的。因此，在选择程序设计语言时，一定要考虑到时间限制和程序员掌握语言的程度，尽可能选择一种程序员熟悉的语言。

（2）待开发软件的类型。待开发软件的类型一般分为数据库应用软件、实时控制软件、系统级软件、人工智能类软件、军用软件等，应该根据软件的类型选择合适的开发语言。例如，Fortran 语言适用于科学计算，PowerBuilder、Delphi、C#等语言适用于信息系统的开发，Lisp、PROLOG 语言适用于人工智能软件的开发。

（3）算法和计算的复杂性。待开发软件算法的复杂性不同，应该根据这一特点选择合适的程序设计语言。例如，科学计算领域大多选择 Fortran，这是因为它的运行性能比较好。但是，当今计算机硬件的发展使得运算速度已不再成为瓶颈，因此许多计算型软件采用 C/C++语言。然而，计算复杂性很高的软件采用汇编语言或人工智能类语言肯定是不合适的，前者编写代码的工作复杂性太高，后者的运行效率太低，并且这两类语言的科学计算库都很少，可重用的软件元素较少。

（4）数据结构的复杂性。有些语言定义数据类型的能力非常差，如 Fortran、Basic 等，一旦设计中有比较复杂的数据结构，程序员就会感到很棘手。而 PASCAL、Java 之类的语言，其数据结构描述能力非常强大，为程序员创造了一个很广阔的编程空间。

（5）软件的开发成本和时间要求。选择一种程序设计语言时，不仅要考虑当前的开发成本，还要考虑今后的维护成本。如果选择的语言很生僻，即使现在以很快的速度开发出来，将来的维护工作量也有可能很大，因此不得不综合考虑。

（6）软件的可移植性要求。如果目标系统的运行环境不能确定，如可能运行在小型机的 Unix 操作系统上，也可能运行在大型机的 OS/400 操作系统上，甚至还要运行在 PC 的 Windows 操作系统上，这时选择的开发语言最好是 Java。这样可以保证软件的跨平台运行。

（7）可用的软件工具。选择程序设计语言时，特别是为大型软件选择语言时，一定要考虑可用的软件工具。如果某种语言有支持开发的工具，则开发和调试都会容易。

综上所述，在选择与评价程序设计语言时，首先要从应用要求入手，对比各项要求的相对重要性，然后选择合适的编程语言。

2. 评价依据

所选择的程序设计语言是否合适,可依据以下几项要求进行评价:

(1) 选择的编程语言要有理想的模块化机制,以及可读性好的控制结构和数据结构。

(2) 为了便于调试和提高软件可靠性,选择的语言应该使编译程序尽可能多地发现程序中的错误。

(3) 为了降低软件维护和开发的成本,选择的语言应该具有良好的独立编译机制。

注意:不要盲目追求新的编程语言,新的、更强有力的语言虽然对于应用有很强的吸引力,但是通常存在一些不易被发现的隐患,需要经过几个版本的完善才能好用。况且,原来熟悉的语言已经积累了大量应用,具有完整的资料和软件开发工具。因此,在选择程序设计语言时应该彻底地分析、评价和了解语言的特性,以选择最合适的语言。

8.2 良好的编程习惯

良好的编程习惯

为了保证程序编码的质量,程序员必须深刻地理解、熟练地掌握并正确地运用程序设计语言的特性。然而,对于代码编写而言,软件工程不仅要求程序正确,还要求程序具有良好的结构和设计风格。为什么程序的正确性不是衡量代码质量的唯一要求呢?这是因为,程序员编写的代码除了交给计算机运行外,还必须能够让其他程序员或设计人员看懂。因此,在写程序代码时要考虑代码的可读性。如果程序代码的可读性好,则调试和维护的成本可以大幅度降低,同时可以减小程序运行期间软件失效的可能性,提高程序的可靠性。

8.2.1 程序设计风格

有相当长的一段时间,许多人认为程序只是给机器执行的,而不是供人阅读的,所以只要程序逻辑正确,能被机器理解并依次执行就足够了,至于风格如何无关紧要。但随着软件规模增大,复杂性增加,人们逐渐发现在软件生存期中需要经常阅读程序。特别是在软件测试阶段和维护阶段,编写程序的人与参加测试和维护的人都要阅读程序。人们认识到,阅读程序是软件开发和维护过程中一个重要的组成部分,甚至读程序的时间比写程序的时间还要多。所以,应当在编写程序时多花一些工夫,讲求程序的风格,这将大大减少人们读程序的时间。

1. 基本要求

(1) 程序结构清晰且简单易懂,单个函数的行数一般不要超过 100 行(特殊情况例外)。

(2) 算法设计应该简单,代码要精简,避免出现垃圾程序。

（3）尽量使用标准库函数（类方法）和公共函数（类方法）。

（4）最好使用括号以避免二义性。

2. 可读性要求

随着软件系统的规模越来越大，在测试和维护过程中阅读代码成为一件十分困难的事情。如今，人们不再过度地强调编码的技巧性，而是将代码可读性作为影响软件质量的一个重要因素，经常是"可读性第一，效率第二"。程序可读性方面的具体要求如下。

（1）源程序文件应有文件头说明，函数应有函数头说明，具体内容包括：程序标题；有关该模块功能和目的说明；主要算法说明；接口说明，包括调用形式、参数描述、子程序清单、有关数据的说明（重要的变量及其用途、约束或限制条件，以及其他有关信息）；模块位置（在哪一个源文件中或隶属于哪一个软件包）；开发历史，包括模块设计者、复审者、复审日期、修改日期及有关说明等。

（2）主要变量（结构、联合、类或对象）定义应该有能够反映其含义的注释。

（3）变量定义最好规范化，说明的先后次序固定，如按常量说明、简单变量类型说明、数组说明、公用数据块说明、文件说明的顺序排列。在每个类型说明中还可以进一步要求，例如可按如下顺序排列：整型量说明、实型量说明、字符量说明、逻辑量说明。当多个变量名用一个语句说明时，应该将这些变量按字母顺序排列。

（4）处理过程的每个阶段和典型算法前都有相关注释说明，但是不要对每条语句注释。

（5）应保持注释与代码完全一致。

（6）利用缩进来显示程序的逻辑结构，缩进量统一为 4 个字节。

（7）对于嵌套的循环和分支程序，层次不要超过 5 层。

3. 正确性与容错性要求

（1）程序首先是正确的，其次要考虑优美和效率。

（2）对所有的用户输入，必须进行合法性和有效性检查。

（3）不要单独进行浮点数的比较。例如在计算机中用二进制数表示十进制数时，有时二进制数不能准确地表达十进制数，这时浮点数的表示具有不准确性。若用它们做比较，其结果常常发生异常情况。解决办法是在严格的容差级范围内检验两个值的差异，其形式为：

$$|x0-x1|<\varepsilon$$

其中，ε 是容差级，其大小取决于具体应用中的总体精度要求及所用数值的精度。

（4）所有变量在调用前必须被初始化。

（5）改一个错误时可能产生新的错误，因此在修改前首先考虑对其他程序的影响。

（6）单元测试也是编程的一部分，提交联调测试的程序必须通过单元测试。

（7）单元测试时，必须针对类里的每一个 Public 方法进行测试，测试其正确的输入是否得到正确的输出；错误的输入是否得到相应的容错处理（异常捕捉处理，返回错误提示等）。

4. 可移植性要求

（1）对于 Java 程序来说，应当尽量使用标准的 JDK 提供的类，避免使用第三方提供的接口，以确保程序不受具体的运行环境影响，而且和平台无关。

（2）对数据库的操作，使用符合 Java 语言规范的标准的接口类（如 JDBC），避免使用第三方提供的产品，除非程序是运行于特定的环境下，并且有很高的性能优化方面的要求。

（3）对程序中涉及的数据库定义和操纵语句，尽量使用标准 SQL 数据类型和 SQL 语句，避免使用第三方的专用数据库所提供的扩展 SQL 语句或 SQL 函数，除非此扩展部分已成为一种事实上的标准。

5. 输入和输出要求

任何程序都会有输入和输出，输入和输出的方式应当尽量方便用户的使用。系统能否为用户接受，很大程度上取决于输入和输出的风格。在需求分析阶段和设计阶段就应确定基本的输入输出风格，要避免因设计不当带来操作和理解的麻烦。

输入输出风格随人工干预程度的不同而异。例如，对于批处理软件的输入和输出，通常希望按逻辑顺序组织输入数据，并有合理的输出报告格式，除此之外还要有输入/输出信息的合理性、有效性检查，一旦发现错误就能够自动恢复。对于交互式输入/输出来说，应有简单且带提示的输入方式、信息出错检查、出错恢复功能，并通过人机对话指定输出格式。

此外，无论批处理软件还是交互式软件，在对输入和输出方式进行设计和程序编码时都应考虑下列原则：

（1）对所有的输入数据进行检验，从而识别错误的输入，以保证每个数据的有效性。

（2）检查输入项各种重要组合的合理性，必要时报告输入状态信息。

（3）输入的步骤和操作尽可能简单，并且要保持简单的输入格式。

（4）有些输入信息应提供默认值。

（5）输入一批数据时，最好使用输入结束标志，而不要由用户指定输入数据数目。

（6）在以交互式方式进行输入时，要在屏幕上显示提示信息，说明输入的选择项和取值范围，便于操作者输入。同时，在输入数据的过程中和输入数据结束时，也要在屏幕上给出状态信息。

（7）当程序设计语言对输入格式有严格要求时，应保持输入格式与输入语句的要求相一致。

（8）给所有的输出加上注解信息。

（9）按照用户的要求设计输出报表格式。

输入输出风格还受到许多因素的影响，如输入/输出设备（终端的类型、图形设备、数字化转换设备等）、用户操作的熟练程度、工作环境和通信环境等。

6. 可重用性要求

（1）可重复使用的、功能相对独立的算法或接口。应该考虑封装成公共的控件或类，如时间、日期处理，字符串格式处理，数据库连接，文件读写等，以提高系统中程序的可重用性。

（2）相对固定和独立的程序实现方式和过程。应该考虑做成程序模板，增强对程序实现方式的重用，如对符合一定规范的 XML 数据的解析等过程做成模板。

8.2.2　代码检查

代码检查是一种有效的代码错误检测技术，它比使用程序测试发现错误要经济得多。代码检查是由编程人员组成一个检查小组，通过阅读代码，并进行提问和讨论，从而发现可能存在缺陷、遗漏和矛盾的地方。程序错误一般包括数据缺陷、控制缺陷、计算缺陷、接口缺陷、输入/输出缺陷、存储管理缺陷、异常处理缺陷等类型。

开发组织应该通过长期的积累，不断完善一张代码审查表，代码审查表的问题与具体程序设计语言相关，下面是一张 Java 语言的代码审查表示例。

［代码检查：类］

C1：类的命名是否与需求和设计相符？

C2：能否是抽象的？

C3：类的头部是否说明了该类的目的？

C4：类的头部是否引用了相关的需求和设计元素？

C5：是否说明了该类所从属的包？

C6：是否尽量地私有（private）？

C7：应该是 final（Java 语言）吗？

C8：是否已经应用了文档标准？

［代码检查：属性］

A1：该属性是否必要？

A2：能否是静态的（static）？

A3：应该是 final（Java 语言）吗？

A4：是否正确地应用了命名约定？

A5：是否尽量地私有（private）？

A6：属性之间是尽可能独立的吗？

A7：初始化策略是否可理解？

A8：说明时是否初始化？

A9：是否使用构造函数初始化？

A10：是否使用静态（static）块 ||？

A11：是否混合使用上述方法？如何初始化？

［代码检查：构造函数］

CO1：该构造函数是否必要？使用工厂方法是否更合适？

CO2：是否平衡已有的构造函数（一种 Java 仅有的能力）？

CO3：是否将所有的属性进行了初始化？

CO4：是否尽量地私有（private）？

CO5：必要时，是否执行了继承的构造函数？

［代码检查：方法头］

MH1：该方法是否被适当地命名？是否与需求或设计一致？

MH2：是否尽量地私有（private）？

MH3：能否是静态的（static）？

MH4：应该是 final（Java 语言）吗？

MH5：方法的头部是否描述了该方法的目的？

MH6：方法的头部是否引用了该方法满足的需求或设计部分？

MH7：是否说明了所有必要的变量？

MH8：是否说明了所有的前置条件？

MH9：是否说明了所有的后置条件？

MH10：是否应用了文档标准？

MH11：参数类型是否受限？

［代码检查：方法体］

MB1：算法是否与设计伪码或流程图相符？

MB2：代码假设只有前置条件吗？

MB3：代码是否产生了每一个后置条件？

MB4：代码是否遵守了所要求的不变式？

MB5：是否每一个循环都能够终止？

MB6：是否遵循了所要求的符号标准？

MB7：是否每一行都进行了彻底检查？

MB8：所有括号是否匹配？

MB9：是否考虑了所有非法参数？

MB10：代码是否返回了正确的类型？

MB11：代码是否被清楚地注释？

8.3 编程规范示例

　　程序员通常使用不同的工具和编程语言开发很多不同的软件项目，有时可能参与开发一个新的项目，有时可能维护一个由其他人开发的老程序。大部分情况是与一组人一起共同开发一个程序，这时通常牵扯很多人，所以协作是非常重要的。因此，程序员编写代码时要考虑如何让他人理解你写了些什么、为什么这样写、这些代码是如何实现应用要求的。许多组织有严格的编码标准和编码过程规范，统称为编程规范，程序员在开始编写代码之前必须要经过一定的培训，以了解本组织的编程规范。按照编程规范的要求编写的代码和与之相关的文档使得程序的可理解性大大改善。因此，一个软件开发组织无论规模大小都要制定一套适用的编程规范，这个规范对于不同的开发项目来说是可以裁剪的，裁剪的目的是使规范更加实用。

　　下面是某个项目的编程规范示例。

编程规范示例

　1. 标识符命名及书写规则

　1.1　基本规则

　　（1）这里的标识符是指编程语言中语法对象的名字，它们有常量名、变量名、函数名、类和类型名、文件名等。标识符的基本语法是以字母开始，由字母、数字及下划线组成的单词。

　　（2）标识符本身最好能够表明其自身的含义，以便于使用和他人阅读。按其在应用中的含义，由一个或多个词组成，可以是英文词或中文拼音词。

　　（3）当标识符由多个词组成时，每个词的第一个字母大写，其余全部小写，但常量标识符全部大写。中文拼音词由中文描述含义的每个汉字的第一个拼音字母组成。英文词尽量不缩写，如果有缩写，在同一系统中对同一单词必须使用相同的表示法。

　　（4）标识符的总长度不要超过32个字符。

　1.2　特殊约定

　　有的编程工具或项目开发小组对标识符的命名有自己的规定。例如，把标识符分为两部分：规范标识前缀+含义标识。

　　（1）规范标识前缀用来表明该标识符的归类特征，以便与其他类型的标识符互相区别，如字符串变量标识符的前缀为 str，那么某字符串变量可命名为：strExample；如文本框对象标识符的前缀为 txt，那么某文本框对象的命名可为 txtExample。

　　（2）含义标识用来表明该标识符所对应的被抽象实体，以便记忆。上面例子 strExample 中的 Example 就是含义标识。编程工具或项目开发小组有特殊约定的，以其约定为准。

　1.3　源代码文件标识符命名规则

　　源代码文件标识符分为两部分，即文件名前缀和后缀。

　　（1）前缀部分通常与该文件所表示的内容或作用有关，可以由开发小组成员统一约定。

　　（2）后缀部分通常表示该文件的类型，可以自己给定，有特殊规定的以具体编程环境的规定为准。

　　（3）前缀和后缀这两部分字符应仅使用字母、数字和下划线。

　　（4）文件标识符的长度不能超过32个字符，以便识别。

　2. 注释及格式要求

　　注释总是加在程序需要一个概括性说明、不易理解或易理解错的地方。注释应简练、易懂、准确，所采用的语种首选中文，如有输入困难、编译环境限制或特殊需求也可采用英文。

2.1　源代码文件的注释

（1）在文件的头部必须表明程序名称和该程序所完成的主要功能。

（2）标明文件的作者及完成时间。

（3）阶段测试结束后，标明主要修改活动的修改人、时间、简单原因说明列表等。

（4）维护过程中需要修改程序时，应在被修改语句前面注明修改时间和原因说明。

2.2　函数或过程的注释

（1）在函数头部必须对函数进行功能和参数说明。

（2）在函数的主体部分，如算法复杂时，应以注释的方式对其算法结构做出说明。

（3）函数申请过全局资源且有可能导致资源紧张时应加以注明（内存、文件句柄等）。

（4）函数有副作用应以十分醒目的方式（加"！"等）注明。

（5）函数的长度在 100 语句行以内（不包括注释），程序有特殊要求（速度要求等）时可以例外。

2.3　语句的注释

（1）应对不易理解的分支条件表达式加注释。

（2）不易理解的循环应说明出口条件（有 goto 语句的程序还应说明入口条件）。

（3）过长的函数实现应将其语句按实现的功能分段做概括性说明。

（4）供别的文件或函数调用的函数不应使用全局变量交换数据。

2.4　常量和变量的注释

在常量名字（或有宏机制语言中的宏）声明后应对该名字做适当注释，注释说明的要点是：

（1）被保存值的含义（必须）。

（2）合法取值的范围（可选）。

（3）全局量需要对以上逐点做充分的说明。

3.　缩进规则

3.1　控制结构的缩进

程序应以缩进形式展现其块结构和控制结构，在不影响展示程序结构的前提下尽可能减少缩进的层次。例如：

```
if(expression) {
    statements
        }
        else  {
            statement
        }
```

3.2 缩进的限制

一个程序的宽度如果超出页宽或屏宽将是很难读的，所以本规范要求使用折行缩进、合并表达式或编写子程序的方法来限制程序的宽度。

（1）任何一个程序最大行宽不得超过 80 列，超过者应折行书写。

（2）建议一个函数的缩进不得超过 5 级，超过者应将其子块写为子函数。

（3）算法或程序本身的特性有特殊要求时可以超过 5 级。

思政小课堂

思政小课堂 8

本章要点

● 程序设计语言的选择依据：编程人员的水平和编程经历，待开发软件的类型，算法和计算的复杂性，数据结构的复杂性，软件的开发成本和时间要求，软件的可移植性要求，可用的软件工具。

● 程序设计的风格主要考虑：基本要求、可读性要求、正确性与容错性要求、可移植性要求、输入和输出要求、可重用性要求。

● 代码检查是一种有效的代码错误检测技术，通过阅读代码，并进行提问和讨论，从而发现可能存在缺陷、遗漏和矛盾的地方。

● 程序错误一般包括数据缺陷、控制缺陷、计算缺陷、接口缺陷、输入/输出缺陷、存储管理缺陷、异常处理缺陷等类型。

练习题

一、选择题

1. 按语言级别分类，程序设计语言可划分为（　　　）两类。

    A. 低级语言和高级语言　　　　　　B. C 语言和 Java 语言

    C. 过程式语言和非过程式语言　　　D. 低级语言和机器语言

2. 程序设计语言的工程技术特性不应包括（　　　）。

    A. 软件的可维护性　　　　　　　　B. 程序员的使用习惯

    C. 数据库的易操作性　　　　　　　D. 源代码的可移植性

3. 所有程序设计语言的基本成分都可归纳为 4 种，下面（　　）不属于 4 种之一。

    A. 数据成分　　　　　B. 顺序执行成分　　　　C. 运算成分　　　　D. 控制成分

4. 选择程序设计语言考虑的因素不包括（　　）。

    A. 数据结构的复杂性　　　　　　　　　B. 编程人员的水平和编程经历

    C. 软件的可移植性要求　　　　　　　　D. 必须具备数据库操作和图形绘制功能

5. 下列关于各语言的说法中，不正确的是（　　）。

    A. PHP 语言适用于编写网页处理程序

    B. Python 语言的语法简洁而清晰，具有丰富和强大的类库，基本上能胜任各类日常需要的编程工作

    C. 机器语言编程容易，十分适用于跨平台的应用软件开发

    D. Perl 语言适合文本处理程序的效率，与程序的简单性无关

6. 下列关于代码检查的说法中，不正确的是（　　）。

    A. 代码检查是一种有效的代码错误检测技术，它比使用程序测试发现错误要经济得多

    B. 代码检查主要检查软件配置是否完整

    C. 代码检查过程中往往会组成一个检查小组

    D. 代码审查表是代码检查中常用的一种方法，代码审查表里列出的问题与具体程序设计语言相关

7. 关于 Java 语言，下列说法中不正确的是（　　）。

    A. 跨平台的　　　　　B. 动态指针　　　　　C. 解释型的　　　　　D. 面向对象的

二、简答题

1. 简述在项目开发时，选择程序设计语言应考虑的因素。

2. 为建立良好的程序设计风格，应遵循什么原则？

3. 程序设计语言的共同特征有哪些？

4. 什么是程序设计风格？为了具有良好的设计风格，应注意哪些方面的问题？

三、应用题

1. 请读者参考能够找到的编程规范，设计一个 C 语言编程规范。

2. 有的学生总是问老师："我应该掌握什么程序设计语言？"你认为，该如何回答这个问题？

3. 编写 C 语言程序，要求输入一个学生的两门课成绩（百分制），计算该学生的总分，并要求输出成绩等级 A、B、C、D、E，总分在 180 分及以上为 A，160～179 分为 B，140～159 分为 C，120～139 分为 D，120 分以下为 E。使用 Switch 语句编写，具体要求：

（1）成绩通过键盘输入，输入之前要有提示信息。

（2）若输入的成绩不是百分制成绩，则给出错误提示信息，并且不再进行下面的等级评价；若输入的成绩是百分制成绩，则计算总分，并根据要求评价等级。

4. 请修改下面的程序，使它的可读性更好。

```
WHILE P DO
IF A>O THEN A1 ELSE A2 ENDIF;
S1;
IF B>0 THEN B1;
WHILE C DO S2;S3 ENDWHILE;
ELSE B2
ENDIF;
B3
ENDWHILE;
```

第 9 章　软 件 测 试

学习内容

　　本章主要讲述软件测试的基本概念，详细介绍了白盒测试、黑盒测试的测试用例设计方法，讨论了针对需求分析、设计、软件编码各个阶段的工作应采用的单元测试、集成测试、系统测试和验收测试的方法和策略，还特别讲解了基于 Web 的软件测试方法，最后简单介绍了面向对象的软件测试的概念和方法。

学习目标

　　(1) 掌握软件测试的概念。
　　(2) 掌握黑盒测试和白盒测试的基本方法。
　　(3) 理解单元测试的过程。
　　(4) 了解集成测试、系统测试和验收测试的基本过程。
　　(5) 了解基于 Web 的软件测试方法。
　　(6) 了解面向对象测试的概念和方法。

思政目标

　　通过本章的学习，要意识到软件测试的重要性，建立善于发现问题的信心，养成谨慎、细致的优良工作作风。

　　软件测试实际上是软件质量保证活动之一。像其他工程一样，质量保障应该贯穿整个工程。软件测试在人、财、物和时间等方面的开销非常大。因此，软件测试本身就是软件工程中值得专门计划和管理的一项子工程。

软件测试概述

9.1 软件测试概述

许多人都有过这样的想法：测试有什么学问？那不过是用一些数据将程序执行一遍，然后把发现的问题记录下来罢了。但是，在许多情况下，软件测试关系到人的生命和财产安全。

9.1.1 软件测试的定义

什么是软件测试？从广义上讲，软件测试是指软件产品生存周期内所有的检查、评审和确认活动。从狭义上讲，软件测试是为了发现错误而执行程序的过程。或者说，软件测试是根据软件开发各个阶段的规格说明和程序内部结构而精心设计一批测试用例，用这些测试用例运行程序，以发现程序错误的过程。一个测试用例是一组输入数据及其对应的预期输出结果。

一般的软件，其测试工作量大约占整个开发工作量的 40%；系统软件是可能关系到人的生命和财产安全的重要软件，其测试工作量通常达到整个开发工作量的 3～5 倍。

9.1.2 软件测试的目标和原则

1. 软件测试的目标

软件测试的目标是设计优秀的测试用例，以最小的代价、在最短的时间内尽可能多地发现软件中的错误。在谈到软件测试时，许多人都习惯引用 Glenford J. Myers 在 *The Art of Software Testing* 一书中提出的观点：

（1）软件测试是为了发现错误而执行程序的过程。

（2）测试是为了证明程序有错误，而不是证明程序无错误。

（3）一个好的测试用例在于它能发现至今未发现的错误。

（4）一个成功的测试是发现了至今未发现的错误的测试。

测试并不仅仅是为了找出错误，它还要通过分析错误产生的原因和错误的分布特征，来帮助评价软件的质量，进一步发现软件的缺陷。这也有助于设计出更有针对性的测试用例，提高测试的效率。

2. 软件测试的原则

软件测试的原则有如下几项：

（1）应该把测试贯穿在整个开发过程之中。事实上，从需求分析阶段开始，每个阶段结束之前都要进行阶段审查，目的是尽早发现和纠正错误。

（2）每个测试用例都应该包括测试输入数据和这组数据输入作用下的预期输出结果。

在实际操作中可以列出一张表格，包括每个测试用例的编号、类型、输入数据、预期输出结果、实际输出结果、出错原因分析等。

（3）要对每个测试结果进行全面检查，不要漏掉已经出现的错误迹象。

（4）程序员应该尽量避免检查自己编写的代码。测试工作要有严谨的工作作风，程序员在测试自己编写的代码时往往带有一些倾向性，使得他们在测试工作中常常出现一些疏漏。而且，程序员因对设计规格说明书的理解错误而引入的错误更是难以发现。

（5）在设计测试用例时，应该包括有效的、期望的输入情况，也要包括无效的和不期望的输入情况，以便既能够验证程序正常运行的合理输入，也能够验证对异常情况处理的不合理输入数据以及临界数据。在测试程序时，人们常常过多地考虑合法的和期望的输入条件，以检查程序是否做了它应该做的事情，而忽视了不合法的和预想不到的输入条件。事实上，用户在使用系统时，输入一些错误指令和参数是经常发生的，如果软件遇到这种情况而不能做出适当的反应，也未能给出相应的提示信息，就可能误导用户，甚至造成严重损失。

（6）软件中遗留的错误数量与已经发现的错误数量成正比。根据这个规律，对测试中发现错误成堆的模块更要仔细测试。例如，在某个著名的操作系统中，44%的错误仅与4%的模块有关。

（7）回归测试的关联性要特别引起注意，修改一个错误而引起更多错误的现象并不少见。

（8）测试程序时不仅要检查程序是否做了它应该做的事情，还要检查是否做了它不该做的事情。例如，工资软件中，软件只完成在编职工工资的计算和输出，对不在编人员的工资是不进行计算和输出的。如果软件将不在编人员的工资信息也输出，显然是不合适的。

（9）严格执行测试计划。在测试之前应该有明确的测试计划，内容包括要测试的软件功能和内容、测试用例和预期结果、测试的进度安排、需要的工具和资源、测试控制方式和过程等。

（10）做好测试记录，为统计和维护提供基础数据。

9.1.3　软件测试的层次和类型

从测试对象的粒度上划分，软件测试可以分为以下 4 个层次。

（1）单元测试：针对程序模块的测试，测试的粒度最小。

（2）集成测试：把经过单元测试的模块放在一起形成一个子系统来测试。集成测试的重点是模块之间的接口。

（3）系统测试：把经过集成测试的子系统装配成一个完整的系统来测试。这个测试的主要目标是发现软件设计中的错误，测试过程中也可能发现需求说明中的错误。

（4）验收测试：以用户为主，由用户参加设计测试用例，对软件的功能、性能进行全面测试。通过验收测试，验证软件是否满足需求规格说明书的要求，检查所有的配置成分是否齐全。其主要目的是验证系统能否满足用户的需要。在这个测试中，主要发现设计需求规格说明书中的错误。

- 由于软件错误的复杂性，软件测试需要综合应用测试技术，并且实施合理的测试步骤，即单元测试、集成测试、系统测试和验收测试。单元测试集中于每一个独立的模块；集成测试集中于模块的组装；系统测试确保整个系统与系统的功能需求和非功能需求保持一致；验收测试是用户根据验收标准，在开发环境或模拟真实环境中执行的可用性测试、功能测试和性能测试。

根据是否要运行被测程序，软件测试可以分为静态测试和动态测试。

（1）静态测试：通过代码审查和静态分析，检查源代码中存在的问题。代码审查由有经验的程序设计人员实施，根据软件详细设计说明书，通过阅读程序来发现源程序中类型、引用、参数传递、表达式等错误，不必运行程序。静态分析主要对程序进行控制流分析、数据流分析、接口分析和表达式分析等。

（2）动态测试：在指定的环境上运行被测程序，输入测试数据，获得测试结果，将获得的测试结果与预期的结果进行比较，发现程序中的错误。

根据测试内容的不同，软件测试可以分为下面这些类别。

（1）功能测试：验证软件是否提供了预期的服务。它根据软件需求规格说明书设计测试用例，并按照测试用例的要求运行被测程序。由于在这类测试过程中将被测程序看成不可见的黑盒子，因此这类测试也被称为黑盒测试。黑盒测试着重验证软件功能和性能的正确性，其典型测试包括价类划分、边值分析、因果分析、猜测错误等。

（2）结构测试：对程序结构的检查，也称为白盒测试。采用这种测试方法，测试者需要了解被测程序的内部结构。白盒测试通常根据覆盖准则设计测试用例，有语句覆盖、判定覆盖、条件覆盖、判定/条件覆盖和条件组合覆盖等。

（3）用户界面测试：对软件提供的用户界面、系统接口进行测试，验证其是否操作方便、易于理解。

（4）性能测试：测试程序的响应时间、并发性、吞吐量、处理精度等。

（5）负载测试：测试一个软件在重负荷下的运行情况。例如，测试一个 Web 应用软件在大负荷下系统的响应情况。

（6）强度测试：这是在交替进行负载测试和性能测试时常用的术语，也用于描述在异乎寻常重载下的系统运行情况，如某个动作或输入不断重复、大量数据输入、对一个数据库应用系统大量的复杂查询等。

（7）安装测试：验证安装是否正确，包括初次安装、升级安装、完全安装、定制安装等，以及安装后能否正确运行。

（8）安全性测试：检查系统对非法入侵的防范能力。测试人员假扮非法入侵者，采用各种办法试图突破防线，如截取或破译口令、破坏系统的保护机制、故意导致系统失败、试图通过浏览非保密数据推导所需信息等。

（9）恢复测试：验证当系统出错时，能否在指定时间间隔内修正错误并重新启动系统。恢复测试首先要采用各种办法强迫系统失败，然后验证系统是否能尽快恢复。对于自动恢复，需验证重新初始化、数据恢复等机制的正确性；对于人工干预恢复的系统，还需要评估平均修复时间，确定其是否在可接受的范围内。

（10）文档完整性测试：检查文档的编写是否符合文档编写的目的，内容是否完善、正确，标记是否正确。

9.2　设计测试用例

设计测试用例

测试用例就是用于软件测试的输入数据及其对应的预期结果。不同的测试用例发现错误的能力有很大的差别，一个好的测试用例应具有几个特征：最有可能发现错误、不是重复多余的、具有代表性。

设计测试用例时的典型步骤如下：

（1）根据软件需求规格说明书设计测试用例，进行功能测试。

（2）设计普通用户的使用方案。

（3）设计稀有或特殊的使用方案。

（4）考虑与系统其他组成部分（打印机、调制解调器等）的配合，测试中还要考虑对设备的共享。

（5）考虑特殊情况，如内存和硬件的冲突等。

设计测试用例时，常常几种方法同时使用。通常，先按黑盒测试设计基本测试用例，发现软件功能和性能上的问题；然后按白盒测试补充一些测试用例，发现程序逻辑结构的错误。

9.2.1　结构测试

结构测试的基础是软件详细设计说明书。结构测试的成本很高，所以通常只对结构比较复杂的模块才进行结构测试。实际项目中，可根据具体情况选择以一种测试方法为主，然后以其他方法作为补充。

1. 语句覆盖测试

采用语句覆盖进行测试，就是用足够多的测试用例使程序的每条语句至少执行一次。这是一个非常弱的测试方法，因为即使每条语句都执行一次，仍然会有许多错误测试不出来。

例如：

```
BEGIN
……;
IF((A>1)AND(B=0))THEN DO
X:=X/A;
IF((A=2)OR(X>1))THEN DO
X:=X+1;
END
```

这段程序对应的程序流程图如图 9-1 所示。

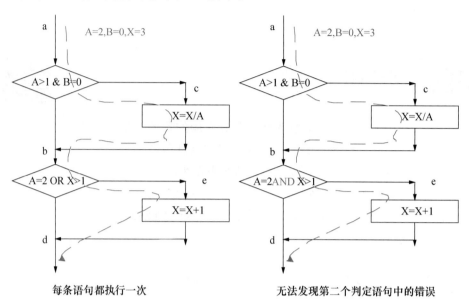

图 9-1   语句覆盖测试程序流程图

测试用例 A＝2，B＝0，X＝3 可以使每条语句都执行一次。但是，如果程序中将第二个判定的 OR 写成 AND，使用这种测试方法仍然不能发现错误。

2. 判定覆盖测试

采用判定覆盖进行测试，就是设计足够多的测试用例，不仅使每条语句都至少执行一次，还要使程序中每个判定分支都至少执行一次，也就是说，设计的测试用例使每个判定都有一次取"真"和一次取"假"的机会。

例如，在上面的例子中，设计测试用例 A＝2，B＝0，X＝3（前面判定为"真"，后面判定为"假"）和 A＝3，B＝1，X＝1（前面判定为"假"，后面判定为"真"），能够发现 OR 写成 AND 的错误，但是如果 X>1 被误写成 X<1，则使用这种测试方法仍然查不出来，如图 9-2 所示。

3. 条件组合覆盖测试

采用条件组合覆盖测试，就是设计足够多的测试用例，使得每条语句都至少被执行一次，还要使得每条判定表达式的条件的各种组合都至少出现一次。在上面的例子中，条件的各种组合见表 9-1。

表 9-1   条件组合覆盖测试的用例设计

输入条件 1	输入条件 2	预期结果
A>1	B＝0	A＝2，B＝0，X＝3
A>1	B<>0	A＝2，B＝1，X＝1

续表

输入条件 1	输入条件 2	预期结果
A<=1	B=0	A=1，B=0，X=3
A<=1	B<>0	A=1，B=1，X=1
A=2	X>1	A=2，B=0，X=3
A=2	X<=1	A=2，B=1，X=1
A<>2	X>1	A=1，B=0，X=3
A<>2	X<=1	A=1，B=1，X=1

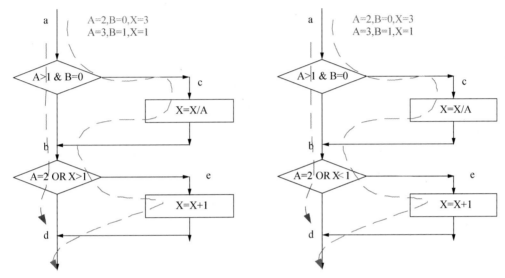

图 9-2　判定覆盖测试程序流程图

此测试用例执行路径如图 9-3 所示。

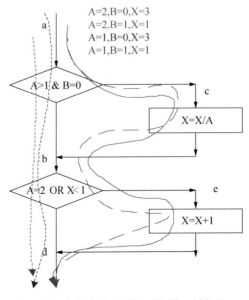

第二个判定中的错误由第三个测试用例发现

图 9-3　条件组合覆盖测试程序流程图

9.2.2　功能测试

功能测试中，如果能够穷尽所有的有效输入和无效输入，那么就可以得到正确的程序，但是实际上不可能也没有必要穷尽所有的输入。因此，要力争找到这样的测试用例，使得每个测试用例都尽可能发现更多的错误，并且这类测试用例具有很强的代表性，它能够覆盖尽可能多的其他输入。下面介绍几个进行功能测试的有效方法。

1. 等价类划分法

等价类划分法的核心思想是将程序的所有输入域划分为不同区域，同一个区域中的所有输入数据具有相同的测试效果。使用这种方法可以滤掉所有同类数据，极大地提高测试的效率。等价类划分法由两步组成：先划分等价类，再找出测试用例。划分等价类的方法如下：

（1）如果程序的某个输入条件规定了值的范围，则确定一个有效等价类、一个无效等价类（小于最小有效值和大于最大有效值）。

（2）如果输入条件中规定了"必须如何"的条件，则可以确定一个有效等价类和若干从不同角度破坏规定条件的无效等价类。

（3）如果某个等价类中的元素在程序处理上是有区别的，那么就把这个等价类拆成更小的等价类。

（4）在实际项目中要根据具体情况划分等价类，其宗旨就是一个等价类中的各个元素具有相同的测试效果。

假设编写一个程序，将字符类型的数字串转换成整数。字符串是右对齐的，并且最大长度是6，不足6位时左边补空格，表示负值时在字符数字的最左边应该是负号。如果输入的是正确的字符数字，程序应该输出转换后的数字；如果输入不正确，程序输出提示信息。对于这个例子的等价类划分法见表9-2。

表9-2　等价类划分法测试用例设计

类别	描述	输入	预期输出
有效等价类	1. 最高位不是0的，由1～6个字符数据组成的字符串	123456	123456
	2. 最高位是0的字符数据	0123	123
	3. 最高位数字左边是负号	−0123	−123
无效等价类	4. 空字符串		error
	5. 最高非空位上不是数字和符号	A123	error
	6. 字符数字之间有空格	123	error
	7. 字符数字之间有非数字字符	1A23	error
	8. 符号与最高位数字之间有空格	−123	error

续表

类别	描述	输入	预期输出
非法输出等价类	9. 比计算机能够表示的最小负整数还小的负整数	−57267	error
	10. 比计算机能够表示的最大正整数还大的正整数	57267	error

注：假设计算机的字长是 16 位。

2. 边值分析法

采用边值分析法时，选择的测试用例是正好等于边界值、稍小于或稍大于边界值的情况。实践证明，用边值分析法进行测试时常常收获很大，因为大部分程序员容易疏忽在边界值上的处理。前面讨论的等价类是在等价类内部寻找测试用例，而边值分析法是在等价类的边界上选择测试用例。在实际项目中，将这两者结合往往会得到令人满意的结果。确定边界值的几条原则概述如下：

（1）如果输入条件规定了值的范围，则设计测试用例取值恰好等于边界值、刚刚超出边界值。例如，输入范围是 1～10 的整数，则测试用例取值为：

$$0，1，10，11$$

（2）如果输入条件规定了值的个数，则设计测试用例取值分别等于规定的个数、刚刚超出规定的个数、刚刚小于规定的个数。例如，要求的记录个数是 1～255，则设计的记录个数分别为：

$$0，1，255，256$$

（3）如果输出条件规定了值的范围，则设计测试用例取值使输出恰好等于边界值。例如，输出范围是 1～10 的整数，则先设计测试用例取值使其输出能够得到 1 和 10；然后设计测试用例，试图使其输出为 1 和 11；最后检查程序对这组测试用例的处理结果，很有可能发现程序的问题。

（4）如果输出条件规定了值的个数，则设计测试用例取值使输出恰好等于规定的边界值。例如，输出范围是 1～255 条记录，则先设计测试用例使其输出 1 条记录和 255 条记录；然后设计测试用例，试图使其输出 0 条记录和 256 条记录；最后检查程序对这组测试用例的处理结果，很有可能发现程序的问题。

（5）不断积累测试经验，找出其他的边界条件。

9.2.3 测试策略

上面介绍了几种白盒测试和黑盒测试，虽然每一种方法都提供了部分有效的测试用例，但是没有一种方法能够单独地产生一组很完善的测试方案。因此，在实际项目中，通常先执行功能测试，其目的是检查所期望的功能是否已经实现。在测试的初期，测试覆盖率迅速增加，比较好的测试工作一般能达到 70% 的覆盖率。但是，此时要再提高测试覆盖率是非常困难的，因为新的测试往往覆盖了相同的测试路径。因此，这时需要对测试策略做一些调整：从功能测试转向结构测试，也就是说，针对没有执行过的路径，构造适当的测试用例来覆盖这些路径。功能测试与结构测试相结合的具体测试步骤如下：

（1）如果程序的描述信息含有输入条件的组合，则先采用因果图方法。

（2）无论什么情况，都使用边值分析法补充测试用例。

（3）使用等价类划分法设计一个有效等价类和多个无效等价类，补充测试用例。

（4）用错误推测法再设计一些有特殊功效的测试用例。

（5）根据测试情况，检查已设计的测试用例，如果现有测试方案的逻辑覆盖程度没有达到理想的覆盖标准，则使用结构测试方法补充足够多的测试用例。

最后要强调的是，无论你如何精心地设计测试用例，都只能尽可能多地发现程序中的错误，而不能保证程序不存在错误。

9.3 单元测试

单元测试

单元测试是软件测试环节中最基本的测试，测试的对象是独立模块。单元测试开始之前，先通过编译程序检查并改正语法错误，然后用详细设计说明书作为指南，对模块功能和模块代码中的重要执行路径及主要算法进行测试。单元测试可以对多个模块同时进行。单元测试主要分为人工静态检查和动态执行跟踪两个步骤。

9.3.1 人工静态检查

人工静态检查是测试的第一步，其测试目标主要是保证算法代码实现的正确性和高效性，以及检查代码编写是否清晰和规范。第二步是通过设计测试用例执行待测程序来跟踪程序，比较实际结果与预期结果，从而发现程序中的错误。

人工静态检查须成立一个 3～4 人的代码审查小组，包括经验丰富的测试人员、被测程序的作者和其他程序员。检查过程中，程序的作者讲述程序的逻辑结构，其他人发现问题可随时提问，从而判断程序是否存在错误。这个过程特别有效。在人工静态检查阶段必须执行的活动通常有如下几项。

（1）检查算法实现的正确性，即确定所编写的代码和定义的数据结构是否实现了模块或方法所要求的功能。

（2）检查模块接口的正确性，即检查模块的参数个数、类型、顺序是否正确，确定返回值的正确性。

（3）检验调用其他方法接口的正确性，包括检查实参类型、数值、个数的正确性，特别是对于具有多态性的方法；检查返回值的状态，最好对每个被调用方法的返回值用显式代码做正确性检查；如果被调用方法出现异常或错误，程序应该给予反馈，并添加适当的出错处理代码。

（4）出错处理。模块代码要求能预见出错的条件，并设置适当的出错处理，这种出错处理应当是模块功能的一部分。若出现下列情况之一，则表明模块的出错处理功能不够完善：

① 出错信息的描述令人难以理解；

② 出错信息的描述不足以对错误定位，不足以确定出错原因；

③ 显示的出错信息与实际的错误原因不符；

④ 对错误条件的处理不正确；

⑤ 在对错误进行处理之前，错误条件已经引起系统的干预等。

（5）保证表达式、SQL 语句的正确性。表达式应该保证不含二义性，对于容易产生歧义的表达式或运算符优先级（《，＝,》，&&，||，++，--等）可以采用运算符"（）"避免二义性，这样一方面能够保证代码的正确性和可靠性，另一方面能够提高代码的可读性。

（6）检查常量或全局变量的使用是否正确。

（7）检查标识符的定义是否规范一致。通过此项检查，保证变量名能够见名知意并且简洁，但不宜过长或过短，还应规范、容易记忆，最好能够拼读。尽量保证用相同的标识符代表相同的功能。

（8）检查方法内部注释是否完整；是否清晰简洁；是否正确地反映了代码的功能，错误的注释比没有注释更糟；是否做了多余的注释，对于简单的一看就懂的代码没有必要注释。

根据上述检查活动填写单元测试检查表（详见表 9-3）。

表 9-3 单元测试检查表

系统名称：　　　　　　　　　　　　测试日期：
模块名称：　　　　　　　　　　　　模块编号：
测试者：

单元测试点	错误类型	程序行号	说明
调用的参数个数是否匹配			
调用的参数属性是否一致			
调用的参数与变元的单位系统是否一致			
全局变量的使用在各个模块中是否一致			
从文件来的参数属性是否正确			
文件打开方式是否正确			

单元测试点	错误类型	程序行号	说明
格式说明书与输入/输出语句是否一致			
缓冲区大小与记录长度是否匹配			
文件结束条件是否处理			
文件不用是否被及时关闭			
对输入/输出数据是否进行错误检查，如果有错是否处理			
输出信息中是否有文字错误			
模块内的局部数据结构是否有错误或不相容			
局部变量使用前是否被赋值			
是否有错误的初始值或默认值			
变量名是否有错			
是否有数据类型不相容的赋值			
数组的边界定义是否会上溢/下溢			
运算符的运算顺序是否正确			
数据类型不一致的混合运算是否有问题			
运算精度是否够			
表达式的符号是否有错误			
比较的数据类型是否一致			
相等判断是否会出现计算精度问题造成永远不等			
循环次数是否多一次或少一次			
循环终止条件是否正确			
遇到发散的迭代时不能终止循环怎么办			
循环中是否对循环变量进行修改，修改是否正确			
变量名的长度是否超出了机器的约定			
如果使用公共存储区，看不同变量时的数据属性是否一致			
指针使用时是否分配内存空间			
所引用数组的下标是否为整数			
是否有名字类似的变量			
是否有隐式说明的变量			
对除数是否都进行了非 0 判断			
计算表达式时是否有可能溢出			

人工静态检查的数据要简单，检查后程序的修改由作者自己完成。程序修改后，代码审查小组可以再次开会对程序进行审查，这次审查仍然要整个过程都走一遍，因为修改可能会带来新的错误。

9.3.2　动态执行跟踪

对一个单元做动态测试的最大问题是怎么让它运行起来。大多数情况下，为了测试一个单元，需要设计一个驱动程序和存根程序。驱动程序相当于所测模块的主程序，负责向被测试的单元提供测试数据，并接收返回的结果。存根程序用于代替所测单元调用的子模块，它只做少量的数据操作，不需要把子模块的所有功能都带进来，主要是返回被测单元需要的数据。

被测单元与它的驱动程序、存根程序共同构成了一个测试环境。注意：编写驱动程序和存根程序会给测试带来额外的开销，如果先进行所有底层模块的测试，然后进行上层模块的测试，就可以避免编写存根程序。

9.4　集成测试

集成测试

集成测试针对的是各个相关模块的组合测试，最终目标是将整个系统成功、正确地组合，没有明显的模块之间的匹配问题。时常有这样的情况发生，每个模块都能单独工作，但这些模块集成在一起之后不能正常工作。其主要原因是模块相互调用时通过接口会引入许多新问题。例如，数据经过接口可能丢失，一个模块对另一模块可能造成不应有的影响，误差不断积累达到不可接受的程度，全局数据结构出现错误，等等。因此，集成测试是组装软件的系统测试技术，按设计要求把通过单元测试的各个模块组装在一起进行测试，以便发现与接口有关的各种错误。

某些设计人员习惯于把所有模块按设计要求一次性全部组装起来，然后进行整体测试，这称为非增量式集成方法。这种方法容易出现混乱，因为众多的错误相互影响，为每个错误定位并纠正非常困难，况且在改正一个错误的同时又可能引入新的错误，更难断定出错的原因和位置。与之不同，增量式集成方法是把程序一段一段地扩展，测试的范围一步一步地增大，这样易于定位和纠正错误。下面讨论两种增量式集成方法。

1. 自顶向下集成

自顶向下集成是从主控模块开始，按照软件的控制层次结构，按深度优先或广度优先的策略逐步把各个模块集成在一起。其中，深度优先策略是首先把主控制路径上的模块集成在一起，以图 9-4 所示为例，首先将模块 M1、M2、M5 和 M8 集成在一起，再将 M6 集成起来，然后考虑中间和右边的路径。广度优先策略是沿控制层次结构水平向下移动，仍以图 9-4 为例，首先把 M2、M3 和 M4 与主控模块集成在一起，再将 M5、M6 和其他模块集成起来。

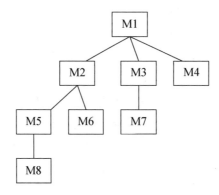

图 9-4   自顶向下集成

自顶向下集成的优点在于能尽早地对程序的主要控制和决策模块进行检验，从而较早地发现错误；缺点是在测试较高层模块时，下层处理采用桩模块替代，不能反映真实情况，重要数据不能被及时回送到上层模块。

2. 自底向上集成

自底向上集成是从软件结构最底层的模块开始组装测试，因测试到较高层模块时所需的下层模块功能均已具备，所以不再需要桩模块，但是需要开发测试驱动模块，以控制测试数据的输入和测试结果的输出。

自底向上集成测试的步骤如下：

（1）把底层模块组织成实现某个子功能的模块群（cluster）。

（2）开发一个测试驱动模块，控制测试数据的输入和测试结果的输出。

（3）对每个模块群进行测试。

（4）删除测试使用的驱动模块，用较高层模块把模块群组织成为可完成更多功能的新模块群。

从（1）开始，循环执行上述各步骤，直至整个程序构造完毕。

自底向上集成方法的优点是不用桩模块，测试用例的设计亦相对简单；缺点是程序最后一个模块加入时才具有整体形象。它与自顶向下集成测试方法的优缺点正好相反。因此，在测试软件系统时，应根据软件的特点和工程进度选用适当的测试策略，有时混合使用两种策略更为有效，对上层模块用自顶向下的方法，对下层模块用自底向上的方法。此外，在集成测试中尤其要注意关键模块。所谓关键模块，一般都具有下述一个或多个特征：

（1）对应几条需求。

（2）具有高层控制功能。

（3）复杂、易出错。

（4）有特殊性能要求。

注意：对关键模块应尽早测试，并反复进行回归测试。

不论采用哪种集成测试方案，在增量测试中都要注意进行回归测试，当要增加一个新的模块做测试时，对已经测试过的模块还要进行相同的测试，以发现新模块对其他模块的影响。

9.5　系统测试

系统测试

系统测试主要针对概要设计，检查系统作为一个整体是否能够有效地运行，是否达到了预期的高性能。系统测试应该由若干不同的测试组成，目的是充分运行系统，验证系统各个部件是否都能正常工作并完成所赋予的任务。下面简单介绍几类系统测试。

（1）验证测试，即以用户需求规格说明书为依据，验证系统是否正确无误地实现了需求规格说明书中的全部内容。

（2）强度测试，即检查系统对异常情况的抵抗能力。强度测试总是迫使系统在异常的资源配置下运行，验证系统是否可靠。

（3）性能测试。对于那些实时系统，软件部分即使满足功能要求，也未必能够满足性能要求。虽然从单元测试起每一个测试步骤都包含性能测试，但只有当系统真正集成之后，在真实环境中才能全面、可靠地测试运行性能，系统性能测试就是为了完成这一任务而进行的。性能测试有时与强度测试相结合，经常需要其他软硬件的配套支持。

9.6　验收测试

验收测试

在集成测试中，各个模块经过单独的测试，模块之间的接口也经过了测试。集成测试完成以后，将软件的各个模块按照设计要求装配成一个完整的系统，进行系统测试。接下来就要以用户为主验证软件的有效性，即验证软件的功能和性能是否满足用户的要求，这就是验收测试。通常使用实际数据根据需求规格说明书的功能和性能描述逐条进行测试。

验收测试还有一项重要的任务是检查软件配置，检查的目的是保证软件配置的所有成分齐全，各方面的质量都符合要求，文档与程序一致，具有维护阶段所必需的细节，而且已经编制好目录。

验收测试的操作应该严格遵循用户手册进行，以便检验这些手册的完整性和正确性。

9.7 基于 Web 的测试

上述测试都是针对传统的软件测试进行的。众所周知，随着 Internet、移动互联网的迅猛发展，以及数据开放、应用公开共享的需求日益旺盛，各类 Web 程序如雨后春笋般出现，逐渐成为各个行业业务应用的主流。因此，下面特别提出一节讲解基于 Web 的测试方法。

基于 Web 的测试与传统的测试有些区别，它不但需要检查和验证软件是否按照设计的要求运行，还要评价软件在不同用户的浏览器端的显示是否合适，以及其安全性和可用性。

9.7.1 功能测试

1. 链接测试

链接是 Web 应用软件的一个主要特征，是在页面之间切换和引导用户转向未知地址页面的主要手段。链接测试可分为三方面：测试所有链接是否都按指示链接到了正确的页面；测试所链接的页面是否存在；检查 Web 应用系统有没有孤立的页面（孤立页面是指没有链接指向该页面，只有知道正确的 URL 地址才能访问的页面）。

链接测试可以自动进行，现在已经有许多工具可以采用。链接测试必须在集成测试阶段完成，也就是说，在整个 Web 软件的所有页面开发完成之后进行链接测试。

2. 表单测试

当用户向 Web 应用系统提交信息，如用户注册、登录时，就需要使用表单操作。对表单测试，首先校验提交给服务器的信息是否完整、有效，如用户填写的出生日期与职业是否恰当，填写的所属省份与所在城市是否匹配等。如果使用了默认值，还要检验默认值的正确性。如果表单只能接受指定的某些值，则也要对其进行测试。例如，只能接受某些字符，测试时可以跳过这些字符，查看系统是否会报错。

3. Cookies 测试

Cookies 通常用来存储用户信息和用户对应用的操作。当一个用户使用 Cookies 访问了某一个应用时，Web 服务器将发送关于用户的信息，然后将该信息以 Cookies 的形式存储在客户端计算机上，这可用来创建动态和自定义页面等内容。

如果 Web 应用系统使用了 Cookies，就必须检查 Cookies 是否能正常工作。Cookies 测试的内容包括 Cookies 是否起作用，是否按预定的时间进行保存，刷新对 Cookies 有什么影响等。

4. 设计语言测试

Web 设计语言版本的差异会引起客户端或服务器端严重的问题。当在分布式环境中开发时，开发人员不在一起，这个问题就显得尤为重要。除了 HTML 的版本问题外，对不同的脚本语言，如 JavaScript、ActiveX、VBScript 或 Perl 等也要进行验证。

5. 数据库测试

在 Web 应用技术中，数据库起着重要的作用，数据库为 Web 应用系统的管理、运行、查询等提供支持。在使用了数据库的 Web 应用系统中，一般情况下可能发生两种错误：数据一致性错误和输出错误。数据一致性错误主要是由于用户提交的表单信息不正确而造成的，而输出错误主要是由于网络速度或程序设计等问题引起的。针对这两种情况，可分别进行测试。

9.7.2　性能测试

1. 连接速度测试

用户连接到 Web 应用系统的速度根据上网方式（电话拨号、宽带接入等）的不同而变化。如果 Web 系统响应时间太长（如超过 5 秒），用户就会因没有耐心等待而离开。另外，有些页面有超时的限制，如果响应速度太慢，用户可能还没来得及浏览内容就需要重新登录了。而且，连接速度太慢，可能引起数据丢失，使用户得不到真实的页面。

2. 负载测试

负载测试是为了测试 Web 系统在某一负载级别上的性能，以保证 Web 系统在需求范围内能正常工作。负载级别可以是某个时刻同时访问 Web 系统的用户数量，也可以是在线数据处理的数量。例如，Web 应用系统能允许多少个用户同时在线？如果超过了这个数量，会出现什么现象？Web 应用系统能否处理大量用户对同一个页面的请求？等等。

3. 压力测试

压力测试是测试系统的限制和故障恢复能力，也就是测试造成 Web 应用系统崩溃的压力阈值。黑客常常以超大的负载攻击系统，直到 Web 应用系统崩溃，然后在系统重新启动时获得系统的访问权。压力测试的区域包括表单、登录和其他信息传输页面等。

9.7.3　可用性测试

1. 导航测试

导航描述了用户在一个页面内或在不同连接页面之间的操作方式。通过考虑下列问题，可以判断一个 Web 应用系统是否易于导航：导航是否直观？Web 系统的主要部分是否可通过主页访问？Web 系统是否需要站点地图、搜索引擎或其他的导航帮助？

导航的一个重要作用是使 Web 应用系统的页面结构和菜单的风格尽可能一致，确保用户凭直觉就知道是否还有自己感兴趣的内容，以及这些内容在什么地方。

Web 应用系统的层次一旦决定，就要着手测试用户导航功能。让最终用户参与这种测试，效果将更加明显。

2. 图片测试

在 Web 应用系统中，适当的图片和动画既能起到广告宣传的作用，又能美化页面。一个 Web 应用系统的图片可以包括图像、动画、边框、颜色、字体、背景、按钮等。图片测试的内容主要如下：

（1）确保图片有明确的用途。图片或动画不要胡乱地堆在一起，以免浪费传输时间。

（2）验证所有页面字体的风格是否一致。

（3）背景颜色应该与字体颜色和前景颜色相搭配。

（4）图片的大小和质量也是一个很重要的因素，一般采用 JPG 文件或 GIF 文件。Web 应用系统的图片尺寸要尽量小，并且能清楚地说明某件事情，一般都连接到某个具体的页面。

3. 内容测试

内容测试用来检验 Web 应用系统提供信息的正确性、准确性和相关性。信息的正确性是指信息是可靠的，还是误传的。例如，在商品价格列表中，错误的价格可能引起财政问题，甚至导致法律纠纷。信息的准确性是指信息是否有语法或拼写错误，这种测试通常用一些文字处理软件来进行，如使用 Microsoft Word 的"拼写和语法"检查功能。信息的相关性是指是否在当前页面可以找到与当前浏览信息相关的信息列表或入口，也就是一般 Web 站点中的"相关文章列表"。

4. 整体界面测试

整体界面测试是指检查整个 Web 应用系统的页面结构设计是否给用户一个整体感。例如，当用户浏览 Web 应用系统时是否感到舒适，是否凭直觉就知道要找的信息在什么地方，整个 Web 应用系统的设计风格是否一致。

9.7.4 客户端兼容性测试

1. 平台测试

市场上有很多不同的操作系统类型，最常见的有 Windows、Unix、Macintosh、Linux 等。同一个应用可能在某些操作系统下能正常运行，但在另外的操作系统下可能运行失败。因此，在 Web 系统发布之前，需要在各种操作系统下对 Web 应用系统进行兼容性测试。

2. 浏览器测试

浏览器是 Web 客户端最核心的构件，来自不同厂商的浏览器对 Java、JavaScript、

ActiveX 或不同的 HTML 版本有不同的支持。测试浏览器兼容性的一个方法是创建一个兼容性矩阵，如图 9-5 所示。在这个矩阵中，测试不同厂商、不同版本的浏览器对某些构件和设置的适应性。

浏览器型号	Applet	JavaScript	ActiveX	VBScript
Internet Explorer 5.x				
Internet Explorer 6.x				
Netscape Navigator 5.x				
Netscape Navigator 6.x				

图 9-5　浏览器测试矩阵

9.7.5　安全性测试

Web 应用系统的安全性测试内容主要如下。

（1）现在的 Web 应用系统基本采用先注册后登录的方式。因此，必须测试有效的和无效的用户名和密码。注意：是否区别大小写，是否有次数限制，是否可以不登录而直接浏览某个页面，等等。

（2）Web 应用系统是否有超时的限制。如用户登录后在一定时间内（如 15 分钟）没有点击任何页面，是否需要重新登录才能正常使用。

（3）为了保证 Web 应用系统的安全性，日志文件是至关重要的。因此，需要测试相关信息是否写进了日志文件。

（4）服务器端的脚本常常构成安全漏洞，这些漏洞可能被黑客利用，所以要测试没有经过授权就在服务器端放置和编辑脚本的问题。

9.8　面向对象的测试

在面向对象程序中，对象是属性和操作的封装体。对象彼此之间通过发送消息启动相应的操作，并且通过修改对象状态达到转换系统运行状态的目的。由于关于对象并没有明确规定用什么次序启动它的操作是合法的，而且测试的对象也不再是一段顺序的代码，所以测试对象时照搬传统的测试方法就不完全适用了。

继承与多态机制是面向对象程序中使用的主要技术，它们给程序设计带来了新的手段，但同时也给面向对象程序的测试提出了一些新的问题。例如，在父类 A 中定义了属性 s，以及方法 f1、f2 和 f3，在 A 的子类 B 中定义了属性 r，以及方法 f1 和 f4，在测试子类 B 时应该把它展开成下列内容：

属性　s，r

方法　f1，f2，f3，f4

在这个例子中，虽然方法 f1、f2 和 f3 在父类中已经被测试通过，但是由于在子类中重载了方法 f1，所以原来的测试结果不再有效，这是因为 A∷f1 和 B∷f1 具有不同的定义和实现。新的方法 f4 的加入也增加了启动操作次序的组合情况，某些启动序列可能会破坏对象的合法状态。因此，测试人员往往不得不重复原来已经做过的测试。

由此可见，随着继承层次的加深，虽然可重用的构件越来越多，但是测试的工作量和难度也随之增加。

9.8.1　测试策略与方法

传统的测试策略是从单元测试开始，然后是集成测试和系统测试。在面向对象软件中，单元的概念发生了变化，类和对象包装了属性和方法。因此，不再孤立地测试单个操作，而是将操作作为类的一部分，最小的可测试单位是封装的类或对象。

例如，考虑一个虚类 A，其中有一个操作 x，虚类 A 被一组子类继承，每个子类继承了操作 x，并且操作 x 被应用于子类定义的私有属性和操作环境内。因为操作 x 被使用的语境有微妙的差别，故有必要在每个子类的语境内测试操作 x。这意味着在面向对象的语境中，在虚类中测试操作 x 是无效的。

面向对象的集成测试与传统方法的集成测试不同，面向对象的集成测试有两种策略：第一种称为基于线程的测试，即集成对应系统的一个输入或事件所需要的一组类，每个线程被分别测试并被集成，使用回归测试以保证集成后没有产生副作用；第二种称为基于使用的测试，先测试那些主动类，然后测试依赖主动类的其他类，逐渐增加依赖类测试，直到构造完整个系统。

在有效性测试方面，面向对象软件与传统软件没有什么区别，测试内容主要集中在用户可见的动作和用户可识别的系统输出上。测试设计人员应该研究用例和用例的场景，构造出有效的测试用例。

对于面向对象的软件系统，测试应该在以下层次展开。

（1）测试类的操作：使用前文介绍的黑盒测试和白盒测试，对类的每一个操作进行单独测试。

（2）测试类：使用等价类划分、边值分析等方法，对每一个类进行单独测试。

（3）测试类集成：使用基于用例场景的测试方法对一组关联类进行集成测试。

（4）测试面向对象系统：与任何类型的系统一样，使用各种系统测试方法进行测试。

9.8.2　类测试

在面向对象的测试中，类测试用于代替传统测试方法中的单元测试，它是为了验证类的实现与类的规约是否一致的活动。类测试应该包括类属性的测试、类操作的测试、可能状态下的对象测试。如同前面提到的一样，继承使得类测试变得困难，因此必须注意"孤立"的类测试是不可行的，操作的测试应该包括其可能被调用的各种情况。

9.8.3　类集成测试

在面向对象的测试中，类集成测试用于代替传统测试方法中的集成测试。类集成测试是将一组关联的类进行联合测试，以确定它们能否在一起共同工作。类集成测试的方法有：基于场景的测试、线程测试、对象交互测试等。

（1）基于场景的测试：基于场景的测试可以根据场景描述或者顺序图，将支持该场景的相关类集成在一起，然后找出需要测试的操作，并设计有关的测试用例。在选择场景设计测试用例时，应保证每个类的每个方法至少执行一次，先测试最平常的场景，再测试异常的场景。

（2）线程测试：线程测试根据系统对特别输入或一组输入事件的响应来进行。

（3）对象交互测试：对象交互测试根据对象交互序列，找出一个相关的结构，称为"原子系统功能"，通过对每个原子系统功能的输入事件响应来进行测试。

本章要点

● 软件测试是为了发现错误而执行程序的过程，其目标在于以最小的代价、在最短的时间内尽可能多地发现软件中的错误。

● 由于软件错误的复杂性，软件测试需要综合应用测试技术，并且实施合理的测试步骤，即单元测试、集成测试、系统测试和验收测试。单元测试集中于每一个独立的模块；集成测试集中于模块的组装；系统测试确保整个系统与系统的功能需求和非功能需求保持一致；验收测试是用户根据验收标准，在开发环境或模拟真实环境中执行的可用性测试、功能测试和性能测试。

● 软件测试可以分成结构测试和功能测试等。结构测试依据的是程序的逻辑结构，主要包括语句覆盖测试、判定覆盖测试、条件组合覆盖测试等；功能测试依据的是软件行为的描述，主要包括等价类划分法、边值分析法等。

● 面向对象程序的单元测试以类为基本的测试单位，使用黑盒测试和白盒测试，对类的每一个操作进行单独测试；使用等价类划分法、边值分析法等，对每一个类进行单独测试；使用基于用例场景的测试方法对一组关联类进行集成测试；最后可以使用各种系统测试方法进行系统测试。

思政小课堂

思政小课堂9

练习题

一、选择题

1. 使用白盒测试时，确定测试数据应根据（　　）和理想的覆盖标准。
   A. 程序内部逻辑　　　　　　　　B. 程序复杂结构
   C. 使用说明书　　　　　　　　　D. 程序的功能

2. 确认测试主要涉及的文档是（　　）。
   A. 需求规格说明书　　　　　　　B. 概要设计说明书
   C. 详细设计说明书　　　　　　　D. 源程序

3. 测试的关键问题是（　　）。
   A. 如何组织对软件的评审　　　　B. 如何验证程序的正确性
   C. 如何采用综合策略　　　　　　D. 如何选择测试用例

4. 黑盒测试在设计测试用例时，主要研究（　　）。
   A. 需求规格说明书　　　　　　　B. 详细设计说明书
   C. 项目开发计划书　　　　　　　D. 概要设计说明书与详细设计说明书

5. 下列测试中，属于黑盒测试的是（　　）。
   A. 路径测试　　　B. 等价类划分　　　C. 判定覆盖测试　　　D. 循环测试

6. 下列测试中，测试人员必须接触到源程序的是（　　）。
   A. 功能测试　　　B. 结构测试　　　C. 功能测试和结构测试　　　D. 性能测试

7. 验证软件的功能和性能是否满足用户的要求称为（　　）。
   A. 确认测试　　　B. 集成测试　　　C. 验收测试　　　　D. 验证测试

8. 软件测试方法中，黑盒测试、白盒测试是常用的方法，其中白盒测试主要用于测试（　　）。
   A. 结构合理性　　　　　　　　　B. 软件外部功能
   C. 程序正确性　　　　　　　　　D. 程序内部逻辑

二、简答题

1. 什么是软件测试？

2. 软件测试的原则是什么？

3. 请说明集成测试、系统测试和验收测试有什么不同。

4. 请为程序员设计一个单元测试的记录表，要求简洁、有效。

5. 四个人分为两组，测试相同的程序，其中一组采用人工走查，另一组运行程序进行测试，比较测试的结果。

6. 设计一个测试用户界面的测试记录表，并且讨论它的主要内容。

7. 做一个好的测试人员应该具备什么条件？

8. 如何有效地管理 bug？

9. 简述单元测试的内容。

10. 何为白盒测试？它适应哪些测试？

11. 假设你是甲方，现在要验收图书馆信息管理系统，请你设计一个测试计划和测试大纲。

12. 采用黑盒测试来测试用例有哪几种方法？这些方法各有什么特点？

13. 白盒测试有哪些覆盖标准？试对它们的检错能力进行比较。

三、应用题

1. 某城市的电话号码由三个部分组成，分别是地区码、前缀、后缀。地区码可以是空白或三位数字；前缀是以大于或等于 5 开头的四位数字；后缀是四位数字。

请用等价类划分法设计它的测试用例。

2. 根据下面程序代码，画出程序流程图，然后设计满足判定/条件覆盖、条件组合覆盖的测试用例。

```
BEGIN
T:=0
IF(X>=80  AND  Y>=80)  THEN
T:=1
ELSE  IF(X>=90  AND  Y>=75  )  THEN
T:=2
ENDIF
IF(X>=75  AND  Y>=90)  THEN
T:=3
ENDIF
ENDIF
RETURN
```

第 10 章　软 件 维 护

学习内容

本章介绍了软件维护的基本概念、软件维护的过程和提高软件的可维护性的方法。

学习目标

(1) 掌握软件维护的基本概念。

(2) 理解软件的维护过程。

(3) 了解提高软件可维护性的方法。

思政目标

通过本章的学习，充分认识到软件维护的重要性，养成及时、准确地满足用户的要求的习惯，认识到养成良好工作习惯的重要性。

软件投入使用后就进入了维护阶段。在漫长的使用过程中，软件可能出现一些意想不到的错误和问题，也可能由于各种原因需要进行适当的变更。例如，原来的软件需要扩充功能、提高性能指标。随着计算机应用的普及，软件越来越多，软件维护的工作量也越来越大。因此，近几年业界更加重视软件维护过程的管理和软件维护技术的研究。

软件维护必须有控制地进行，控制的内容包括维护计划、维护预算、维护工作的进度和资源分配等。在软件开发时，应尽量设计良好的结构使软件便于维护。无休止的"快速排错"和修补工作会影响软件原来的结构和质量。因此，一个系统，不仅在开发时要考虑到维护，还要在维护时考虑到今后的维护。

软件维护的目标是保持软件的功能和性能，及时、准确地满足用户的要求。

10.1　软件维护概述

软件维护概述

　　软件维护就是在软件交付使用之后对软件进行的任何改变工作。引起软件改变的原因主要有：纠正运行中出现的错误，使软件适应新的运行环境，用户增加新的需求，提高软件的可靠性。这些原因导致的维护活动可能有下面 4 种。

　　（1）改正性维护：软件在交付给用户使用前尽管已经进行了许多测试，但是仍然不免有遗留的错误。用户在使用软件的过程中必然会发现问题，并且将出现的问题报告给软件维护人员，维护人员根据问题的现象纠正程序中的错误。通常遇到的错误有设计错误、逻辑错误、编码错误、文档错误、数据错误等。这种类型的维护大约占整个维护工作量的 21%。

　　（2）适应性维护：适应性维护是为适应软件运行环境变化而对软件所做的修改。环境变化主要包括：影响系统的规定、法律和规则发生了变化；硬件配置发生了变化，如机型、终端、打印机等；数据格式和文件结构发生了变化；系统软件发生了变化，如操作系统、编译系统或实用程序包的变化。这种类型的维护大约占整个维护工作量的 25%。

　　（3）完善性维护：软件使用过程中，用户往往会对软件提出新的功能要求和性能要求，这是因为用户的业务会发生变化，组织机构也会发生变化。为了适应这些变化，软件原来的功能和性能需要扩充和增强。这类维护活动大约占整个维护工作量的 50%。

　　（4）预防性维护：为了提高软件的可靠性和可维护性，维护人员主动对软件进行修改，目的是提高软件的质量。在整个维护活动中，预防性维护占整个维护工作量的比例比较小，大约只有 4%。

　　R. K. Fieldstad 和 W. T. Hamlen 于 1979 年做的调查显示，一个软件项目大约 39% 的工作量在开发阶段，61% 的工作量在维护阶段。近期的调查研究发现，许多开发者把 20% 的努力用在开发上，把 80% 用在维护上。因此，研究软件维护的方法和过程，控制维护阶段的工作量是软件工程研究的主要课题之一。

10.1.1　影响维护的因素

　　下面来分析一下影响软件维护工作量的主要因素。

　　（1）系统规模。维护的工作量与软件规模成正比，软件规模越大，复杂程度越高，其维护就越困难。软件规模可以用源程序的语句数量、模块数、输入输出文件数、数据库的规模，以及输出的报表数等指标来衡量。

　　（2）程序设计语言。软件的维护工作量与软件使用的开发语言有直接关系，通常高级语言编写的程序比低级语言编写的程序易于维护。

（3）先进的软件开发技术。使用先进、稳定的软件开发技术会提高软件的质量。例如，使用数据库技术、面向对象技术、构件技术和中间件技术可以提高软件的质量，减少维护费用。

（4）软件年限。软件越老，其维护越困难。老的软件不断被修改，结构可能越来越混乱。随着时间的增长，原来的开发人员和维护人员不断离岗，了解软件结构的人越来越少，如果文档不全，软件就更加难以维护。

（5）文档质量。许多软件项目在开发过程中不断地被修改需求和设计，但是其文档并没有得到同步修改，这就造成交付的文档与实际系统不一致，使人们在后来参考文档对软件进行维护时无从下手。软件维护阶段利用历史文档可以简化维护工作，历史文档有下面3种。

① 软件开发日志。它记录了软件开发原则、目标、功能的优先次序、选择设计方案的理由、使用的测试技术和工具、计划的成功和失败之处，以及开发过程中出现的问题。

② 错误记载。它记录了出错的历史，对于预测今后可能发生的错误类型及出错频率有很大帮助，通过它可以更合理地评价软件质量。

③ 系统维护日志。它记录了维护阶段的修改信息，包括修改目的和策略、修改内容和位置、注意事项、新版本说明等信息。

（6）软件的应用领域。有些软件用于一些特殊领域，涉及一些复杂的计算和模型工具，这类软件的维护需要专门的业务知识和计算机软件知识。

（7）软件结构。在进行概要设计时，遵循软件设计的高内聚、低耦合、信息隐蔽等设计原则，使设计的软件具有优良的结构，会为今后的维护带来方便。

（8）编程习惯。软件维护通常要理解别人写的程序，这是很困难的，如果仅有源程序而没有说明文档，则会使维护工作更加困难。有些公司有严格的编程规范，开发人员都按照编程规范编写程序，并且程序思路清晰、程序结构简单。这样的程序易于维护。

（9）人员的变动。软件的维护由原来的开发人员参与是比较好的策略，能够提高维护的效率。但是在软件的生命周期中，人员变动是不可避免的，有时候这也是造成一个软件彻底报废的原因之一。

10.1.2　软件维护策略

针对软件的4种主要维护活动，被誉为"信息工程之父"的信息工程方法学权威 James Martin 提出了一些维护策略。

（1）改正性维护。生产出完全正确的软件成本非常高，对于一般的软件这样做并不合算。但是，可以通过新的技术和开发策略来提高软件的可靠性，减少改正性维护活动。一些具体的策略如下：

① 利用数据库管理系统、新的软件开发环境和较高级的编程语言开发软件，提高软件

的质量，减少开发中引进的错误。

② 充分利用现成的软件包。

③ 使用结构化编程技术，使程序易于理解和维护。

（2）适应性维护。首先，在配置管理时把硬件、操作系统和其他相关因素的可能变化考虑在内，减少某些适应性维护。其次，将与硬件、操作系统、其他与外部设备相关的程序归纳到特定的程序模块中。这样，一旦需要适应新的环境变化，只要修改几个相关的模块就可以了。最后，使用内部程序列表、外部文件，为适应性维护提供方便。

（3）完善性维护。利用前两类维护策略也可以改善完善性维护活动，但是目前流行的面向对象方法可以比较好地解决完善性维护的问题。因为面向对象方法特别讲究类的继承、封装和多态性，利用这些技术可以减少因变动带来的影响。另外，建立系统的原型，在实际系统开发之前把它提供给用户，用户通过研究原型进一步完善系统的功能，对于减少以后的完善性维护也是非常有益的。

（4）预防性维护。将自检能力引入程序，通过对非正常状态的检查发现程序问题。对于重要软件，通过周期性维护检查进行预防性维护。

10.2　软件维护的过程

软件维护的过程

软件的可维护性常常随着时间的推移而降低。如果没有为软件维护工作制定严格的条例，许多软件系统就将演变到无法维护的地步。下面是一个典型的软件维护过程。

（1）受理维护申请。

（2）分析修改内容和修改频率，考虑修改的必要性。研究每个修改对原设计的影响程度，如是否与原设计有冲突、对原系统性能是否有影响，并进行效益分析。

（3）同意或否决维护申请。

（4）为每个维护申请分配一个优先级，并且安排工作进度和人员。

（5）如果新增加功能，则要进行需求分析。

（6）设计和设计评审。

（7）编码和单元测试。编程人员应该按照编码规范编写新代码，修改原有的代码。在编码时要特别注意程序的可读性。下面是提高程序可读性的几项技术。

① 尽量使用简单的算法和结构。

② 用空行把一系列代码分成段。

③ 用有意义的注释为代码加说明。

④ 命名要有一定的内在含义，其中的数字应放在末端。

⑤ 避免使用相似的变量名。

⑥ 过程/函数之间用参数传递信息。

⑦ 用于程序标号的数字应该按顺序给出。

⑧ 避免使用程序设计语言版本的非标准特征。

⑨ 一个模块只完成一个功能，遵循模块高内聚、低耦合的原则。

⑩ 一个模块只有一个入口和一个出口。

（8）评审编码情况。维护人员必须填写维护工作记录表，记录所做的修改。维护主管要检查维护记录，确保只在授权的工作范围内做了修改。

（9）测试。测试时，不仅要测试修改的部分，还要测试对其他部分的影响。因此，可以借鉴开发阶段设计的测试用例对软件进行全面的测试。

（10）更新文档。必须要保持程序和文档的一致性，维护人员应该及时修改文档。

（11）用户验收。

（12）评审修改效果及其对系统的影响。

注意：上述软件维护过程中的几个步骤可能循环进行，但并不是每次修改都必须执行所有的步骤。

图 10-1 所示为一个典型软件维护活动的处理流程。

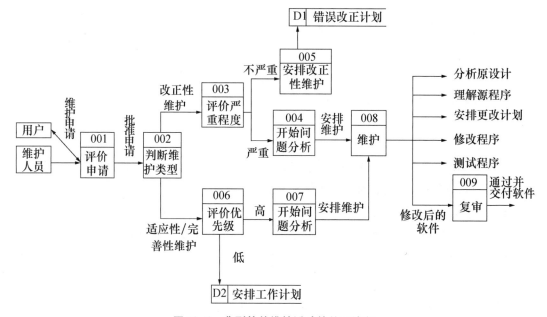

图 10-1　典型软件维护活动的处理流程

10.2.1　软件维护人员的管理

维护活动离不开人，因此对软件维护人员的管理必须重视，才能确保软件维护质量。

（1）建立软件维护机构。中小开发单位不一定成立专门的软件维护机构，可以指派某些人兼管。维护机构的职位有维护主管、维护管理员和普通维护人员。维护机构的职责是审批维护申请、制定并实施维护策略、控制和管理维护过程，并负责软件维护的审查和验收。

（2）维护申请提交给一名维护管理员，然后由维护机构进行评审，参加评审的人员中至少有一位是熟悉被维护软件的技术人员。一旦做出评价，由维护主管确定维护计划和方案。

（3）普通维护人员进行具体的修改，在对程序进行修改的过程中，配置管理人员要对维护过程进行监督，控制修改的范围，负责对软件配置进行审计。

10.2.2 维护相关报告

所有维护应该按规定的方式提出申请。维护申请可以由用户提出，也可以由系统维护者提出。维护申请报告应该填写申请维护的原因、缓急程度。特别是改正性维护，用户必须完整地说明出现错误的情况，包括输入数据、输出信息、出错信息以及其他相关信息。如果是适应性维护，用户应说明软件要适应的新环境。对于完善性维护，用户必须详细说明软件功能和性能的变化。若增加新的功能，维护人员还要进行新的需求分析、设计、编程和测试，这就相当于一个二次开发的工程。维护机构对维护申请进行评价，将评价结果填写在申请报告的申请评价结果栏内。

下面给出一个软件维护申请报告模板，详见表 10-1。

表 10-1 软件维护申请报告模板

申请编号：　　　　　　　　　　　　　　　　　日期：　　年　　月　　日

项目名称		项目编号	
问题说明（输入数据、错误现象）：	预计维护的结果：		
	维护安排：□远程维护　　　　□现场维护		
	维护类型	软件：□改正性维护 □适应性维护 □完善性维护 硬件：□系统设备 □外部设备	
维护要求和优先级：	维护时 间 和 工作量	____至____ 共计____人月	
	环境要求		
申请人：	□批准 □拒绝　　　　　年　　月　　日		
申请评价结果： 　　　　　　　　　　　　　　　　　　　　　　　　　　负责人：			

　　如果维护申请通过了评价，维护主管要负责制订维护方案并签署维护计划。下面给出一个维护计划模板，详见表10-2。

表 10-2　维护计划模板

记录编号：			日期：　　　年　　月　　日	
合同名称：			合同编号：	
项目名称：			申请编号：	
客户单位/电话/联系人：				
维护部门/电话/联系人：				
变更性质：　□改正性维护　□适应性维护　□完善性维护				
维护优先级：				
维护预估工作量：　　　　人月				
确认问题：				
维护范围：				
维护项目		修改模块/内容		修改文档
维护安排：				
工作项目	负责人	开始时间	结束时间	参加人员
产品/系统初始状态（系统安装完成后双方共同确认）：				
由本公司负责的维护类型及双方责任：				
客户方：			维护方：	
客户方责任人签字/日期：			维护责任人签字/日期：	

　　注：本页不足以记述结果时，可以有附页，格式自定。总页数包括本页与所有附页。

　　维护方案和计划完成后，维护人员可以开始具体的维护工作，并做好维护记录。下面给出一般的维护记录模板，详见表 10-3。

表 10-3　维护记录模板（一）

记录编号：	日期：　　　年　　　月　　　日
合同编号：	合同名称：
项目编号：	项目名称：
客户单位：	单位地址：
客户联系人：	客户联系电话：
维护申请：	维护人员/日期：
维护初始状态（问题描述）：	
维护措施及进度安排：	维护方责任人签字/日期：
维护结果：	
客户方责任人签字/日期：	维护方责任人签字/日期：

注意："问题描述"栏中可以填写问题现象及其产生原因，具体指明问题所在；如果有客户的书面维护申请，则可以直接引用。

为了获得维护的统计信息，应该记录每次维护的类型、工作量和维护人员。维护管理者根据统计信息积累维护管理的经验，作为今后制订维护计划的依据。用于维护统计的维护记录模板详见表 10-4。

表 10-4　维护记录模板（二）

记录编号：　　　　　　　　　　　　　　　　日期：　　　年　　　月　　　日

模块名称：　　　　　　　　　　编号：
源程序行数：　　　　　　　　　机器指令长度：
编程语言：　　　　　　　　　　程序安装日期：
失效次数：　　　　　　　　　　程序运行时间：

维护日期	维护类型	变动内容	工作量	维护人员

注意：维护记录模板（二）主要用于统计维护的历史数据。

10.2.3　源程序修改策略

软件维护最终落实在修改源程序和文档上。为了正确、有效地修改源程序，通常要先分析和理解源程序，然后才能修改源程序，最后重新测试和验证源程序。

1. 分析和理解源程序

理解他人开发的软件，阅读其源程序可能是非常困难的。但是，这对于学习计算机软件的人员来讲是非常好的学习和锻炼机会。阅读理解他人写的源程序有一些技巧，利用这些技巧可以帮助程序员快速、准确地理解源程序。下面介绍这些技巧。

（1）阅读与源程序相关的说明性文档。这些文档通常包括程序功能说明、数据结构、输入输出格式说明、文件说明、程序使用说明。阅读这些文档有助于理解源程序。

（2）概览源程序。这一步只是粗略地阅读源程序。因为程序员对源程序了解还很少，无法一下子深入源程序中。但是，这一步要完成的任务比较多，概述如下：

① 记录源程序中出现的全部过程及其参数。

② 建立过程的直接调用二维矩阵，若过程 i 调用了过程 j，则二维矩阵第 i 行 j 列是 1，否则是 0。如果一个过程自己调用自己，即递归调用，则二维矩阵第 i 行 i 列是 1。另外，如果一个过程多次调用另一个过程，则二维矩阵第 i 行 j 列的值是调用次数。以下面的二维矩阵为例，过程 p3 递归调用，所以 $A[3, 3]$ 是 1，过程 p2 调用过程 p3 两次，所以 $A[2, 3]$ 是 2。

$$A = \begin{array}{c} p1 \\ p2 \\ p3 \\ \vdots \\ pn \end{array} \begin{bmatrix} p1 & p2 & p3 & \cdots & pn \\ 0 & 1 & 0 & \cdots & 0 \\ 0 & 0 & 2 & \cdots & 0 \\ 0 & 1 & 1 & \cdots & 0 \\ 1 & 1 & 0 & \cdots & 0 \end{bmatrix}$$

③ 建立过程的间接调用二维矩阵。若过程 i 调用过程 j，过程 j 调用过程 k，则间接表的第 i 行 k 列是 1，否则是 0。

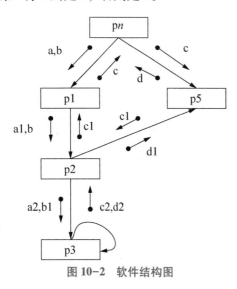

图 10-2　软件结构图

④ 列出程序定义的全局变量和数据结构。对复杂数据结构，画出数据结构图更好理解。

（3）分析程序结构，根据上一步列出的过程调用二维矩阵画出软件结构图。这个图反映了过程之间的调用关系和调用参数。如图 10-2 所示，图中的箭头线表示过程之间的调用关系，带尾的箭头线表示过程调用传递的参数。例如，p2 调用 p3，输入的参数是 a2、b1，返回的数据是 c2、d2。

（4）画出软件的数据流程图。根据程序的信息处理流程画出数据流程图，可以获得相关数据在过程间的处理和传递方式，这对于维护人员判断问题、理解程序特别有用。

（5）分析程序中涉及的数据库表结构、数据文件结构，如果能够确定数据结构及数据项的含义就在此写出来。

（6）仔细阅读源程序的每个过程。画出每个过程的处理流程图，分析过程定义的局部数据结构。同时，做一个过程引用全局数据结构的表，据此维护人员可以清晰地了解程序中对全局数据结构的访问情况。

（7）跟踪每个文件的访问操作，根据每个文件做一个过程访问表，记录过程的读写、打开、关闭操作。

经过以上几步，基本上就能够理解源程序的功能和结构，然后对源程序进行修改。

2. 修改源程序

在分析理解源程序的基础上，维护主管基本上可以确定源程序的修改工作量。对于一项较大的软件维护工程，应该首先制订修改计划，主要内容包括分配修改任务和确定任务完成时间。修改源程序的过程中应注意以下几点：

（1）程序员修改源程序前，要先做好源程序的备份工作，以便将来的恢复和结果对照。另一个重要工作是将修改的部分以及受修改影响的部分与程序的其他部分隔离开来。

（2）修改源程序时应该尽量保持原来程序的风格，在程序清单上标注改动的代码。也可以在修改程序时要求程序员先将原来的代码格式定义为统一的字体，将新修改的代码以加粗字体或其他颜色的字体显示。在修改模块的头部简单注明修改原因和日期。

（3）在修改源程序时还要特别注意，不要使用程序中已经定义的临时变量或共享工作区。为了减少修改带来的副作用，修改者应该定义自己的变量，并且在源程序中适当地插入错误检测语句。

（4）建议程序员养成良好的软件开发工作习惯，做好修改记录。典型的程序修改记录模板参见表 10-5。

表 10-5　程序修改记录模板

软件名称： 源程序文件名： 备份源程序文件名： 相关文档列表：		修改任务描述：	
日期	修改内容	修改原因	特别说明
修改开始日期： 增加代码行数： 相关文档修改：□是　□否	完成日期： 删除代码行数：		修改注释：□有　□无 修改代码行数：

3. 验证修改

对修改后的程序应该进行测试。由于在修改过程中可能会引入新的错误，影响软件原来的功能，因此在对源程序进行修改后应该先对修改的部分进行测试，然后隔离修改部分，测试未修改部分，最后对整个程序进行测试。另外，源程序修改后，对相应的文档应该进行同步修改。

提高软件的可维护性

10.3 提高软件的可维护性

提高软件的可维护性是软件生命周期内各项工作的主要目标。软件的可维护性是指改正软件中的错误、完善软件功能的容易程度。提高软件的可维护性可以降低维护成本，提高维护效率，延长软件的生存期。

目前，在软件界对软件可维护性指标还没有统一的度量方法，大家普遍使用表 10-6 所示的 7 个特性来度量软件的可维护性。

表 10-6　度量软件可维护性的特性

特性	改正性维护	适应性维护	完善性维护	预防性维护
可理解性	√			
可测试性	√			
可修改性	√	√		√
可靠性	√			√
可移植性		√		
可使用性		√	√	
高效性			√	

这 7 个特性侧重的维护类型有所不同。例如，为了增强软件的适应性维护能力，需要特别强调软件的可修改性、可移植性和可使用性。改正性维护需要特别强调软件的可理解性、可测试性、可修改性和可靠性。

为了提高软件的可维护性，在软件开发过程的各个阶段要充分考虑软件的可维护性因素。

（1）在需求分析阶段，应该明确维护的范围和责任，检查每条需求，分析维护时这条需求可能需要的支持，对于那些可能会发生变化的需求要考虑系统的应变能力。

（2）在设计阶段，应该做一些变更实验，检查系统的可测试性、可修改性和可移植性，设计时应该将今后可能变更的内容与其他部分分离开来，并且遵循高内聚、低耦合的原则。

（3）在编码阶段，要保持源程序与文档的一致性、源程序的可理解性和规范性。

（4）在测试阶段，测试人员应该按照需求文档和设计文档测试软件的高效性和可使用性，收集出错信息并进行分类统计，为今后的维护打下基础。

本章要点

- 软件维护就是在软件交付使用之后对软件进行的任何改变工作。
- 维护活动有4种：改正性维护、适应性维护、完善性维护、预防性维护。

思政小课堂

思政小课堂 10

练习题

一、选择题

1. 软件维护中，因修改交互输入的顺序，没有正确的记录而引起的错误是（　　）产生的副作用。

　　A. 文档　　　　　　B. 数据　　　　　　C. 编码　　　　　　D. 设计

2. 属于软件维护阶段文档的是（　　）。

　　A. 需求规格说明书　　B. 操作手册　　　C. 维护记录　　　　D. 测试分析报告

3. 产生软件维护的副作用，是指（　　）。

　　A. 开发时的错误　　　　　　　　　　B. 隐含的错误

　　C. 因修改软件而造成的错误　　　　　D. 运行时的误操作

4. 维护中，因误删除一个标识符而引起的错误是（　　）产生的副作用。

　　A. 文档　　　　　　B. 数据　　　　　　C. 编码　　　　　　D. 设计

5. 质量软件可维护性的7个特性中，相互促进的是（　　）。

　　A. 可理解性和可测试性　　　　　　　B. 高效性和可移植性

　　C. 高效性和可修改性　　　　　　　　D. 高效性和可靠性

6. 造成软件维护困难的主要原因是（　　）。

　　A. 费用低　　　　　B. 人员少　　　　　C. 开发方法有缺陷　　D. 用户不配合

7. 导致软件维护费用高的主要原因是（　　）。

　　A. 人员少　　　　　B. 人员多　　　　　C. 生产率低　　　　　D. 生产率高

8. 为了适应软硬件环境变化而修改软件的过程是（　　）。

　　A. 改正性维护　　　B. 完善性维护　　　C. 适应性维护　　　　D. 预防性维护

9. 度量软件可维护性的特性中，相互矛盾的是（　　）。

A. 可理解性与可测试性   B. 高效性与可修改性

C. 可修改性与可理解性   D. 可理解性与可读性

10. 各种不同的软件维护中，以（   ）所占的维护量最小。

     A. 改正性维护   B. 适应性维护   C. 预防性维护   D. 完善性维护

二、简答题

1. 软件的可维护性是软件设计师十分关注的性能。请谈一谈，为了获得软件良好的可维护性，在设计时应该注意哪些问题？

2. 在软件文档中，哪些文档对于软件的维护最重要？

3. 结合你的项目分析一下影响软件可维护性的主要因素。

4. 基于你的项目总结一下用户频繁变更的是哪些功能，增加的是哪些功能。

5. 软件维护的策略有哪些？

6. 查阅文献，写一篇文章说明软件维护的成本如何估算；并且试着用面向过程和面向对象的方法分别编写一个学生基本信息查询软件，对其调试运行成功后，添加新的功能：学生选课信息管理和课程成绩查询。比较一下两种开发方法所需的维护工作量。

7. 提高程序可读性有哪些方法？对你来讲，比较有效的是哪些？

8. 写一个软件用于控制软件维护工作流程，包括维护申请、审批、检查计划、填写维护记录和源程序修改记录等内容。

9. 软件维护时的源程序修改策略是什么？

10. 软件维护的副作用有哪些？

第 11 章　软件工程管理

学习内容

　　本章简单介绍了软件工程管理的有关概念，讨论了软件项目中人员的组织方式，以及各种沟通方法的特点和适用范围，最后介绍了软件项目计划、风险管理和软件配置管理的基本概念。

学习目标

　　（1）了解软件过程管理的基本概念和主要内容。
　　（2）理解软件项目管理的主要沟通方法。
　　（3）了解软件项目管理的基本概念和主要内容。
　　（4）了解人员组织与管理的方法。
　　（5）了解软件项目常见的风险。
　　（6）了解软件配置管理的基本概念和主要内容。

思政目标

　　通过本章的学习，学生应能认识到过程管理比结果呈现更重要，树立起系统观、总体观，养成规范管理的好习惯，具有全局意识。

　　软件开发和运行维护过程中，除了研究软件技术之外，还要研究管理方法。就好像编排一台晚会的节目，所有的演员和设备都是一流的，但是如果整体缺乏统一、有效的管理，那么很有可能造成节目不能按期完成、成本超出预算、节目质量难以保证等问题。

11.1　软件过程管理

　　软件过程是人们开发和维护软件及相关产品（软件项目计划、设计文档、代码、测试用例及用户手册等）的活动、方法、实践和改进的集合。这种定义可能太抽象了，不妨把软件过程与运动员培养过程相比较：研究一系列训练方法，设计一些训练活动，在活动中运用这些训练方法，并且根据每个运动员的特点不断调整和改进训练方法和过程，最终培养出优秀的运动员。软件过程同样需要研究一系列的开发和维护方法，设计软件生命周期中的各种活动，在软件开发和维护的实践中不断改进相应的方法和过程，以取得最佳的实践效果。

11.1.1　软件过程的研究内容

从软件过程的定义很容易看出，软件过程应该明确定义以下元素：

（1）软件过程中所执行的活动及其顺序关系。

（2）每一个活动的内容和步骤。

（3）团队人员的工作和职责。

研究软件过程，首先研究软件开发和运行维护过程的各种活动以及完成这些活动的最佳顺序。软件工程将软件开发和维护过程概括为八大活动：问题定义、可行性研究、需求分析、总体设计、详细设计、编码、软件测试和软件维护。每个大的活动又可以分解成一系列小的活动。例如，需求分析可以分解为业务需求分析、功能需求分析和性能需求分析。这些活动的顺序不同，产生了不同的软件生命周期模型。例如，严格按照活动顺序执行的软件生命周期模型称为瀑布模型。

在软件过程中应用的方法有很多。例如，在分析阶段有结构化分析方法、面向对象的分析和面向数据结构分析；在测试阶段有等价类划分法、边值分析法等方法。不同的方法适用于不同的时期和不同的应用。软件工程作为一门学科的主要任务之一就是不断研究新的方法，以应对越来越复杂的软件应用。

软件工程的发展历史太短了，许多理论和方法需要不断完善。因此，软件开发和维护过程中的方法和活动要经历实践的检验，不断改进方法、完善过程，加强软件的理论基础。

研究软件过程的目的是使软件的开发和维护活动更加规范、合理，方法更加丰富、有效，改进的过程更加制度化和标准化。

目前，还没有唯一的最佳的软件过程。因此，软件机构并不一定严格遵循某个软件过程，但比较提倡软件过程的不断改进，即在当前的基础上，吸取主流软件过程的精华，根据机构或项目的特点，经过增、删和修改现有的软件过程，创造出适合本企业或本项目的软件过程。

11.1.2　CMM

软件机构从事软件产品和软件项目的开发和维护工作，在能力和过程规范性等方面存在巨大的差异，尚没有一个公平、有效和规范的评价标准。因此，在 20 世纪 80 年代末，美国卡耐基梅隆大学的软件工程研究所创立了一个能力成熟度模型（Capability Maturity Model，CMM），专门用于评价软件机构的软件过程能力的成熟度。其创立初衷是为大型软件项目招投标活动提供全面而客观的评审依据，目前它已成为业界评价软件机构软件过程能力的公认标准。

CMM 划分了 5 个能力成熟度等级：初始级、可重复级、定义级、管理级、优化级。这 5 个等级不仅为软件项目的招投标活动提供了评判依据，而且为软件机构过程改进提供了方向和目标。每个等级都给出了具体的特征和该等级应该具有的关键过程，见表 11-1。

表 11-1　CMM 的能力成熟度等级

等级	特征	关键过程区域
第 1 级：初始级	软件过程的特征是特定的和偶然的，有时甚至是混乱的。几乎没有过程定义，成功完全取决于个人的能力	无
第 2 级：可重复级	建立了基本的项目管理过程，能够跟踪费用、进度和功能。有适当的和必要的过程规范，可以重复以前类似项目成果	软件配置管理； 软件质量管理； 软件子合同管理； 软件项目跟踪和监督； 软件项目计划； 需求管理
第 3 级：定义级	本级包含第 2 级所有特征。用于管理和工程活动的软件过程已经实现文档化、标准化，并与整个组织的软件过程相集成。所有项目都使用统一的、文档化的、组织过程认可的版本来开发和维护软件	包括第 2 级所有关键过程区域； 同级评审； 组内协调； 软件产品工程； 集成的软件管理； 培训计划； 组织过程定义； 组织过程焦点
第 4 级：管理级	本级包含第 3 级所有特征。软件过程和产品质量的详细度量数据被收集，通过这些度量数据，软件过程和产品能够被定量地理解和控制	包括第 3 级所有关键过程区域； 软件质量管理； 定量的过程管理
第 5 级：优化级	通过定量反馈进行不断的过程改进。这些反馈来自过程，或通过试验新的想法和技术得到	缺陷预防； 过程变更管理； 技术变更管理

11.1.3　CMM 能力成熟度提问表

CMM 从低级到高级定义了每个级别应该达到的标准。但如何判定一个软件机构是否达到了某个级别呢？美国卡耐基梅隆大学软件工程研究所还研究了一个评估调查表，列出了一系列问题，被调查机构填写评估调查表，根据结果即可分析机构的能力成熟度。

为把过程能力成熟度分级的方法推向实用化，需要为其提供具体的度量标尺，即 CMM 能力成熟度提问表。CMM 从组织结构资源、人员及培训技术管理、文档化标准、工作步骤、过程度量数据管理和数据分析、过程控制等多方面列出了大量的问题，被评测的软件机构必须给出肯定或者否定的回答。根据回答的结果即可确定机构的能力成熟度等级。

限于篇幅，本书只列出部分 CMM 能力成熟度等级评定时需回答的问题：

1. CMM 第 2 级的问题

（1）软件质量保证活动是否独立于软件开发的项目管理？

（2）在接受委托开发合同以前，是否有严格的步骤进行软件开发的管理评审？

（3）是否有严格的步骤用以估计软件的规模？

（4）是否有严格的步骤用以得到软件开发的进度？

（5）是否有严格的步骤用以估计软件开发的成本？

（6）是否对代码错误和测试错误做了统计？

（7）高层管理机构是否有一种机制对软件开发项目的状态进行正规的评审？

（8）是否有一种机制能够控制软件需求的变更？

（9）是否有一种机制控制代码变更？

2. CMM 第 3 级的问题

（1）是否有一个小组专门考虑软件工程过程的问题？

（2）是否有针对软件开发人员的软件工程培训计划？

（3）是否有针对设计评审或代码评审负责人的正规培训计划？

（4）每一个项目是否采用标准化、文档化的软件开发过程？

（5）对软件设计错误是否做了累积统计？

（6）对设计评审中提出的问题是否已追踪到底？

（7）对代码评审中提出的问题是否已追踪到底？

（8）是否有一种机制确保对软件工程标准的符合性？

（9）是否做过软件设计的内部评审？

（10）是否有一种机制用以控制软件设计的变更？

（11）是否做过代码评审？

（12）是否有一种验证机制，根据软件质量保证所检查的内容确实能对整个工作具有代表性？

（13）是否有机制保证回归调试的充分性？

3. CMM 第 4 级的问题

（1）是否有管理和支持引进新技术的机制？

（2）是否有代码评审标准？

（3）对设计评审与代码评审覆盖是否做了度量和记录？

（4）对每一个功能调试覆盖是否做了度量和记录？

（5）是否已为所有项目的过程度量数据建立了可控制的过程数据库？

（6）在设计评审中收集到的评审数据是否得到分析？

（7）为确定软件产品中残留的错误分布和特征，是否对代码评审和测试中发现的错误数据做了分析？

（8）是否对错误做了分析，以便确定出错过程与其原因的关系？

（9）是否分析过项目评审的效率？

（10）是否有一种机制对软件工程过程实现定期评估并实施已经指出的改进？

4. CMM 第 5 级的问题

（1）是否有判别并替换过时技术的机制？

（2）是否有分析错误原因的机制？

（3）是否有一种机制可以得到避免错误的措施？

（4）为确定避错所需的过程变更，错误原因是否已经过审查？

11.1.4 评估过程

（1）建立评估组：成员应对软件过程、软件技术和应用领域很熟悉，有实践经验，能够提出见解。

（2）评估组准备：具体审定评估的问题，决定对每个问题要求展示哪些材料和工具。

（3）项目准备：评估组与被评估机构的领导商定，选择那些处在不同开发阶段的项目和典型的标准实施作为评估对象，安排评估时间并通知被评估项目负责人。

（4）进行评估：对被评估机构的管理人员和项目负责人说明评估过程。评估组与项目负责人一起就所列出的问题逐一对照审查，保证对问题的回答有一致的解释，从而取得一组初始答案。

（5）初评：对每个项目和整个机构做出成熟度等级初评。

（6）讨论初评结果：使用备用资料及工具演示，从而确定可能的成熟度等级，可进一步证实某些问题的答案。

（7）给出最后的结论：由评估组综合问题的答案，以及后继问题的答案和背景证据，做出最终评估结论。

11.2 软件项目管理

软件项目管理

软件项目管理是 20 世纪 70 年代中期美国首先提出的。当时美国国防部专门研究了软件开发不能按时交付、预算超支和质量达不到要求的原因，结果发现 70% 的项目是因为管理不善引起的，而非技术原因，于是人们逐渐重视软件开发管理工作。根据美国软件工程实施现状的调查，软件研发的情况仍然很难预测，大约只有 10% 的项目能够在预定的费用和进度下交付。1995 年的统计数据表明，美国共取消了 810 亿美元的商业软件项目，其中 31% 的软件项目未做完就被取消，53% 的软件项目进度通常要延长 50% 的时间，只有 9% 的软件项目能够及时交付并且费用也被控制在预算之内。

软件项目管理和其他的项目管理相比有很大的特殊性。首先，软件是纯知识产品，其开发进度和质量很难被估计和度量，生产效率也难以得到保证。其次，软件系统的复杂性导致了开发过程中各种风险的难以预见和控制。例如，像 Windows 这样的操作系统，Windows XP 版本大约有 4 000 万行代码，到了 Windows Vista 版本大约有 5 000 万行代码，内部版本超过上千个，包括测试人员的话，前后参与开发的人员超过数万人。Windows 10 版本大约有 5 000 万行代码，数千名程序员在同时进行开发，项目经理有上百个。这样庞大的系统如果没有很好的管理，其质量保障是难以想象的。

软件项目管理的内容主要有人员组织与管理、软件度量、软件项目计划、风险管理、质量保证、软件过程能力评估、软件配置管理等。这些都贯穿于整个软件开发过程之中。其中，人员组织与管理把注意力集中在开发小组人员的构成、优化上；软件度量关注用量化的方法估算软件开发中的费用、生产率、进度和产品质量等要素；软件项目计划主要关注软件开发的工作量、成本、时间等因素；风险管理预测可能出现的各种危害软件项目的潜在因素，并制定预防措施；质量保证是保证产品和服务满足使用者的要求；软件过程能力评估是对软件开发能力的高低进行衡量；软件配置管理针对开发过程中人员、工具的配置和使用，提出管理策略。下面对一些常规的软件项目管理内容进行介绍。

11.2.1 人员组织与管理

软件项目中的开发人员是最核心的资源，对人员的配置、调度安排贯穿整个软件过程。人员组织与管理是否得当，对软件项目的成败起决定性作用。

1. 人员组织

在软件项目的初始阶段，要根据工作量、所需的专业技能、个人的能力、性格和经验组织开发小组。一般来说，开发小组有 5 ～ 10 人最合适，如果项目规模很大，可以采取分层结构，配置若干开发小组。

对开发小组进行人员配置时，需要考察技术水平、与本项目相关的技能和开发经验、团队工作能力等因素，除此之外，还应该考虑项目的分工需要，合理配置各个专项的人员比例。

2. 人员管理

为了维持开发小组的正常工作秩序，须确立一系列人员管理制度，主要如下：

（1）建立良好的文档管理机制，包括项目进度文档、版本控制文档、技术文档、源代码等。一旦出现人员的变动，替补的组员能够根据完整的文档尽早接手工作。

（2）加强开发小组内技术交流，例如定期召开技术交流会，使开发小组内的成员能够相互熟悉对方的工作和进度。

（3）为项目开发提供尽可能好的开发环境，包括工作环境、待遇、工作进度安排等。同时，一个优秀的项目经理应该能够在开发小组内营造一种良好的人际关系和工作氛围。良好的开发环境对于稳定开发小组人员以及提高生产效率都有不可忽视的作用。

3. 开发小组分类

依据开发组织的管理模式和软件项目的特点，软件开发小组有民主式、主程序员式和现代程序员组三种典型的组织结构。

（1）民主式组织结构中，开发小组成员之间完全平等，项目工作由全体讨论协商决定，并根据每个人的能力和经验进行适当分配。小组成员之间的通信是平行的，如果有 n 个成员，则可能的通信路径有 $n(n-1)/2$ 条。因此，这种结构要求组织内的成员不能太多，软件的规模不能太大。这种组织结构的优点是容易激发大家的创造力，有利于攻克技术难关；缺点是缺乏权威领导，很难解决意见分歧的问题。这种组织结构适用于规模小、能力强、习惯于共同工作的软件开发小组，不适合规模大的软件项目。

（2）主程序员式组织结构中，主程序员是技术熟练且有经验的开发人员，对系统的设计、编程、测试和安装负全部责任，并且负责指导其他程序员完成详细设计和编码工作。程序员之间没有通信渠道，所有的接口问题都由主程序员处理。典型的主程序员式组织结构如图 11-1 所示。

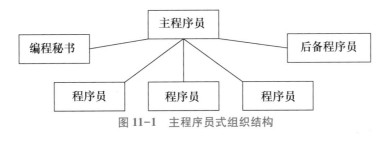

图 11-1　主程序员式组织结构

图 11-1 中，后备程序员也是富有经验的开发人员，支持主程序员的工作，负责设计程序测试方案、分析测试结构以及其他独立于设计过程的工作，必要时接替主程序员的工作。编程秘书负责与项目有关的事务性工作，维护项目的资料、文档、代码和数据。程序员在主程序员的指导下，完成指定部分的详细设计和编程工作。

这种组织架构的优点是开发小组人员的分工非常明确，所有人员在主程序员的领导下协调工作，简化了成员之间的沟通和协调，提高了工作效率。这种组织结构的缺点是主程序员必须同时具备高超的管理才能和技术才能，在现实中这种全能人才很难得。纽约时报信息库管理系统项目使用了结构化程序设计技术和主程序员式组织结构，项目获得了巨大的成功。其中，83 000 行源程序只用了 11 人年就全部完成，验收测试中只发现了 21 个错误，系统运行第 1 年只暴露了 25 个错误。

（3）现代程序员组的组织结构如图 11-2 所示。前面介绍的民主式组织结构的最大优点是小组成员都对发现程序的错误持积极、主动的态度。在主程序员式组织结构中，主程序员对程序代码质量负责，因此他将参与所有代码审查工作，同时他又负责对小组的成员进行评价和管理，会把所发现的程序错误与小组程序员的工作业绩联系起来，从而造成小组程序员不愿意发现错误的心理。为了摆脱这种矛盾，现代程序员组的组织结构取消了主程序员的行政管理工作，设置了一名行政组长专门负责开发小组的管理工作。

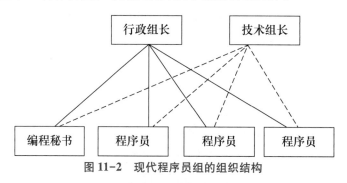

图 11-2　现代程序员组的组织结构

在图 11-2 所示的组织结构中，责任范围定义得很清楚，技术组长只对技术负责，他不必处理诸如预算、法律等问题；行政组长全面负责非技术的事务，不必管理产品什么时间交付，以及产品的质量和性能等问题。

每个开发小组的人数不宜过多，当项目规模比较大时，应该把成员分为若干小组，可采用图 11-3 所示的组织结构。

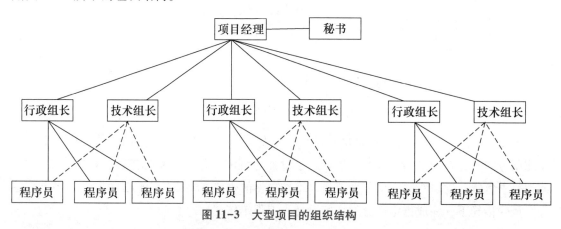

图 11-3　大型项目的组织结构

软件工程领域著名专家 M. Mantei 于 1981 年给出了考虑软件开发小组织结构的 7 个因素：

（1）待解决问题的困难程度。

（2）程序的规模，以代码行或者功能点来衡量。

（3）小组成员需要待在一起的时间。

（4）问题能够被模块化的程度。

（5）所要求的软件质量和可靠性。

（6）交付日期的严格程度。

（7）项目所需要的社交性（协调和沟通）的程度。

4. 协调和沟通问题

项目沟通的方式是多种多样的，项目管理者应当合理地选择恰当的沟通方式，建立通畅的沟通渠道，保证小组成员之间能够及时、准确地交流项目信息。常用的沟通方式有直接交流、电话交流、电子邮件交流和会议等方式。

（1）直接交流用于开发小组成员、用户、领导之间的沟通。在开发小组成员之间需要讨论用户需求、关键技术解决方案、工作任务之间的协调等内容。为了指导组内成员之间的有效沟通，项目经理应该有意识地提醒相关成员就一个问题进行讨论，并要求把讨论结果写成电子邮件发给项目经理备查。

（2）电话交流是主要用于下达通知、了解或确认问题的一种快速沟通。有时一个软件项目可能由多家组织合作开发，或者用户距离较远，因此电话交流是非常有效的沟通手段。打电话之前要做好充分的准备，明确要解决的问题是什么；自己的想法是什么；需要对方做什么；等等。总之，自己没有准备好之前不要打电话。对于重要的电话可以写备案或录音，以便整理备案。

（3）在现代的软件项目管理中，电子邮件交流的方式起着无法替代的作用。例如，在一个大型软件开发项目中，一般要求用户将每次的需求变更都以电子邮件的形式发给开发小组，开发小组经讨论，估算出变更的影响和可能的工作量，以电子邮件的形式回复用户，当整个项目结束时，打印出所有的需求变更电子邮件和工作量。有时候，用户看到这些会感到非常震惊，不但在第二期项目中追加弥补第一期需求变更引起的工作量的资金，而且对待用户需求非常认真，使后期的工作更加顺利。

（4）会议对软件项目管理来说必不可少，一些工作计划布置、落实、检查都要以会议的形式进行，以便快速地发现和解决问题。在软件开发的各个阶段，都要召开会议以审查阶段产品。

其他的交流方式还有项目网站、书面报告等方式，详见表 11-2。

表 11-2　协调和沟通问题的方式

沟通方式	适用场合
直接交流	• 与领导层和项目成员等的个别谈话 • 从客户和用户处获取需求 • 交流问题并商讨解决方案
电话交流	• 个别交谈 • 重要会议或重要事项的通知 • 交流问题并商讨解决方案
电子邮件交流	• 发布项目信息 • 发送项目文档 • 会议或事项的通知 • 问题探询与解答
会议	• 项目启动会议 • 客户需求评审和验收评审 • 项目阶段评审 • 开发小组内任务检查 • 集体讨论问题并达成一致意见 • 项目总结会议
项目网站	• 发布项目进展情况 • 发布文档、代码等项目阶段性成果 • 开发小组间技术问题讨论 • 提供项目资料和工具等
书面报告	• 有关项目的重要决定 • 项目计划 • 软件编码规范等标准文档 • 项目可行性研究报告 • 项目技术文档，包括需求规格说明书、设计说明书、测试文档、用户手册等 • 项目进展报告 • 项目工作总结

11.2.2　软件度量

1. 软件规模估算

要估算软件开发的工作量，首先要清楚软件的规模。软件规模的估算结果以代码量表示，但是编码的工作量在软件开发和实施的整个过程所占的比例是最小的，编写文档、架构设计、算法设计、测试以及实施发布等都将占用大量的时间。因此，对软件工作量的估算就是确定这样一个代码量的项目所需的各项工作时间的总和。从软件代码量估算出整个软件开发工作量，主要采用下述两种方法。

（1）根据以前做过的类似项目规模与新项目规模的比例关系，对照以前项目的工作量求出新项目的工作量。采用这个方法的前提是：对以前项目规模和工作量的计量是正确的，项目的规模类似，项目的开发周期、使用的开发方法、开发工具与以前的项目类似，开发人员的技能和经验类似。

代码行技术是此类估算方法中最简单的定量估算软件规模的方法。这种方法依据以往开发类似产品的经验和历史数据，估计实现一个功能所需要的源程序行数。当有以往开发类似产品的历史数据可供参考时，用这种方法估算出来的数值还是比较准确的。把实现每个功能所需要的源程序行数累加起来，就可以得到实现整个软件所需要的源程序行数。

为了估算的准确性，可以选择多名有经验的软件工程师分别估算出程序的最小规模（a）、最大规模（b）和最有可能的规模（m），再分别计算出这三个数的平均值 s_a，s_b 和 s_m，最后用下面的公式计算程序规模的估计值：

$$L= (s_a+4s_m+s_b) /6$$

用代码行技术估算软件规模时，当程序较小时常用的单位是行代码数（LOC），当程序规模较大时常用的单位是千行代码数（KLOC）。

需要注意的是，用代码行技术估算软件的成本目前有相当大的争议。代码行技术估算的支持者认为 LOC 是软件的"生成品"，很容易进行计算。其反对者则认为代码行技术估算依赖程序设计语言，并且不适用于非过程式语言，在估算时需要的信息有时很难确定。

（2）基于功能点（Function Point，FT）的估算方法。基于功能点的估算方法中确定了 5 个信息域特性：输入项数、输出项数、查询数、主文件数和外部接口数。

① 输入项数：用户向软件输入的项数，它们向软件提供面向应用的数据。输入应该与查询区分开来，分别计算。

② 输出项数：软件向用户输出的项数，它们向用户提供面向应用的信息。这里，输出是指报表、屏幕、出错信息等。一个报表中的单个数据项不单独计算。

③ 查询数：一个查询被定义为一次联机输入，它导致软件以联机输出的方式产生实时响应。每一个不同的查询都要计算。

④ 主文件数：逻辑主文件的数目。逻辑主文件是数据的一个逻辑组合，它可能是某个大型数据库的一部分或一个独立的文件。

⑤ 外部接口数：机器可读的全部接口的数量。例如磁带或磁盘上的数据文件，利用这些接口可以将信息传送到另一个系统。

一旦收集到上述数据，就可以通过下面的步骤估算程序的规模：

第一步：计算未调整的功能点（Unadjusted Function Point，UFP）。首先，对产品信息域的每个特性都分配一个表示复杂度的数值，然后根据复杂度为每个特性分配一个功能点数，请参见表 11-3。

表 11-3　信息域特性系数表

特性系数	简单	平均	复杂
输入系数 a_1	3	4	6
输出系数 a_2	4	5	7
查询系数 a_3	3	4	6
文件系数 a_4	7	10	15
接口系数 a_5	5	7	10

例如，一个简单级的输入项应该分配 3 个功能点，而一个复杂级的输入项应该分配 6 个功能点。

未调整的功能点数 UFP 计算如下：

$$UFP = a_1 \times Inp + a_2 \times Outp + a_3 \times Inq + a_4 \times Maf + a_5 \times Inf$$

式中：a_i（$i = 1 \sim 5$）——表 11-3 中的特性系数；

　　　Inp——输入项数；

　　　$Outp$——输出项数；

　　　Inq——查询数；

　　　Maf——主文件数；

　　　Inf——外部接口数。

第二步：计算技术复杂性因子（Technical Complexity Factor，TCF）。表 11-4 给出了 14 种影响软件规模的技术因素，在这一步中估算者要分析软件的特点，分别给出这 14 种因素对软件规模的影响值，没有影响的值为 0，最大影响值是 5。技术复杂性因子计算如下：

$$TCF = 0.65 + 0.01 \times \sum F_i$$

式中，F_i（$i = 1 \sim 14$）表示基于对技术因素表中问题的回答而得到的值。等式中的常数和信息域值的加权因子是根据经验确定的。

表 11-4　影响软件规模的技术因素

序号	技术因素
F_1	系统需要可靠的备份和复原吗
F_2	需要数据通信吗
F_3	有分布处理功能吗
F_4	性能很关键吗
F_5	系统是否在一个已有的、很实用的操作环境中运行
F_6	系统需要联机数据项吗
F_7	需要考虑终端用户的效率吗

续表

序号	技术因素
F_8	需要联机更新主文件吗
F_9	输入、输出、查询文件或内容很复杂吗
F_{10}	内部处理复杂吗
F_{11}	代码需要被设计成可重用的吗
F_{12}	设计中需要考虑移植问题吗
F_{13}	系统的设计支持不同组织的多次安装吗
F_{14}	应用的设计方便用户修改和使用吗

第三步：计算功能点数。功能点数计算如下：

$$FP = UFP \times TCF$$

基于功能点的估算方法在业界也有很大争议。支持者认为功能点与程序设计语言无关，使得它既适用于传统的语言，也可用于面向对象的语言；而且它是基于项目开发初期就有可能得到的数据，因此功能点估算非常具有吸引力。反对者则认为该方法需要"人的技巧"，在判断信息域特性复杂级别和技术影响程度时，存在很大的主观因素。

2. 工作量估算

软件工作量估算不是精确的计算科学。在估算软件工作量时，通常使用一些模型，而这些模型是根据经验导出的一些公式。下面以 IBM 模型和 COCOMO II 模型为例介绍工作量估算的方法。

（1）IBM 模型。1977 年，IBM 的 Walston 和 Felix 提出了如下的估算公式：

$$E = 5.2 \times L^{0.91}$$

式中：L——源代码行数，以 KLOC 计；

　　　E——工作量，以人月计。

$$D = 4.1 \times L^{0.36}$$

式中：D——项目持续时间，以月计。

$$S = 0.54 \times E^{0.6}$$

式中：S——人员需要量，以人计。

$$DOC = 49 \times L^{1.01}$$

式中：DOC——文档数量，以页计。

在此模型中，一条机器指令为一行源代码。一个软件的源代码行数不包括程序注释、作业命令、调试程序在内。对于非机器指令编写的源程序，如汇编语言或高级语言程序，应转换成机器指令源代码行数来考虑。

例如，使用 Java2 完成一个具有 366 个功能点的软件项目，工作量估算结果为：

L=功能点数×每功能点估算行数=366×46=16 836（行代码数）= 16.836（千行代码数）

$E = 5.2 \times L^{0.91} = 5.2 \times 16.836^{0.91} \approx 68$（人月）

$DOC = 49 \times L^{1.01} = 49 \times 16.836^{1.01} \approx 849$（页）

$S = 0.54 \times E^{0.6} = 0.54 \times 68^{0.6} \approx 7$（人）

$D = 4.1 \times L^{0.36} = 4.1 \times 16.836^{0.36} \approx 11$（月）

也就是说，每个功能点需要约 46 行源代码，366 个功能点大约需要 16.836 千行代码数，这么多行的源代码对应的文档大致需要 849 页，需要 68 人月完成。68 人月大约需要 7 个人干 11 个月。

需要注意的是，在计算源代码时，需要知道语言与功能点的源代码关系，见表 11-5。

表 11-5　语言与功能点的源代码关系

语言	每功能点的 SLOC
默认 C++	53
C	106
Delphi5	18
HTML4	14
Visual Basic 6	24
SQL default	13
默认 Java2	46

（2）COCOMO Ⅱ 模型。构造性成本模型（Constructive Cost Model，COCOMO）的发展历程和很多模型的产生一样有传奇色彩，1981 年 Barry Boehm 博士提出了最初的构造性成本模型。随后的 10 年岁月里，在美国空军任职的 Ray Kile 对其进行了修订、改良，形成了改进版的 COCOMO 模型，它也是美军使用的标准版本。在此期间，Boehm 博士没有放弃对 CO-COMO 的研究，他意识到 IT 技术发展极为迅速，如果没有发展和创新，COCOMO 终究有一天会被社会所淘汰，所以到了 1996 年，Boehm 博士根据软件发展趋势发布了改进版，将 COCOMO 升级为 COCOMO Ⅱ。

美国国防部在 1999 年春季公布的参数模型指导手册中将 COCOMO Ⅱ 作为软件评估模型的首选，Boehm 博士的著作《软件成本估算：COCOMO Ⅱ 模型方法》和《软件工程经济学》更成为无数 IT 项目管理人员景仰的经典之作。

COCOMO Ⅱ 给出了三个层次的软件开发工作量估算模型，这三个层次的模型在估算工作量时对软件细节考虑的详细程度逐渐增加。它们既可以应用于同一个项目的不同开发阶段，也可以应用于不同类型的项目。

① 基本 COCOMO Ⅱ：它是一个静态单变量模型，使用一个已估算出来的以源代码行数（LOC）为自变量的经验函数来计算软件开发工作量。

② 中间 COCOMO Ⅱ：在基本 COCOMO Ⅱ 的基础上，再用涉及产品、硬件、人员、项目等方面的影响因素调整工作量的估算。

③ 详细 COCOMO Ⅱ：它包括中间 COCOMO Ⅱ 的所有特性，但更进一步考虑了软件工程中每一步骤（分析、设计等）的影响。

COCOMO Ⅱ 可通过下式计算：

$$PM = a \times KLOC^b \times \prod f_i$$

式中：PM——人月工作量；

　　　a——工作量调整因子；

　　　b——规模调整因子；

　　　f_i（$i = 1 \sim 17$）——影响工作量的 17 个成本因素。每个因素都根据它的重要程度和对工作量影响的大小被赋予一个数值，称为工作量系数，见表 11-6。

表 11-6　各个级别的工作量系数

序号	成本因素	很低	低	正常	高	很高	非常高
产品因素							
1	要求的可靠性	0.75	0.88	1.00	1.15	1.39	
2	数据库的规模		0.93	1.00	1.09	1.19	
3	产品复杂程度	0.75	0.88	1.00	1.15	1.30	1.66
4	要求的可重用性		0.91	1.00	1.14	1.29	1.49
5	需要的文档量	0.89	0.95	1.00	1.06	1.13	
平台因素							
6	执行时间约束			1.00	1.11	1.31	1.67
7	主存约束			1.00	1.06	1.21	1.57
8	平台变动		0.87	1.00	1.15	1.30	
人员因素							
9	分析员能力	1.5	1.22	1.00	0.83	0.67	
10	程序员能力	1.37	1.16	1.00	0.87	0.74	
11	应用领域经验	1.22	1.1	1.00	0.89	0.81	
12	平台经验	1.24	1.1	1.00	0.92	0.84	
13	语言和工具经验	1.25	1.12	1.00	0.88	0.81	
14	人员连续性	1.24	1.1	1.00	0.92	0.84	
项目因素							
15	使用的软件工具	1.24	1.12	1.00	0.86	0.72	
16	多地点开发	1.25	1.10	1.00	0.92	0.84	0.78
17	要求的开发进度	1.29	1.10	1.00	1.00	1.00	

规模调整因子 b 也称为过程调整参数。原始的 COCOMO 模型把软件开发项目划分成组织式、半独立式、嵌入式三种类型，每种类型所对应的 b 值分别是 1.05、1.12、1.20。COCOMO Ⅱ 采用了更加精细的 b 参数划分，使用 5 个分级因素 W_i（$i = 1 \sim 5$），每个分级因素

被划分成 $0\sim5$ 共 6 级，最低级的 $W_i=0$，最高级的 $W_i=5$，b 值的计算如下：

$$b=1.01+0.01（W_1+W_2+W_3+W_4+W_5）$$

也就是说，b 的值域是 $1.01\sim1.26$。

工作量调整因子 a 的一般取值为 3.0，这个值可以根据历史经验数据调整。

11.2.3　软件项目计划

项目计划活动的主要任务是估算项目的工作量、进度、人员、资源和可能涉及的风险。

为了估算软件项目的工作量，要预测软件规模。度量软件规模的常用方法有前面所述的代码行技术和基于功能点的估算方法，这两种方法各有优缺点，应该根据软件项目的特点选择适用的软件规模度量方法。根据软件的规模使用分解技术和以往的项目经验估算工作量，分解技术需要划分出主要的软件功能，估算实现每一个功能所需的程序规模或人月数，方法参见前面所述的 IBM 模型和 COCOMO Ⅱ 模型。得到估算的工作量后，根据配备的人员和软硬件资源，可以估算完成期限。

描述项目进度常用 Gantt 图和工程网络图两种方法，如图 11-4 和图 11-5 所示。其中，Gantt 图直观简明、易学易用，但它不能明显地表示各项任务彼此之间的依赖关系和关键任务。工程网络图不仅能描绘任务分解情况及每项作业的开始时间和结束时间，还能清楚地表示各项任务之间的依赖关系。据此容易识别关键路径和关键任务。因此，工程网络图是制订进度计划强有力的工具。

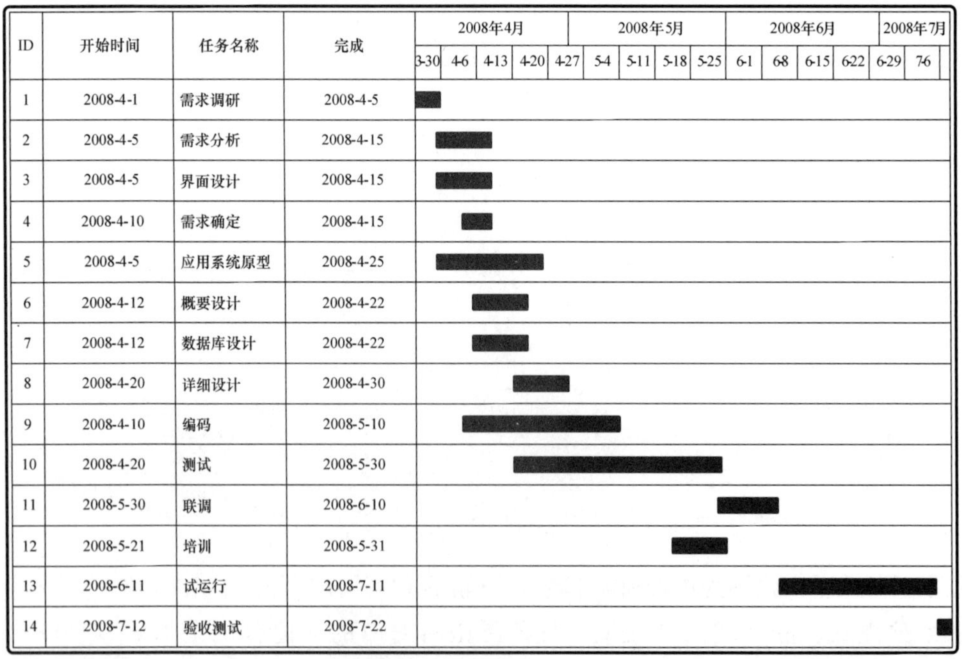

图 11-4　Gantt 图的案例

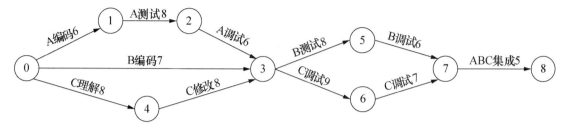

图 11-5　工程网络图的案例

图 11-4 列出了项目的每个任务名称、开始时间、完成时间，时间条明确地显示每个任务的时间安排。

图 11-5 反映了 A、B、C 三个模块的开发任务，图中边表示要完成的任务和持续的时间，圆圈中的数字表示任务的起点和终点编号。此图说明了各个任务的计划时间和相互依赖关系。

11.2.4　风险管理

由于软件的特点，软件项目具有极大的风险。例如需求不确定、技术不成熟、市场恶性竞争和项目管理失控等问题，它们可能会对软件项目的进度、成本、质量产生重大影响。因此，项目风险管理需要在这些潜在的问题对项目造成破坏之前对其进行识别、处理和排除。

常见的软件项目风险包括以下类型。

（1）软件估算不准确造成的风险，包括系统规模、用户数量、可重用性等。

（2）市场影响风险，包括软件产品的利润、管理层的重视程度、交付期限的合理性等。

（3）与客户相关的风险，包括需求的明确程度、客户的配合程度等。

（4）技术风险，包括技术成熟程度、开发方法的特殊要求、功能实现的可行性等。

（5）开发环境风险，包括各种 CASE 工具的可用程度和掌握程度、人员培训情况。

（6）开发人员风险，包括人员的能力和经验、技术培训、人员稳定性等。

风险管理的步骤如下。

（1）分析项目潜在的风险，对风险进行定性和定量的分析，计算风险发生的概率，评估风险的影响程度。

（2）制定风险控制的策略和具体措施。例如，组件存在缺陷问题的风险控制策略为选择更可靠稳定的组件；人员生病问题的风险控制策略为重新调整团队人员，使工作安排有一定重叠，互为备份，从而将风险的影响降到最小。

本书根据前面列出的软件项目常见风险和以往的风险管理经验，总结出风险分析结果

（见表 11-7），供读者参考。

表 11-7　软件项目常见风险分析结果

风险	发生可能生	后果
数据库事务处理速度不够	小	灾难性
拟采用的系统组件存在缺陷，影响系统功能	大	灾难性
招聘不到所需技能的人员	中等	严重
关键的人员在项目的关键时刻生病或不在	中等	严重
无法进行所需的人员培训	中等	严重
组织结构发生变化	大	严重
组织财政问题导致项目预算削减	中等	严重
CASE 工具生成的代码效率低	大	严重
CASE 工具无法集成	大	可容忍
需求变更导致主要的设计和开发重做	中等	可容忍
客户无法理解需求变更带来的影响	中等	可容忍
开发所需时间估计不足	中等	可容忍
缺陷修复估计不足	大	可容忍
软件规模估计不足	中等	可容忍

11.2.5　软件配置管理

软件过程的文档主要分为三类：第一类是计算机程序，包括源代码和可执行程序。第二类是描述程序的文档，包括分析、设计、测试和用户指南等。第三类是数据。它们统称为软件配置。随着软件过程的进展，软件配置项迅速增长，这个增长是两方面的，一是种类增加，二是不断地变化，导致配置项版本的增加。因此，有必要进行软件配置管理（Software Configuration Management，SCM）。

1. 基线

电气与电子工程师学会在其发布的软件工程术语标准词汇表中给出了基线的定义：已经通过正式复审和批准的某规约或产品，它因此可以作为进一步开发的基础，并且只能通过正式的变化控制过程改变。

通俗地理解基线的定义就是说，一个文档一旦通过正式的复审，那么就变成了一个基线，如果需要改变这个文档，只能走正规的申请和评估流程，获得批准之后方可对其进行修改。

2. 软件配置管理的关键活动

软件配置管理是软件质量保证的重要环节，其主要目的是控制变化。软件配置管理的关键活动有配置项、标识、版本控制、变化控制、配置审计和配置变化报告。

（1）配置项：软件配置项被定义为软件工程过程中创建的部分信息，可以是一个文档、一套测试用例、一个函数或一个软件包，甚至可以是一个文档的某个段落。

有些软件机构将软件工具也列入软件配置管理中。例如，将特定版本的编辑器、编译器和其他工具也作为软件配置的一部分。因为这些工具被用于生成文档、源代码和数据，所以当对软件配置进行改变时，必然要用到它们。

（2）标识：为了控制和管理软件配置项，需要对每个配置项独立命名，就像学校管理学生时要给每个学生分配学号一样。每个配置项用一组属性标识，有名称、描述、资源表等。

（3）版本控制：版本是指在明确定义的时间点上某个配置项的状态，它记录了软件配置项的演化过程。版本控制是对版本的各种操作进行控制，包括检出和登入控制、版本历史记录和版本发布等。

（4）变化控制：对于大型的软件开发项目，无控制的变化必将导致项目失败。如果项目需要变化，首先要提交变化请求，由专门的组织或人员进行评价，由变化控制审核者进行审核。如果同意变化，则下达变化指令，指令详细描述要进行的变化、注意的约束以及复审和审计的标准。实施变化时，将需要改变的配置项从项目版本数据库"检出"，进行修改后将其"登入"项目版本数据库，并使用合适的版本控制机制建立软件的新版本。

"登入"和"检出"操作实现了两个主要的变化控制要素——访问控制和同步控制。访问控制管理"谁"有权限访问和修改指定的配置项，同步控制保证两个不同的人员完成的并行修改不会互相覆盖。

在软件配置项变成基线之前，只需要进行非正式的变化控制。配置项的开发者可以进行任何被管理和技术证明是合适的修改，一旦经过正式的技术复审并被认可，就创建了一个基线。软件配置项一旦变成基线，正式的变化控制就开始实施了。所有的变化必须获得项目管理者的批准（变化只影响到项目的局部）或变更控制委员会的批准（如果变化影响到其他软件配置项）。

（5）配置审计：这是对软件进行验证的一种方法。其通过对所有配置项的功能及内容进行审查，确保软件产品和软件配置项符合标准、规格说明和规程。

（6）配置变化报告：记录软件配置管理状态、标识变更，确保正确变更，并向其他相关项目人员报告变更。

11.2.6　软件项目管理的成功原则

1. 平衡原则

导致软件项目失败的原因有很多，如管理问题、技术问题、人员问题等，但是有一个最容易忽视的问题，即需求、资源、工期和质量 4 个要素之间的平衡关系问题。需求定义了系统的范围与规模，资源决定了项目的人、财、物等投入，工期确定了项目的交付日期，质量定义了软件的品质。如果需求范围很大，要想在资源投入较少、工期很短的情况下，以很高的质量要求来完成某个项目是不现实的。要么增加投资，要么延期。对于上述 4 个要素之间的平衡关系，最容易犯的一个错误就是"多快好省" 4 个字，通常需求越多越好，工期越短越好，质量越高越好，资源投入越少越好，这是用户最常用的口号。

软件项目开发的基本原则是"全局规划，分步实施，步步见效"。需求可以多，但是需求一定要分优先级，要分清主要矛盾与次要矛盾。根据意大利经济学家 Bilfredo Pareto 提出的 80-20 法则，通常 80% 的问题可以用 20% 的投资来解决，而 20% 的次要问题则可能需要花费 80% 的投资！对此必须保持清醒的认识。

软件企业强调人员的周转情况，希望开发人员尽快做完一个项目再做另外一个项目，通过承担更多的项目来获利。但是，项目工期一定要基于资源的状况、需求的多少与质量的要求等来进行推算。

"一分钱一分货"是中国的俗语。同理，软件项目一定要遵从价值规律。例如，甲方希望少投入，乙方降低生产成本，当开发费省到乙方仅能保本的时候，再省乙方就亏损了。一个亏损的项目，其质量保证很可能落空。

正视需求、资源、工期和质量 4 个要素之间的平衡关系，是软件用户和开发商成熟、理智的表现，否则系统的成功就失去了一块最坚实的理念基础。

2. 高效原则

当代的社会竞争越来越激烈，产品早上市一天，可能就会占领更多的市场，基于这样的理念，软件开发往往从技术、工具和管理上寻求更多、更好的解决之道，追求更高的开发效率。从项目管理的角度追求高效率时，需要考虑下面几个因素：

（1）选择精英作为骨干成员。

（2）软件的目标明确，范围清楚。

（3）沟通及时、充分。

（4）激励成员。

3. 分解原则

"化繁为简，各个击破"是自古以来解决复杂问题的法则。也就是说，可以将大的项目划分成几个小项目来做，将周期长的项目划分成几个明确的阶段项目。项目越大，对开发小组的管理人员、开发人员的要求就越高；参与的人员越多，需要协调沟通的渠道就越多；项目周期越长，开发人员越容易疲劳。因此，将大项目拆分成几个小项目，可以降低对项目管理人员的要求，减少项目管理的风险，而且能够彻底地将项目管理的权力下放，充分调动人员的积极性。划分后的小项目，目标更加具体、明确，更易于取得阶段性的成果，使开发人员更有成就感。

例如，某软件产品开发项目投入 5 人做了 3 个月需求，进入设计阶段后，又投入了

15 人进行了达 10 个月之久的开发，并进行了 3 次封闭开发。在此过程中，项目经历了需求裁剪、开发人员变动、技术路线调整等，对此开发小组成员疲惫不堪，产品交付延期达 4 个月之久。项目结束后总结出一个教训：应该将该项目拆成 2～3 个小项目，进行阶段性版本化发布，以缓解压力。

4. 实时控制原则

在某大型软件公司中，有一位很有个性的项目经理，他连续成功地完成了多个规模很大的软件项目。他的管理可以用"紧盯"来概括，即每天都仔细检查开发小组每个成员的工作，从软件演示到内部的处理逻辑、数据结构等，一丝不苟。他之所以能够完成这些大项目，正是采取了一种简单的措施——实时监控，即将项目的进展情况完全地、实时地置于控制之下。

微软公司的实时监控策略称为"每日构建"，即每天要进行一次系统的编译链接，通过编译链接来检查进度、接口，发现进展中的问题，大家互相鼓励、互相监督。实时控制确保项目经理能够及时发现问题、解决问题，保证项目具有很高的可见度，保证项目的正常进展。

5. 分类管理原则

软件项目的规模、目标、应用领域、采用的技术路线差别很大，因此，针对项目的特点，应该采用不同的管理方法，即对症下药。这是项目管理的重要原则，称为分类管理原则。小项目与大项目、产品开发类项目与系统集成类项目、过程控制软件与信息管理系统等都有很大的差别，项目经理需要根据项目的特点，制定不同的项目管理策略。

6. 简单有效原则

软件项目管理过程中，经常出现开发人员抱怨时间紧张、文档工作量太大等现象。对于这些抱怨，项目管理人员也要反思：采取的管理措施是否太过复杂了？搞管理不是搞学术研究，没有完美的管理，只有有效的管理。项目经理往往试图堵住所有的漏洞，解决所有的问题，恰恰是这种理想的管理模式，使项目管理陷入一个作茧自缚的误区，最后无法实施有效的管理，导致项目失败。

7. 规模控制原则

软件开发小组成员不要太多，否则进行沟通的渠道就多，管理的复杂度就高。在微软的 MSF 项目中，控制开发小组的人数不超过 10 人。当然，这个原则不是绝对的，这和项目经理的水平和项目的规模有很大的关系，需要与高效原则、分解原则结合起来综合考虑。

本章要点

- 软件过程是人们开发和维护软件及相关产品（软件项目计划、设计文档、代码、测试用例及用户手册等）的活动、方法、实践和改进的集合。
- 软件项目管理的内容主要包括人员组织与管理、软件度量、软件项目计划、风险管理、质量保证、软件过程能力评估、软件配置管理等。

● 软件过程的文档主要分为三类：第一类是计算机程序，包括源代码和可执行程序；第二类是描述程序的文档，包括分析、设计、测试和用户指南等；第三类是数据。它们统称为软件配置。

思政小课堂

思政小课堂 11

练习题

一、选择题

1. 以下活动中不属于软件过程的是（   ）。

    A. 软件项目计划　　　　　　　　B. 编写代码

    C. 用户方开始调整本部门人员结构　　D. 编写用户手册

2. 变更控制是一项重要的软件配置任务，其中"检出"和"（   ）"处理实现了两个重要的变更控制要素，即存取控制和同步控制。

    A. 登入　　　　　B. 管理　　　　　C. 填写变更要求　　　　D. 审查

3. 用图表示软件项目进度安排，（   ）。

    A. 能够反映多个任务之间的复杂关系

    B. 能够直观地表示任务之间相互依赖制约的关系

    C. 能够表示哪些任务是关键任务

    D. 能够表示子任务之间的并行和串行关系

4. 基线可作为软件生存期中各个开发阶段的一个检查点。当采用的基线发生错误时，可以返回到最近和最恰当的（   ）上。

    A. 配置项　　　　B. 程序　　　　C. 基线　　　　　　　D. 过程

5. 软件质量保证应在（   ）阶段开始。

    A. 需求分析　　　B. 设计　　　　C. 编码　　　　　　　D. 投入使用

6. 软件工程管理的具体内容不包括对（   ）的管理。

    A. 开发人员　　　B. 组织机构　　C. 控制　　　　　　　D. 设备

二、简答题

1. 软件工程管理包括哪些内容？

2. 软件项目计划包括哪些内容?

3. 软件项目的沟通方式有哪些? 试分析电话沟通和电子邮件沟通分别适合哪些情况。

4. 什么软件配置管理? 什么是基线?

5. 简述主程序员式组织结构的特点。

实验 1　结构化需求分析——大学图书馆信息管理系统

1. 实验内容说明

开发一个 C/S 和 B/S 混合模式的大学图书馆信息管理系统。

C/S 模式下运行图书馆本地的管理模块，包括图书信息查询、读者信息查询、借书、还书、图书管理、读者管理、图书注销、处罚、图书预订、缺书登记。

B/S 模式下运行的模块新书信息发布、远程图书信息查询和读者信息查询、图书续借、图书预订、缺书登记、应还书电子邮件通知、到书通知。

读者借书要办理借书手续，出示图书证，没有图书证，需去图书馆办公室申办图书证。如果借书数量超出规定，则不能继续借阅，系统规定本科生最多能够借阅 10 本，借期 1 个月；教师最多能够借阅 20 本，借期 3 个月，均可以续借 1 次。超期者每本每天处罚 1 元，丢失者处罚原价值的 5 倍，破损 1 页处罚 1 元。

读者可以预订图书，如果图书馆当前有读者预订的图书，则通知读者并对预订的图书保存 3 天，超期后自动取消预订；如果当前馆内没有读者预订的图书，则在将来有此书后，自动以电子邮件方式通知读者，自通知时间起保存 3 天，超出 3 天，此书不再为预订者保留。

当读者还书时，流通部工作人员根据图书证编号找到读者的借书信息，查看是否超期。如果已经超期，则进行超期处罚。如果图书有破损，则进行破损处罚。登记还书信息，做还书处理，同时查看是否有预订记录，如果有则发出电子邮件通知到书。

系统每天自动查找借还书记录，提前 3 天通知读者应准备还书。

图书采购人员采购图书时，要注意合理采购，每册图书采购 5 本。如果有缺书登记，则随时进行采购。采购到货后，编目人员进行验收、编目、上架，录入图书信息，检查缺书登记，发到书通知，进行新书信息发布。如果图书丢失或旧书淘汰，则将该书从书库中清除，即图书注销。

系统的各种参数设置最好是灵活的，由系统管理人员根据需要设定，如借阅量的上限、应还书提示的时间、预订图书的保持时间等参数。

本实验中用户给出的系统目标是实现读者借还书的信息化，并且利用 Internet 实现读者与图书馆之间的互动和图书馆的人性化管理，提高图书的利用率。

2. 实验目的

（1）通过本实验使学生掌握结构化需求分析的方法、过程，以及相应的文档内容与格式，特别是熟悉数据流程图、数据字典和 IPO 图三个核心技术的应用。

（2）以小组形式完成本实验，锻炼同学之间的协作和沟通能力、自我学习和管理能力。

（3）学生在实验过程中熟练掌握常用的 CASE 工具。

3. 实验学时

6 学时。

4. 实验步骤

（1）结合实验内容说明，对现有的大学图书馆的图书馆信息管理系统进行必要的调研，了解基本的工作流程、软件功能、数据需求和界面风格。填写附录 1 中各调研表格。

（2）画系统流程图，反映本系统的物理结构，并给出一份系统软硬件配置清单，包括设备的型号、系统软件的版本号、报价等信息（查 Internet 了解）。

（3）分析实验内容说明和调研结果，画出系统的数据流程图。

（4）组内充分讨论，不断细化和完善数据流程图。

（5）编写系统的数据字典。

（6）用 IPO 图描述系统的处理过程。

（7）画出系统的 E-R 图。

（8）编写验收测试用例。

5. 实验要求

4 人一组，分工如下：

（1）组长，1 名，负责整个小组的人员安排、工作计划、文档质量、整体项目的协调等工作。

（2）系统分析员，2 名，专门负责需求分析。

（3）分析员，1名，专门负责系统的验收测试用例。

虽然各有分工，但大家必须协同工作。

各种图表使用 Visio 工具软件。

各种说明书使用 Word 软件。

6. 实验结果

实验结果包括：

（1）项目工作计划书，包括项目阶段划分、任务分解、时间和人员安排、阶段工作成果等内容。

（2）系统流程图和软硬件配置清单。

（3）细化的数据流程图和图解说明。

（4）系统的数据字典和 IPO 图。

（5）系统的 E-R 图。

（6）一份用于系统验收的测试用例说明书。

（7）需求规格说明书。结合上述内容，参照第 3 章的需求规格说明书模板编写。

7. 实验成绩评定

组长给小组内每名成员评分，小组的成绩由指导教师给出。小组的成绩作为组长的成绩，每名成员的成绩为：

$$每名成员的成绩 = (组长评分 + 教师评分)/2$$

实验 2　结构化设计——大学图书馆信息管理系统设计

1. 实验内容说明

对实验 1 的结果进行概要设计和详细设计，实验 1 得到的数据流程图、数据字典、IPO 图作为本实验的输入。

将数据流程图转化为软件结构图，按照软件结构的优化原则优化软件结构图，并对主要模块（借书模块、还书模块、处罚模块）进行详细设计。

对图书信息管理模块、读者信息管理模块、图书预订模块、处罚模块、新书发布模块进行界面设计。进行数据库设计。

2. 实验目的

（1）通过本实验使学生掌握结构化设计方法和过程，特别是熟悉软件结构图的设计，体会软件结构图的优化原则。

（2）在他人的分析文档的基础上进行软件设计，与在自己的分析文档的基础上进行软件设计，其感觉可能完全不同。这样做会使学生体会到什么是好的需求分析文档，反省如何做好需求分析工作。多名同学共同进行设计，需要保持统一的风格和较高的工作效率，由此锻炼同学之间的协作和沟通能力、自我管理能力。

（3）学生在实验过程中熟练掌握常用的 CASE 工具。

3. 实验学时

6 学时。

4. 实验步骤

（1）指导教师将实验 1 各组的分析结果进行编号，并去掉学生的名字，再发给其他组。例如，将 1 组的结果给 2 组，将 2 组的结果给 3 组，依此类推，将最后一组的结果给 1 组。

（2）全组检查需求分析文档和其他相关的图表和文字说明，对不清楚的内容进行完善和补充（另写一份补充说明）。

（3）进行软件整体结构的设计，画出软件结构图，并进行优化。给出一张用户需求和软件模块之间的对照表。

（4）组长和小组成员共同协商一份设计规范，内容包括设计用的图形符号、字体、字号规范，界面设计规范，用语规范等。

（5）组内 4 人分工，并行进行详细设计、界面设计和数据库设计。

（6）组长检查所有的设计规范性和设计质量。

5. 实验要求

4 人一组，分工如下：

（1）组长，1 名，负责整个小组的人员安排、工作计划、文档质量、设计规范和设计质量。

（2）设计员，2 名，专门负责详细设计。

（3）设计员，1 名，专门负责界面设计。

（4）全组成员共同进行概要设计和数据库设计。

虽然各有分工，但大家必须协同工作。

要求使用 Visio 工具进行软件设计的图表制作。

各种说明书使用 Word 软件。

6. 实验结果

实验结果包括：

（1）设计工作计划书，包括任务分解、时间和人员安排、阶段工作成果等内容。

（2）对分析的补充说明（如果有的话），对分析的评分。

（3）设计规范说明书。

（4）软件结构图。

（5）3 个模块的详细设计说明（程序流程图+文字说明）。

（6）5 个模块的界面设计（可以用 VB 环境或其他任何工具设计）。

7. 实验成绩评定

组长给小组内每名成员评分，小组的成绩由指导教师给出。小组的成绩作为组长的成绩，每名成员的成绩为：

$$每名成员的成绩＝(组长评分＋教师评分)/2$$

实验 3 基于 UML 的大学图书馆信息管理系统需求分析

1. 实验内容说明

同实验 1。

2. 实验目的

（1）通过本实验使学生掌握 UML 建模语言的常用图形，面向对象的需求分析方法和过程，特别是熟悉用例图、活动图、类图的应用。

（2）以小组的形式完成本实验，锻炼同学之间的协作和沟通能力、自我学习和管理能力。

（3）学生在实验过程中熟练掌握常用的 CASE 工具。

3. 实验学时

6 学时。

4. 实验步骤

（1）根据实验 1 对大学图书馆信息管理系统的了解，画出系统用例图，并进行必要的说明。

（2）对借书用例、还书用例、处罚用例画出活动图，说明业务处理流程。

（3）根据对系统的分析画出系统的高层类图，说明每个类的属性。

（4）编写需求规格说明书（内容和格式参见附录 2）。

5. 实验要求

4 人一组，分工如下：

（1）组长，1 名，负责整个小组的人员安排、工作计划、文档质量、整体项目的协调等工作。

（2）系统分析员，2 名，专门负责需求分析。

（3）分析员，1 名，专门负责系统的验收测试用例。

虽然各有分工，但大家必须协同工作。

使用 Visio 或 IBM Rational ROSE 工具软件。

各种说明书使用 Word 软件。

6. 实验结果

实验结果包括：

（1）系统用例图及其说明。

（2）活动图及其说明。

（3）系统类图及其说明。

（4）需求规格说明书。

7. 实验成绩评定

组长给小组内每名成员评分，小组的成绩由指导教师给出。小组的成绩作为组长的成绩，每名成员的成绩为：

$$每名成员的成绩=（组长评分+教师评分）/2$$

实验 4　基于 UML 的大学图书馆信息管理系统设计

1. 实验内容说明

对实验 3 的面向对象分析结果进行系统概要设计和详细设计。

设计系统架构，勾画出整个系统的总体结构。这项工作由全组成员参加，包括主要子系统及其接口、主要的设计类和中间件等系统软件。设计时要考虑系统的可维护性，以简单为第一原则，即简单的类、简单的接口、简单的协议、简单的描述。

使用 UML 的配置图描述系统的物理拓扑结构，以及在此结构上分布的软件元素。

用类图和顺序图对主要用例（借书、还书、处罚）进行设计，并对其中的类进行详细说明，包括属性设计和方法设计。

2. 实验目的

（1）通过本实验使学生掌握 UML 建模语言的常用图形，以及面向对象的设计方法和过程，特别是熟悉包图、顺序图、配置图和类图的应用。

（2）以小组的形式完成本实验，锻炼同学之间的协作和沟通能力、自我学习和管理能力。

（3）学生在实验过程中熟练掌握常用的 CASE 工具。

3. 实验学时

8 学时。

4. 实验步骤

（1）根据实验 3 的系统用例图和需求规格说明书规划系统的物理结构。

（2）组长和小组成员共同协商一份设计规范，内容包括设计用的图形符号、字体、字号规范，界面设计规范，用语规范等。

（3）对借书用例、还书用例、处罚用例进行用例设计和类设计。

（4）对借书用例、还书用例、处罚用例使用顺序图设计类之间的消息通信。

（5）编写系统设计规格说明书（内容和格式参见附录3）。

5. 实验要求

4人一组，分工如下：

（1）组长，1名，负责整个小组的人员安排、工作计划、文档质量、整体项目的协调等工作。

（2）系统分析员，2名，专门负责需求分析。

（3）分析员，1名，专门负责系统的验收测试用例。

虽然各有分工，但大家必须协同工作。

使用 Visio 或 IBM Rational ROSE 工具软件。

各种说明书使用 Word 软件。

6. 实验结果

实验结果包括：

（1）系统配置图及其说明。

（2）系统体系架构说明，包图及其说明。

（3）借书用例、还书用例、处罚用例的详细设计类图，以及其属性、方法说明。

（4）用顺序图分别对借书用例、还书用例、处罚用例设计类之间的消息通信进行说明。

（5）系统设计规格说明书。

7. 实验成绩评定

组长给小组内每名成员评分，小组的成绩由指导教师给出。小组的成绩作为组长的成绩，每名成员的成绩为：

$$每名成员的成绩＝（组长评分＋教师评分）/2$$

参考文献

［1］吴洁明. 软件工程基础实践教程. 北京：清华大学出版社，2007.

［2］郑人杰，殷人昆，陶永雷. 实用软件工程. 2 版. 北京：清华大学出版社，1997.

［3］齐志昌，谭庆平，宁洪. 软件工程. 2 版. 北京：高等教育出版社，2004.

［4］张海藩. 软件工程导论. 4 版. 北京：清华大学出版社，2003.

［5］卡耐基梅隆大学软件工程研究所. 能力成熟度模型（CMM）：软件过程改进指南. 刘孟仁，等译. 北京：电子工业出版社，2001.

［6］JACOBSON I，BOOCH G，RUMBAUGH J. 统一软件开发过程. 周伯生，冯学民，樊东平，译. 北京：机械工业出版社，2002.

［7］KRUCHTEN P. Rational 统一过程引论：原书第 2 版. 周伯生，吴超英，王佳丽，译. 北京：机械工业出版社，2002.

［8］何新贵，王纬，王方德，等. 软件能力成熟度模型. 北京：清华大学出版社，2000.

［9］PRESSMAN R S. 软件工程：实践者的研究方法. 黄柏素，梅宏，译. 北京：机械工业出版社，1999.

［10］潘锦平，施小英，姚天昉. 软件系统开发技术. 修订版. 西安：西安电子科技大学出版社，1997.

［11］张效祥. 计算机科学技术百科全书. 2 版. 北京：清华大学出版社，2005.

［12］TSANG C H，LAU C S，LEUNG Y K. 面向对象技术：使用 VPUML 实现图到代码的转换. 杨明军，译. 北京：清华大学出版社，2007.

［13］SOMMERVILLE I. 软件工程：原书第 8 版. 程成，陈霞，译. 北京：机械工业出版社，2007.

［14］胡飞，武君胜，杜承烈，等. 软件工程基础. 北京：高等教育出版社，2008.

［15］李代平. 软件工程习题与解答. 2 版. 北京：清华大学出版社，2007.

［16］BOOCH G，RUMBAUGH J，JACOBSON I. UML 用户指南. 邵维忠，麻志毅，张文娟，等译. 北京：机械工业出版社，2001.

［17］FOWLER M，SCOTT K. UML 精粹：标准对象建模语言简明指南. 2 版. 徐家福，译. 北京：清华大学出版社，2002.

附录 1　调研表格模板

调研表 1　业务流程图 调研人：

系统名称： 业务名称： 保密级别：	调研日期： 访谈对象： 第　　次访谈
数据流程图：	
流程描述：	

调研表 2　信息项描述表 调研人：

系统名称： 业务名称： 保密级别：				调研日期： 访谈对象： 信息流或信息存储：		
数据名	关键字	类型	长度	值域	初始值	备注
备注：						

调研表 3　输入/输出信息格式说明表 调研人：

系统名称： 业务名称： 保密级别：	调研日期： 访谈对象： 信息流或信息存储：
输入/输出格式说明（画屏幕布局草图）：	
备注：	

调研表 4   建议表   **调研人：**

系统名称： 业务名称： 保密级别：	调研日期： 访谈对象： 第 次访谈
存在的问题：	
建议：	

附录 2   面向对象方法的需求规格说明书的文档模板

需求规格说明书

1. 机构或系统业务概述

组织机构及职能图：

2. 业务用例

编号：   用例名称：   编者：

用例描述：

启动用例的角色：

假设条件：

先决条件：

后续条件：

主路径：

可选路径：

例外路径：

相关信息：

优先级：

性能要求：

使用频度：

高峰时间：

未解决的问题：

用例活动图：

3. 业务角色

角色编号：　　　　　　　　　角色名称：

角色的职责：

其他：

4. 业务实体

实体名称：　　　　　　　　　　　　　　　　　　**编号：**

项目名称	描述	类型	长度

5. 业务用例图

图号：　　　　　　　　　简称：

Business Use Case：

6. 活动图

图号：　　　　　　　　　用例名称：

Activity：

7. 时序图

图号：　　　　　　　　　用例名称：

Sequence：

8. 实体类图

图号：

Class：

9. 有关业务模型其他说明

附录 3　面向对象方法的系统设计规格说明书的文档模板

系统设计规格说明书

1. 系统的实施模型及其说明

配置图：

1.1　节点说明

各节点的处理能力、存储能力、硬件选型说明。

1.2　节点间的连接

节点间的连接方式、使用的通信协议。

1.3　节点的性能要求

描述各个节点是否要求容错处理、数据备份、安全认证等。

2. 定义子系统

说明划分的各个子系统以及子系统之间的依赖关系和接口，子系统在各个节点上的部署。

3. 设计用例的类图

用例编号：　　　　　　　　　　　　类图编号：
类图：
顺序图：
用例的非功能性设计说明：

4. 勾画每个类

说明每个类的职责、属性、操作，与其他类之间的关系、接口设计。

4.1　边界类

图户界面草图和相应的界面元素说明。

4.2　实体类

将实体类对应到数据库表上，说明每个属性。

4.3　控制类

说明控制类的调度流程。

5. 系统层次划分

系统层次图：

注意：还有一些与系统设计相关的内容，如设计目的、意义、关键词汇定义、参考资料等，它们是系统设计规格说明书不可缺少的，本模板未将其包括进来，请在使用时注意添加。